高等学校"十一五"精品规划教材

计算机辅助设计

—— AutoCAD

主　编　王立峰　王彦惠　张　梅

副主编　张建民　李　巍　李振国

中国水利水电出版社
www.waterpub.com.cn

内 容 提 要

本书遵循由浅入深的学习规律，通过大量的图表和实例，详细系统地介绍了AutoCAD 2008的功能及其在工程绘图中的具体应用方法和技巧。编写过程中，强调工程实践的实用性和可操作性，读者只要循序渐进地按教程步骤操作，可尽快上手，掌握相关知识与技能。

本书即可作为大专院校AutoCAD的基础教程，也可作为各专业领域设计人员的自学课本和参考书籍。

图书在版编目（CIP）数据

计算机辅助设计：AutoCAD／王立峰，王彦惠，张梅主编．—北京：中国水利水电出版社，2009
高等学校“十一五”精品规划教材
ISBN 978-7-5084-6114-4

Ⅰ. 计… Ⅱ. ①王…②王…③张… Ⅲ. 计算机辅助设计—应用软件，AutoCAD 2008—高等学校—教材 Ⅳ. TP391.72

中国版本图书馆CIP数据核字（2008）第204579号

书　　名	高等学校“十一五”精品规划教材 **计算机辅助设计——AutoCAD**
作　　者	主编　王立峰　王彦惠　张梅
出版发行	中国水利水电出版社（北京市三里河路6号　100044） 网址：www.waterpub.com.cn E-mail：sales@waterpub.com.cn 电话：（010）63202266（总机）、68367658（营销中心）
经　　售	北京科水图书销售中心（零售） 电话：（010）88383994、63202643 全国各地新华书店和相关出版物销售网点
排　　版	中国水利水电出版社微机排版中心
印　　刷	北京市地矿印刷厂
规　　格	184mm×260mm　16开本　15.5印张　368千字
版　　次	2009年1月第1版　2009年1月第1次印刷
印　　数	0001—5000册
定　　价	**28.00**元

前　言

如何使以往的工程图面语言——图纸，从单一平面扩容为平面与立体兼备，从静态二维视图升级为动态多维可变图像，从单调的黑白二色改变为更趋近设想或自然的、色彩丰富的构图，从信息与载体不可分的纸质载体升华为信息可脱离载体的数字化磁质载体，最终实现图纸的高效设计、修改、绘制与远程传输或便携以及大容量存储保管与高速度检索查询，是熟练掌握CAD 技术的目的和任务。它不仅是工程设计人员普遍关注的问题，而且已成为高等学校培养文理科学生创新能力、实践能力的必备教程。

本书根据高等学校土木工程专业指导委员会制定的课程大纲的要求，兼顾其他相关工程类专业的需要，以 AutoCAD 系列软件的最新版本 AutoCAD 2008 为基础，结合编者十余载教学、科研与工程设计的实践经验编写而成。本书的特点，是以适应工程实践为第一需要，注重基本方法的学习与基本操作的训练。书中运用了大量的图片和实例，可使读者更深入地理解其中的概念、功能和方法；并通过具体的操作步骤，使初学者直观、准确地掌握操作技能，尽快地上手。

本书所采用的 AutoCAD 2008 软件，具有易于掌握、使用方便、体系结构开放等优点。兼有绘制平面与三维图形、标注尺寸、效果渲染及打印输出图纸等功能，能兼容以前版本的 AutoCAD 文件，这对工程设计人员尤为重要。使用它，还可以创建非工程设计人员也能看得懂的直观三维造型和虚拟真实效果图像，并可实现三维造型与平面图形的互换。AutoCAD 2008 软件可广泛应用于土木、机械、电子、航天、造船、石油化工、冶金地质、气象、环境、园林、艺术、轻工纺织、服装、商业物流、规划管理等专业领域。

本书由东北林业大学王立峰，河北农业大学王彦惠、张梅担任主编；东北林业大学张建民、黑龙江公路勘察设计院李巍、哈尔滨理工大学李振国担任副主编；黑龙江省生态工程职业学院刘巍、东北林业大学李洪峰参加编写。全书由王立峰统稿。具体分工：王立峰编写第一、五、九、十一章；王彦惠编写第十二、十三、十四章；张梅编写第二、三、十章；张建民、李巍编写第四、十五章；李振国编写第六、七、八章；刘巍、李洪峰编写第十六章。

东北林业大学孙勇、纪世奎、王健同学在资料整理方面提供了很大帮助，有关设计单位提供了资料支持，并借鉴了相关的参考文献，谨在此一并表示感谢。

由于编者水平有限，不妥之处敬请读者批评指正。

编　者

2008年12月

目　录

第一章　AutoCAD 2008 中文版基础知识

第一节　AutoCAD 2008 简介

一、AutoCAD 软件简介

AutoCAD 是美国 Autodesk 企业开发的一个交互式绘图软件。主要用于二维及三维设计、绘图，用户可以使用它来创建、浏览、管理、打印、输出、共享自己设计的图形。

AutoCAD 是目前世界上应用最为广泛的 CAD（Computer Aided Design，计算机辅助设计）软件，市场占有率位居世界第一。目前，最新的版本为 AutoCAD 2008。AutoCAD 软件，具有完善的图形绘制功能、强大的图形编辑功能、多样二次开发方式、卓越的数据交换能力、出色的软件硬件兼容性和广泛的通用性、便捷的易用性等特点。

虽然 AutoCAD 本身已经足以帮助用户完成各种设计工作，但目前仍有数以千计的软件开发商致力于把 AutoCAD 改造成为满足诸如建筑、结构、机械、测绘、电子以及航空航天等各专业领域更高效的专用设计工具。

二、AutoCAD 2008 的系统要求

（一）操作系统

32 位系统：WindowsXP Professional Service Pack 2、WindowsXP Home Service Pack 2、Windows 2000 Service Pack 4、Windows Vista Enterprise/Business/Ultimate/Premium/Home Basic/Starter。

64 位系统：WindowsXP Professional、Windows Vista Enterprise/Business/Ultimate/Home Premium/Home Basic。

浏览器：Microsoft Internet Explorer 6.0 Service Pack 1（或更高版本）。

处理器：Pentium III 或 Pentium IV（建议使用 Pentium IV）。

内存：512MB（建议）。

图形卡：1024×768 VGA 真彩色（最低要求），Open GL 兼容三维视频卡（可选），必须安装支持硬件加速的 DirectX 9.0c 或更高版本的图形卡。

硬盘：安装需要 750MB。

（二）三维使用的建议配置

操作系统：WindowsXP Professional Service Pack 2。

处理器：3.0GHZ 或更快的处理器。

RAM：2GB（或更大）。

图形卡：128MB 或更高，OpenGL 工作站类。

硬盘：2GB（不包括安装所需的 750MB）。

三、AutoCAD 2008 的特性

（一）管理工作空间

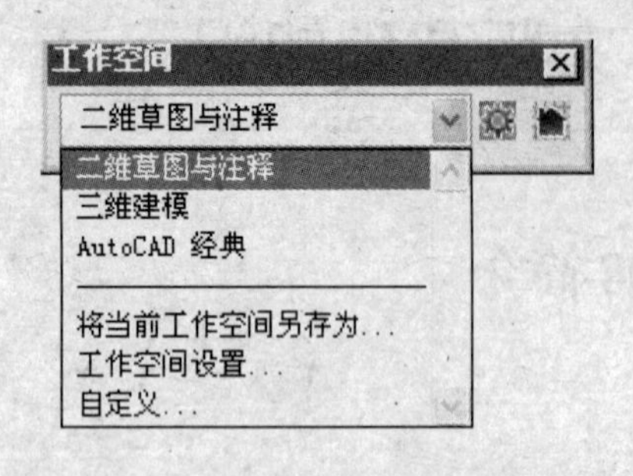

图 1-1 “工作空间”切换视图

如图 1-1 所示，新的工作空间提供了用户使用得最多的二维草图和注解工具直达访问方式。它包括菜单、工具栏和工具选项板组、面板。此外，三维建模工作空间也做了一些增强。

（二）使用面板

在 AutoCAD 2007 中引入的面板，在 2008 版本中有所增强。如图 1-2 所示，它包含了 9 个新的控制台，更易于访问图层、注解比例、文字、标注、多种箭头、表格、二维导航、对象属性以及块属性等多种控制。除了加入了面板控制台，AutoCAD 2008 对于现有的控制台也做了改进，用户可使用自定义用户界面（CUI）工具来自定义面板控制台。

（三）使用选项板

如图 1-3 所示，在 2008 版本中，用户可基于现有的几何图形容易地创建新的工具选项板工具。当用户从图形中拖动对象到非活动的工具选项板时，AutoCAD 会自动激活它，使用户可将对象放入到相应的位置。

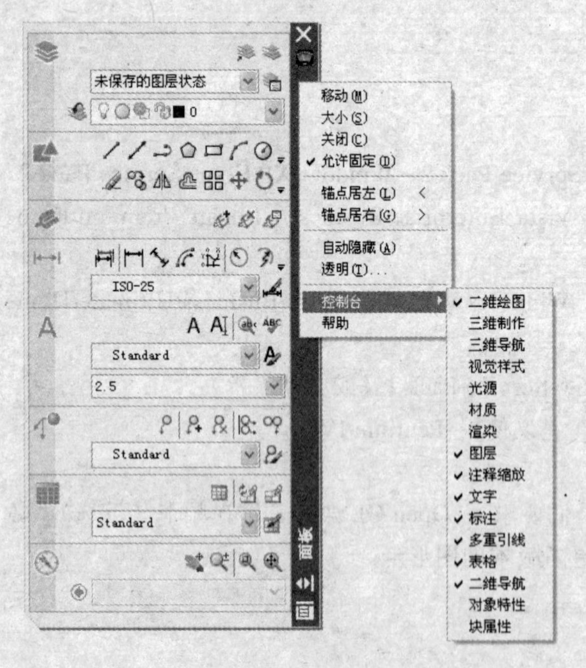

图 1-2 面板

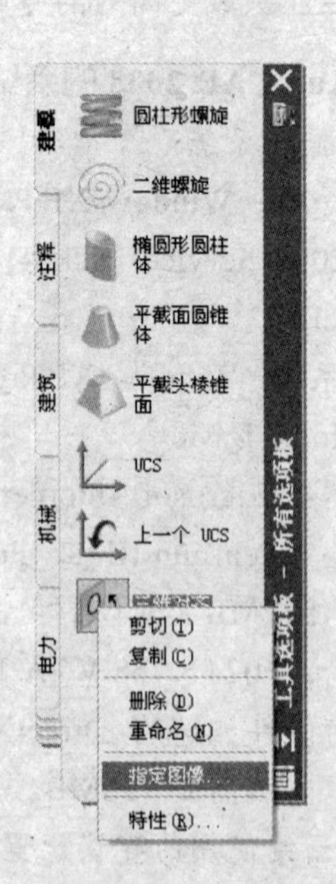

图 1-3 选项板

用户可自定义工具选项板关联工具的图标。通过在工具上右键点击，在弹出的菜单中选择新的“指定图像”菜单项来完成。如果用户以后不再想使用选定的图像作为该工具的图标，可通过右键菜单项来移除它，移除后将恢复原来默认的图像。新增的 tpnavigate 命令，可以通过命令行来设置工具选项板或工具选项板组。

（四）自定义用户界面

如图 1-4 所示，在 2008 版本中，自定义用户界面（CUI 对话框）做了更新，变得更强、更容易使用。增强了窗格头、边框、分隔条、按钮和工具提示功能，让用户更易于自定义 CUI 对话框中的控件和数据。在 CUI 对话框打开的情况下，用户可直接在工具栏中拖放按钮重新排列或删除。另外，用户可粘贴或复制 CUI 中的命令、菜单、工具栏等元素。

对话框中新增了搜索工具，用户可以过滤自己所需要的命令名。用户只需简单将鼠标移动到命令名上，就可查看关联于命令的宏，也可将命令从命令列表中拖放到工具栏中。

当用户在自定义树中选定工具条或面板时，选定的元素将会在预览屏中显示预览图像。用户可从自定义树中或命令列表中直接拖动命令，将它们拖放到工具条/预览屏。用户可以在预览屏中拖动工具来重新排列或删除。如在预览屏中选定了某个工具，在自定义树和命令列表中与该工具关联的工具会自动处于选定状态。同样的，在自定义树中选定了工具，在预览屏中和命令列表中相关的工具也会自动闪亮。

当用户通过工具条、工具选项板或面板屏上使用右键菜单中的自定义项来访问 CUI 对话框时，打开的是简化的对话框，对话框中只有命令列表显示。此处，也可以使用新的 quickcui 命令来访问 CUI 的简化状态。

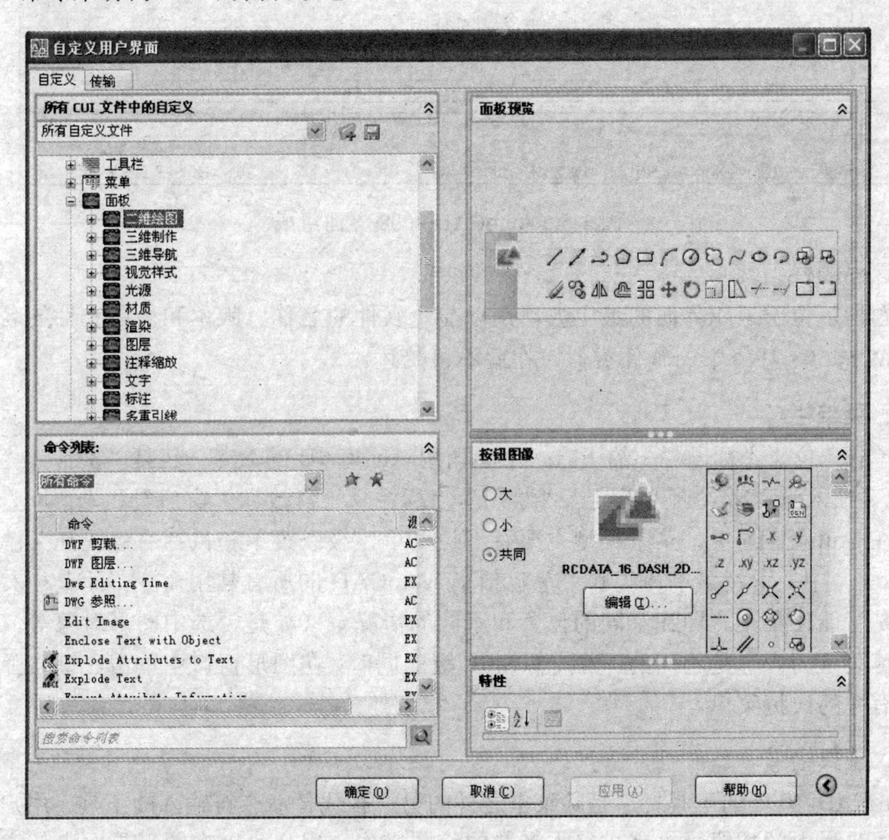

图 1-4　自定义用户界面

其他更新，如“使用 DGN 文件”、“控制 DWF 可见性”、增强的外部参照、图层管理与块操作等，详情请参考 AutoCAD 2008 帮助文档中的“新功能专题研习”部分。

第二节 AutoCAD 2008 的界面组成

在正确安装 AutoCAD 2008 之后，即可在桌面上双击快捷图标来启动 AutoCAD 2008，进入其工作界面，如图 1-5 所示。

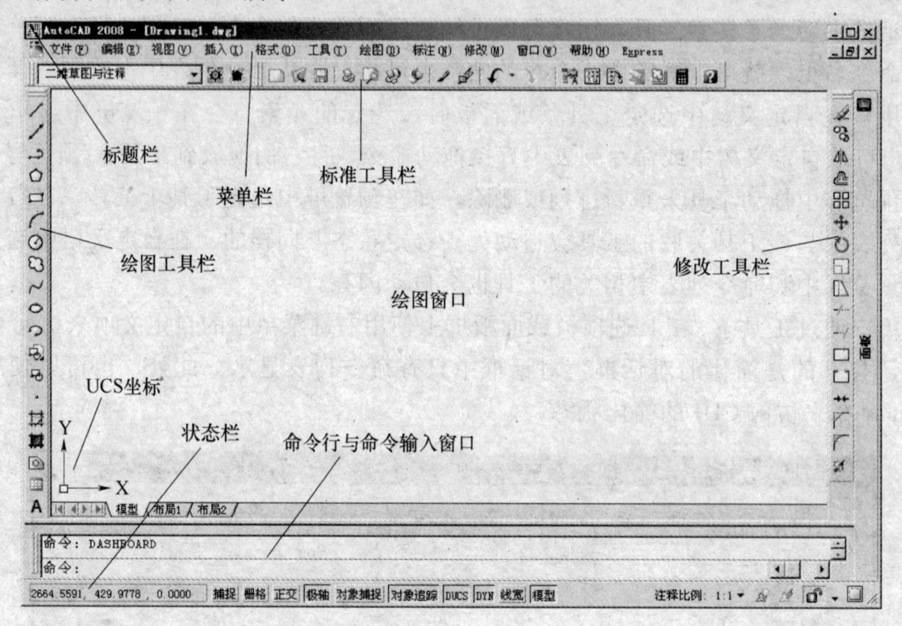

图 1-5 AutoCAD 2008 界面组成

一、标题栏

标题栏，位于工作界面的最上方，用以显示软件的名称、版本和当前文件的名称。与其他的 Windows 环境下的软件类似，在此不再赘述。

二、菜单栏

菜单栏，位于“标题栏”的下方，用于调用 AutoCAD 的命令。包括“文件”、“编辑”、“视图”、“插入”、“格式”、“工具”、“绘图”、“标注”、“修改”、“窗口”和“帮助”等主菜单项。在 AutoCAD 中，菜单类型主要有下拉菜单、级联菜单和鼠标右键快捷菜单，如图 1-6 所示。其中，下拉菜单和级联菜单包括了 AutoCAD 的所有常用命令，而鼠标右键快捷菜单则是智能化菜单。即在不同的位置和不同的情况下（如是否选中图形对象等）单击，弹出快捷菜单的内容是不同的。当按下 Shift 键的同时，在图形窗口中单击右键将弹出与对象捕捉有关的快捷菜单。

三、工具栏

AutoCAD 2008 的工具栏，是除菜单之外的另一种代替命令符输入的工具。用户可以通过点选工具栏中的按钮，来完成绝大多数的绘图操作。用户可以在图形界面上任意更改工具栏的开关和位置；可以在工具栏空白处单击右键，在弹出的菜单中选择不同的工具栏显示；也可以通过菜单“视图”→“工具栏”打开“自定义用户界面”编辑器，如图 1-4 所示，进行自定义工具栏的显示等设置。

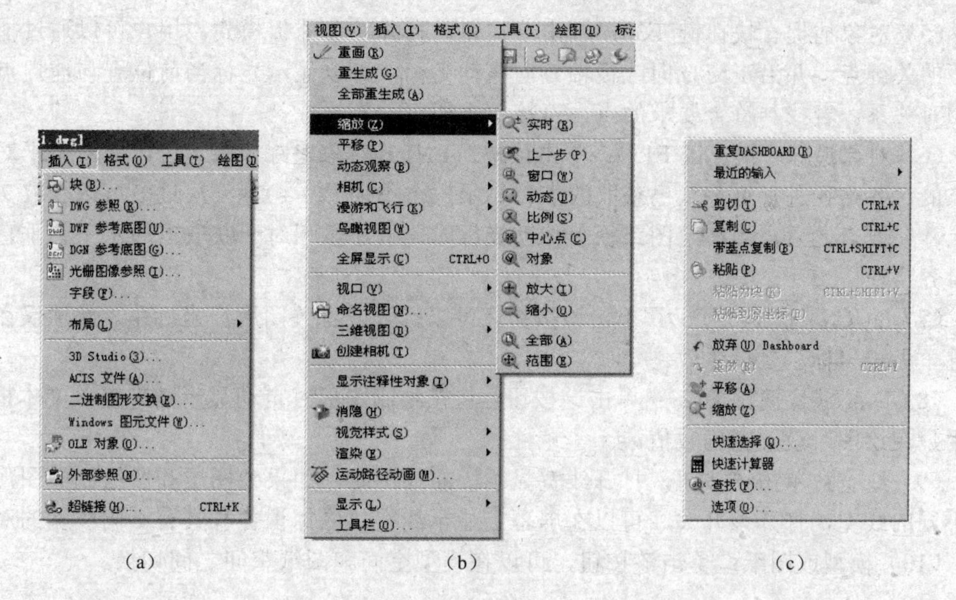

（a）　　　　（b）　　　　（c）

图 1-6　菜单栏

（a）下拉菜单；（b）级联菜单；（c）鼠标右键快捷菜单

四、绘图窗口

绘图窗口是用户工作的主要窗口。因为用户所做的一切，如绘制图形、输入文本、尺寸标注等工作，都要在绘图窗口中进行。

五、状态栏

状态栏，位于程序界面的最底部，由左右两个部分组成。左边区域显示当前光标位置坐标以及即时显示当前用户指定的工具特性等内容。右边有 10 个按钮，如图 1-7 所示，分别为捕捉、栅格、正交、极轴、对象捕捉、对象追踪、DUCS（动态 UCS）、DYN（动态输入）、线宽、模型。使用时，用鼠标左键单击相应按钮即可进入。它们的功能如下。

710.8554, 5.1961 , 0.0000　捕捉　栅格　正交　极轴　对象捕捉　对象追踪　DUCS　DYN　线宽　模型

图 1-7　状态栏功能按钮

（1）捕捉（快捷键 F9）：单击该按钮，打开捕捉设置后，在绘图的过程中程序将会自动捕捉到用户定义的特殊点。此外，用户也可在执行命令的过程中，按住 shift 键同时右击鼠标，动态设定捕捉对象。

（2）栅格（快捷键 F7）：单击该按钮，打开栅格显示。此时，屏幕上将布满小点。其中栅格的 X 轴和 Y 轴间距，也可以通过“草图设置”对话框的“捕捉和栅格”选项卡进行设置。

（3）正交（快捷键 F8）：单击该按钮，打开正交模式。此时用户只能绘制垂直直线或水平直线。

（4）极轴（快捷键 F10）：单击该按钮，打开极轴追踪模式。在绘制图形时，系统将根据设置显示一条追踪线。用户可在该追踪线上根据提示精确移动光标，进行精确绘图。此外，用户也可以在“草图设置”对话框的“极轴追踪”选项卡设置角度增量。关于极轴追踪的具体设置将会在后续章节中介绍。

（5）对象捕捉（快捷键 F3）：单击该按钮，打开对象捕捉模式。用户可以通过捕捉对象上的关键点，并沿正交方向或极轴方向拖动光标，可以显示光标当前位置与捕捉点之间的相对关系。若找到符合要求的点，直接单击即可。

（6）对象追踪（快捷键 F11）：单击该按钮，打开对象追踪模式。可以沿着基于对象捕捉点的对齐路径进行追踪。已获取的点将显示一个小加号（+），一次最多可以获取 7 个追踪点。获取点之后，当在绘图路径上移动光标时，将显示相对于获取点的水平、垂直或极轴对齐路径。

（7）DUCS（快捷键 F6）：单击该按钮，可以打开或者关闭用户坐标系。此项仅在用户设置了用户坐标系之后生效。

（8）DYN（快捷键 F12）：单击该按钮，将在绘制图形时自动显示动态输入文本框。方便用户在绘图时设置精确数值。

（9）线宽：单击该按钮，打开线宽显示。在绘图时，如果为图层和所绘制的图形设置了不同的线宽，打开该开关，可以在屏幕上显示线宽，以标识各种具有不同线宽的对象。

（10）模型或图纸：单击该按钮，可以在模型空间和图纸空间之间切换。

六、命令行

如图 1-8 所示，命令行位于绘图窗口的底部，用于接受用户输入的命令和显示 AutoCAD 命令所提示的信息。命令行，可以实现 AutoCAD 的所有功能。对于熟练运用 AutoCAD 的高级用户来说，绝大部分的绘图、编辑功能都是通过键盘输入命令的方式来完成的。

图 1-8　命令窗口

在 AutoCAD 中，命令是不分大小写的。输入命令式，可输入完整的命令，也可以输入简写别名或者自定义别名。例如缺省情况下，绘制直线的命令是 line，当然也可以输入 l 代表 line 命令，或者在下拉菜单“工具”→“自定义”→“编辑程序参数”中赋予命令其他的别名。

第三节　坐　标　系　统

一、坐标系统的种类

（1）绝对直角坐标（笛卡儿坐标）系：该坐标有 X、Y 和 Z 三个轴。输入坐标值时，需要指示沿 X、Y 和 Z 轴相对于坐标系原点（0，0，0）的距离（以单位表示）及其方向（正或负）。在二维 XY 平面（也称为构造平面）上指定点。构造平面，与平铺的网格纸相似，绝对直角坐标的 X 值指定水平距离，Y 值指定垂直距离，原点（0，0）表示两轴相交的位置。通常，在 AutoCAD 中开始创建新图形时，程序将自动使用世界坐标系（WCS），X 轴表示水平向、Y 轴表示竖直向，Z 轴则垂直于 XY 平面。

（2）相对直角坐标系：指相对前一点的直角坐标值。其表达方式，是在绝对坐标表达式前加上一个“@”。

（3）绝对极坐标系：使用距离和角度来定位点。即需要输入该点距坐标系原点的距离以及这两点的连线与 X 轴正方向的夹角，中间用“＜”隔开。

（4）相对极坐标系：指相对于前一点的极坐标。表达方式，则是在极坐标表达式前加上一个“@”。输入相对坐标的另一种方法，是移动光标指定方向，然后直接输入距离，故称为直接距离输入法。可以用科学、小数、工程、建筑或分数等格式输入坐标。用百分度、弧度、勘测单位、度/分/秒或十进制度数输入角度。键入命令 units，在“图形单位”对话框中指定单位样式。

二、几种坐标形式的输入和转换

（1）笛卡儿格式：按笛卡儿坐标格式，显示第二个点或下一个点的工具栏提示。输入角形符号（<），可更改为极坐标格式（DYNPIFORMAT 系统变量）。

（2）极轴格式：按极坐标格式，显示第二个点或下一个点的工具栏提示。输入逗号（,），可更改为笛卡儿格式（DYNPIFORMAT 系统变量）。

（3）相对坐标：按相对坐标格式，显示对应第二个点或下一个点的工具栏提示。输入磅符号（#），可更改为绝对坐标格式（DYNPICOORDS 系统变量）。

（4）绝对坐标：按绝对坐标格式，显示对应第二个点或下一个点的工具栏提示。输入符号（@），可更改为相对坐标格式（DYNPICOORDS 系统变量）。

第四节　文　件　操　作

一、创建新的图形文件

要创建新图形文件，可以选择“文件→新建”命令；或在工具栏中点击“新建”按钮 ；或者键入命令 new。然后在弹出的“选择样板”对话框（图 1-9）中，选择一个样板文件，单击“打开”。默认情况下，打开的图形文件都为.dwt 格式。用户可以用“打开”、“以只读方式打开”、“局部打开”、“以只读方式局部打开”等 4 种方式打开图形文件，不同方式都对图形文件各有不同要求。如果以“打开”和“局部打开”方式打开图形时，可以对图形文件进行编辑；如果以“以只读方式打开”和“以只读方式局部打开”方式打开图形时，则无法对图形文件进行编辑。

（a）

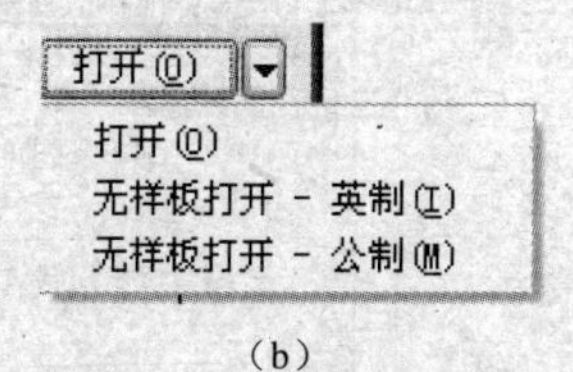

（b）

图 1-9　新建文件命令

（a）新建对话框；（b）打开选择项

二、打开一个已有的文件

若要打开一个已有的文件，可选择标准工具栏的打开按钮 ；或菜单命令“文件”→“打开”；或键入命令 open。执行命令后，弹出“选择文件”对话框（图 1-10），在对话框内选择需要打开的文件。

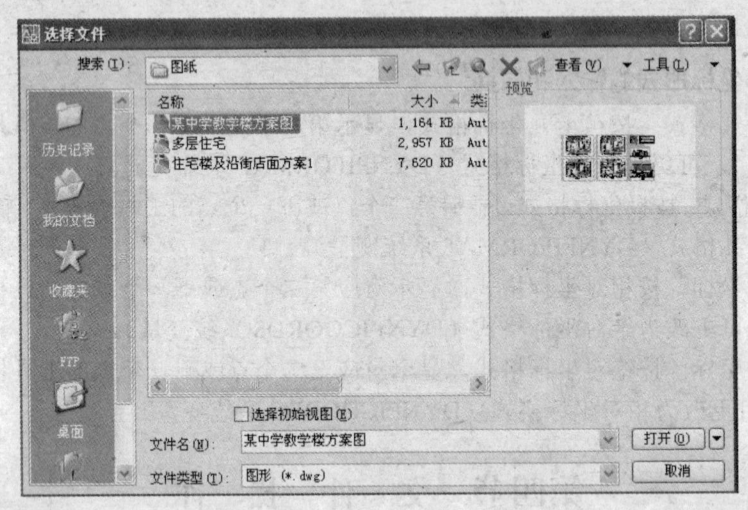

图 1-10　“选择文件”对话框

三、保存图形文件

在 AutoCAD 2008 中，可以使用多种方式将绘制好的图形以文件形式进行保存。

选择“文件→保存”命令，或在工具栏中单击“保存”按钮，以当前使用的文件名保存图形；也可以使用“文件→另存为”命令，将当前图形以新的名字命名。为了防止计算机意外停止工作（死机或者断电）导致重要数据丢失，用户也可以自定义“自动保存时间”。方法是在命令行输入命令 options，打开“选项”对话框（图 1-11），切换到“打开和保存”选项卡。

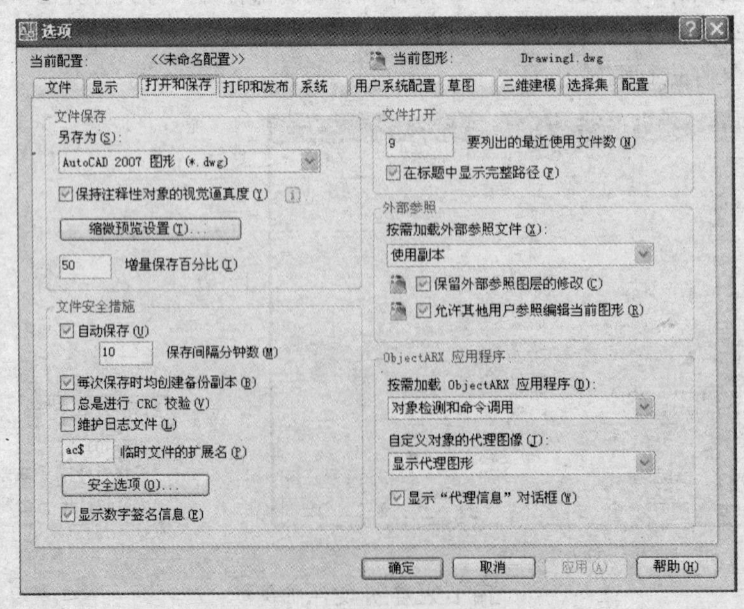

图 1-11　设定自动保存

第五节　作　图　原　则

AutoCAD 2008 的作图原则包括以下几个方面。

（1）作图步骤。

1）设置图幅（即设置图形界限）。

2）设置单位。

3）设置图层。

4）开始绘图。

（2）始终用 1:1 比例在模型空间中绘图。绘完后，在图纸空间（布局）内设置打印比例，出图。

（3）为不同类型的图元对象设置不同的图层、颜色、线型和线宽。

（4）作图时，应随时注意命令行的提示，根据提示决定下一步的动作。这样可以有效地提高作图效率和减少误操作。

（5）不要将图框和图绘制在一幅图中。可在布局中，将图框以块的形式插入（当然你得先制作图框块），然后打印出图。

（6）可将一些常用的设置（如图形界限、单位、捕捉间距、图层、标注样式、文字样式等内容），设置在一个图形样板文件中。这样以后再绘制新图时，就可在创建向导中单击[样板] 来打开它，直接开始绘图。

第六节　国家标准中关于字体、尺寸标注的规定

一、国家标准中关于字体的配置和要求

AutoCAD 工程图中所用的字体，按国家标准的要求书写。应做到字体端正、笔画清楚、排列整齐、间隔均匀。

（1）AutoCAD 工程图的字体与图纸之间的大小关系，如表 1-1 所示。

表 1-1　工程的字体与图纸的幅面之间的大小关系（GB/T 18229—2000）　　单位：mm

字体大小 \ 图幅 / 字符分类	A_0	A_1	A_2	A_3	A_4	字体大小 \ 图幅 / 字符分类	A_0	A_1	A_2	A_3	A_4
字母、数字	3.5					汉　字	5				

（2）AutoCAD 工程图字体的最小字距、行距，以及间隔线（或基准线）与书写汉字之间的最小距离，如表 1-2 所示。

表 1-2　工程图的字体与最小距离（GB/T 18229—2000）

字　体	最小距离（mm）	
汉　字	字　距	1.5
	行　距	2

续表

字 体	最小距离（mm）	
汉 字	间隔线（或基准线）与汉字的间距	1
拉丁字母、阿拉伯数字、希腊字母、罗马数字	字 距	0.5
	词 距	1.5
	行 距	1
	间隔线（或基准线）与汉字的间距	1

注 当汉字与字母、数字混合使用时，字体的最小字距、行距等应根据汉字的规定使用。

（3）AutoCAD 工程图的字体选用范围，如表 1-3 所示。

表 1-3　　工程图的字体选用范围（GB/T 18229—2000）

汉字字型	国家标准号	字体文件名	应用范围
长仿宋体	GB/T 13362.4～13362.5—1992	HZCF.*	图中标注及说明文字、标题栏、明细栏等
单线宋体	GB/T 13844—1992	HZDX.*	
宋 体	GB/T 13845—1992	HAST.*	大标题、小标题、画册封面
仿宋体	GB/T 13846—1992	HZFS.*	目录清单、标题栏中的设计单位
楷 体	GB/T 13847—1992	HZKT.*	名称、图样名称、工程名称
黑 体	GB/T 13848—1992	HZHT.*	地 形 图

二、国家标准中关于尺寸标注的规定

（一）基本规则

（1）物体的真实大小，应以图样上所标注的尺寸数值为依据，与图形的大小及绘图的准确度无关。

（2）图样中的尺寸以毫米（mm）为单位时，不需要标注计量单位的代号或名称。如采用其他单位，则必须注明相应计量单位的代号或名称。

（3）图样中所标注的尺寸为该图样所表示物体的最后完工尺寸，否则，应另加说明。

（4）物体的每一尺寸，一般只标注一次。并应标注在反映该结构最清晰的图形上。

（二）尺寸标注组成元素的规定

（1）图样上一个完整的尺寸，应由尺寸界线、尺寸线、箭头及尺寸文字组成。

（2）尺寸界线用实线绘制。从图形的轮廓线、轴线、中心线引出，并超出尺寸线 2mm 左右。轮廓线、轴线、中心线本身，也可以作为尺寸界线。

（3）尺寸线必须用细实线单独绘出，不能与任何图线重合。

（4）箭头位于尺寸线的两端，指向尺寸界线。用于标记标注的起始、终止位置。箭头是一个广义的概念，可以有不同的样式，详见“尺寸样式”设置中“箭头形式”的下拉列表。

（5）尺寸文字，在同一张图中应该大小一致。除角度以外的尺寸文字，一般应该填写在尺寸线的上方，也允许填写在尺寸线的中断处。但同一张图中应该保持一致；文字的方向应与尺寸线平行。尺寸文字不能被任何图形线通过。

（三）尺寸标注的基本要求

（1）互相平行的尺寸线之间，应该保持适当的距离。为避免尺寸线与尺寸界线相交，应按大尺寸注在小尺寸外面的原则布置尺寸。

（2）圆及大于半个圆的圆弧，应标注直径尺寸；半圆或小于半圆的圆弧，应标注半径尺寸。

（3）角度尺寸的标注。无论哪一种位置的角度，其尺寸文字的方向一律水平书写。文字的位置，一般填写在尺寸线的中间断开处。

思考题与习题

（1）在 AutoCAD 中如何激活命令？

（2）默认状态下重复执行上一个命令的最快方法是什么？

（3）AutoCAD 的状态栏包含什么内容？

（4）功能键 F1～F12 的功能各是什么？

第二章　绘图环境设置与图形控制

第一节　绘 图 系 统 配 置

当用户安装 AutoCAD 后，即可开始绘图。但是，有时用户可能感到当前的绘图环境并不是那么令人满意。例如，用户可能不喜欢绘图区为黑色背景，而是希望选择一种比较明快一点的颜色，如白色。此时用户可以在“选项”对话框（图 2-1）相应的控件中进行修改，以满足自己的要求。

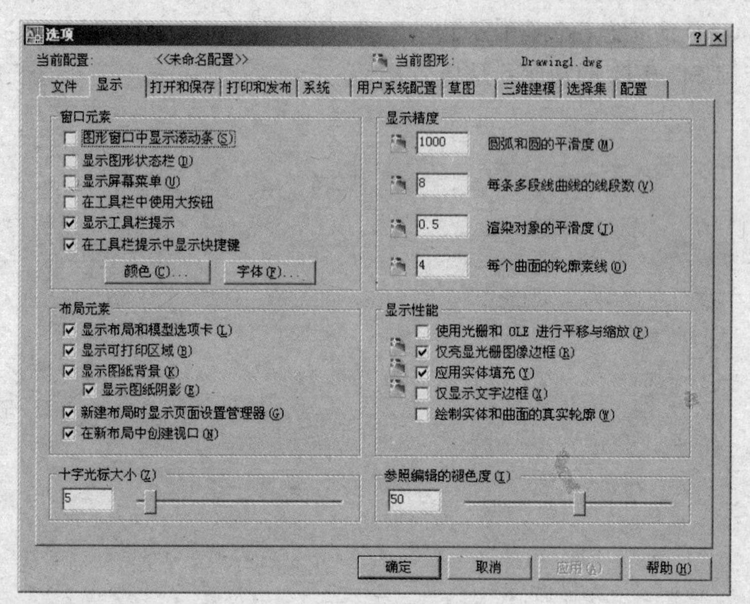

图 2-1　“选项”对话框

可通过以下方式打开“选项”对话框：

- 下拉菜单：工具→选项
- 命令行：options（快捷命令为 op）

在“选项”对话框中有文件、显示、打开和保存、打印和发布、系统、用户系统配置、草图、三维建模、选择集、配置等 10 个选项卡。各选项卡的功能，分述如下。

（1）“文件”选项卡：用于确定 CAD 搜索支持文件、驱动程序文件、菜单文件和其他文件时的路径以及用户定义的一些设置。

（2）“显示”选项卡：用于显示窗口元素、布局元素、显示精度、显示性能、十字光标大小等设置。

（3）“打开和保存”选项卡：用于设置是否自动保存文件以及自动保存文件的时间间隔，是否维护日志，是否加载外部参照等。

(4)“打印和发布”选项卡：用于设置 AutoCAD 的输出设备。

(5)“系统”选项卡：用于设置当前三维图形的显示特性，设置定点设备、是否显示特性对话框、是否显示所有警告信息、是否检查网络连接、是否显示启动对话框等。

(6)“用户系统配置”选项卡：用于设置是否使用快捷菜单和对象的排序方式。在该选项卡中，用户可以根据自己的喜好来设置不同选择状态时鼠标右键的不同功能。具体操作步骤如下：

第一步，在弹出的“选项”对话框中，打开“用户系统配置”选项卡（图 2-2）。

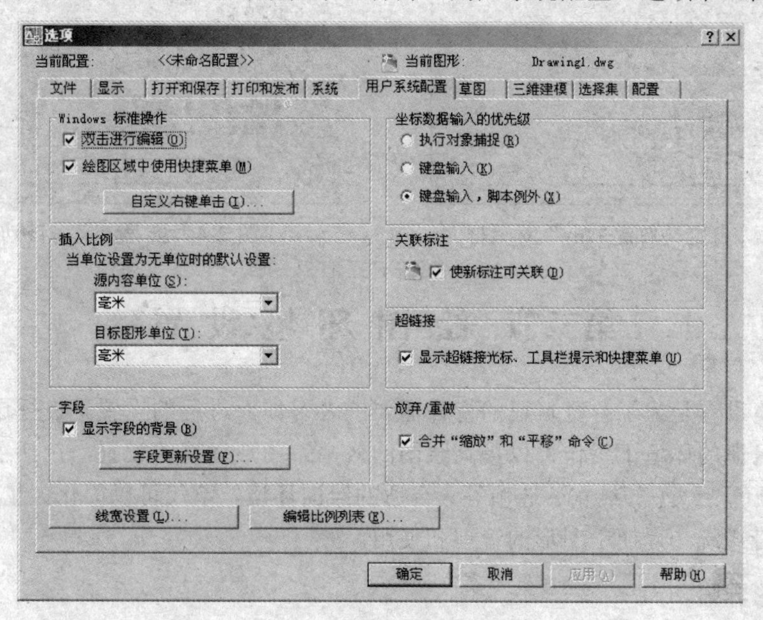

图 2-2　用户系统配置选项卡

第二步，选择“Windows 标准”栏中的“自定义右键单击”按钮，弹出“自定义右键单击”对话框（图 2-3），在该对话框中，可以进行对鼠标右键的定义功能。

“自定义右键单击”对话框中，含有默认模式、编辑模式、命令模式等三种模式。其中，默认模式，是定义在没有选定对象时单击右键所表示的功能，系统默认的功能是弹出快捷菜单；编辑模式，是定义在选定对象时。单击鼠标右键表示的功能，系统默认的功能是弹出相应的命令快捷菜单；命令模式，是定义正在运行命令时单击鼠标右键表示的功能，系统默认的功能是在命令选项存在时将弹出相应的快捷菜单。根据经验，推荐设置为：没有选定对象时，设为重复上一个命令；选定对象时，设为快捷菜单；正在执行命令时，设为确定（图 2-4）。

(7)“草图”选项卡：用于设置自动捕捉、自动追踪、自动捕捉标记框颜色和大小、靶框大小。

(8)“三维建模”选项卡：用于设置三维操作中十字光标指针样式、UCS 图标、三维实体和曲面等的显示控制。

(9)“选择集”选项卡：用于设置选择集模式、拾取框大小以及夹点大小等。

(10)“配置”选项卡：用于实现新建系统配置文件、重命名系统配置文件以及删除系统配置文件等操作。

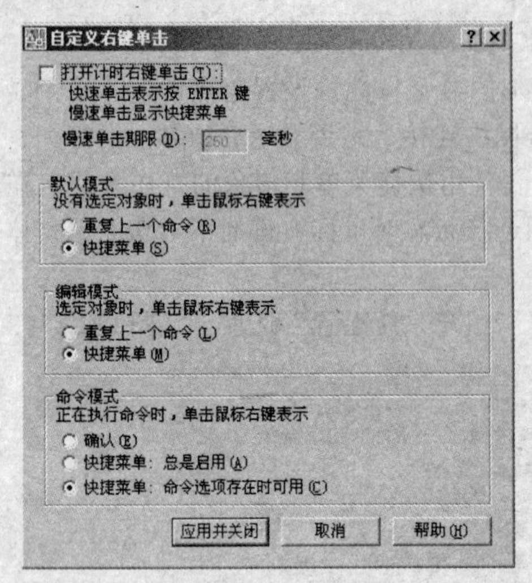

图 2-3　“自定义右键单击”对话框

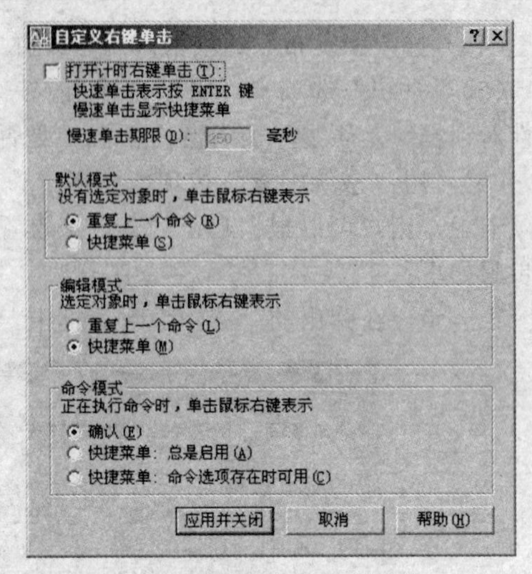

图 2-4　推荐定义右键功能

第二节　绘图环境设置

绘图环境设置是为了符合自己的特许需要或者习惯而进行的设置。进行这些设置后，可以在自己习惯的环境下工作，以提高绘图的效率。图形环境的设置，包括绘图界限、单位、图层、颜色、线型、线宽、选项等。合适的绘图环境，不仅可以简化大量重复性工作，而且有利于格式统一，便于图形的管理和使用。

一、图形界限

绘图界限就是确定绘图时的画图的区域，相当于手工绘图时所用图纸的大小。在AutoCAD中绘制图形和手工在图纸上绘图的一个最大区别就是，在图纸上绘图是将图形按一定的比例绘制，例如，绘图比例是1:100，则需将所绘实体缩小100倍，然后再绘出图形。而在AutoCAD中画图是按1:1来绘制图形的，这样在绘制图形时无需进行比例变换，非常方便。但这样一来就需要将图纸范围扩大100倍，打印时再按1:100的比例出图即可。图形界限所确定的区域是可见栅格指示的区域。

图形界限的设置（图2-5），可通过下列方式来确定：

- 下拉菜单：格式→图形界限
- 命令行：limits

激活limits命令后，命令提示：

重新设置模型空间界限：

指定左下角点或［开（ON）/关（OFF）］<0.0000，0.0000>:

在这里，用户可以通过设定“开（ON）/关（OFF）”来决定能否在图形界限之外制定一点。如果选择“开（ON）”，则将打开界限检查，此时用户不能在图限之外绘制、移动或复制对象。但对于不同的情况，其限制方式也不同：对直线，如果有任何一点在界限之外，则无法绘制该直线；对圆、文字而言，只要圆心在界限范围之内即可；对于单行文字，只要定义的文字起点在界限之内，实际输入的文字就不受限制；对于编辑命令，拾取图形对象点不受限制，除非拾取点同时作为输入点，否则界限之外的点无效。如果选择“关(OFF)”，系统将禁止界限检查，可以在图形界限之外绘图或编辑对象。

【例 2-1】　需绘制图形的平面尺寸为 36m×15m（即 36000mm×15000mm），选取 A3 幅面，设置绘图时的图形界限。并通过栅格显示该界限。

分析：这时图形界限应相应放大 100 倍（42000mm×29700mm）。

具体操作步骤：

- 命令：limits

重新设置模型空间界限:

指定左下角点或 [开（ON）/关（OFF）] <0.0000，0.0000>：0，0

指定右上角点<420.0000，297.0000>：420000，297000

- 命令：zoom

指定窗口的角点，输入比例因子（nx 或 nxp），或者

[全部（A）/中心（C）/动态（D）/范围（E）/上一个（P）/比例（S）/窗口（W）/对象（O）] < 实时 >：a

正在重生成模型。

- 命令：＜栅格开＞（按 F7 键）

设置结果如图 2-5 所示。

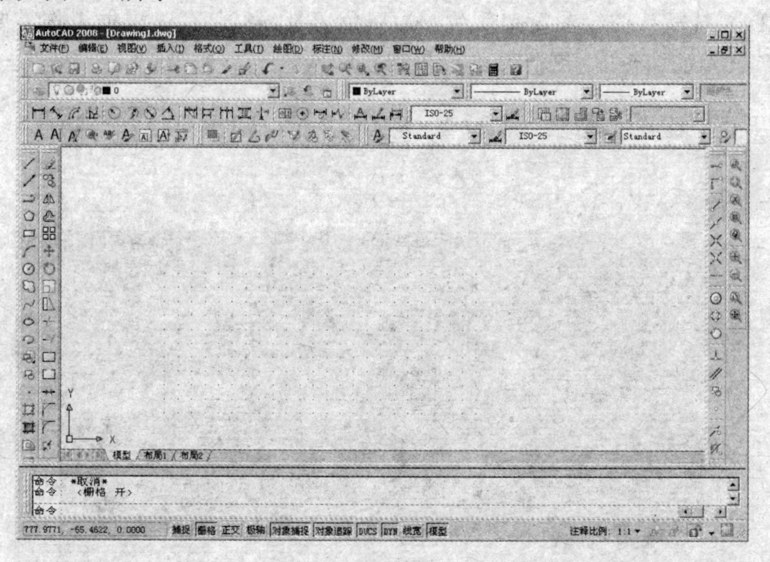

图 2-5　图形界限

二、绘图单位

开始绘图前，必须基于要绘制的图形确定一个图形单位代表的实际大小。例如，一个图形单位的距离通常表示实际单位的 1mm、1cm、1m 等。然后据此创建实际大小的图形。

绘图单位的设置，通过下列方式确定：

- 下拉菜单：格式→单位
- 命令行：units

通过打开的“图形单位”对话框（图 2-6）可修改单位显示类型、单位显示精度、角度

显示类型、角度显示精度、角度显示基点、角度显示方向。一般情况下，除单位显示精度常根据需要进行改变设置外，其余项目常保持默认设置。

注意：0° 方向的默认设置为 X 轴正方向（正右、正东方向），角度值沿逆时针方向增大（图 2-7），这一规定在以后的操作中常被用到。

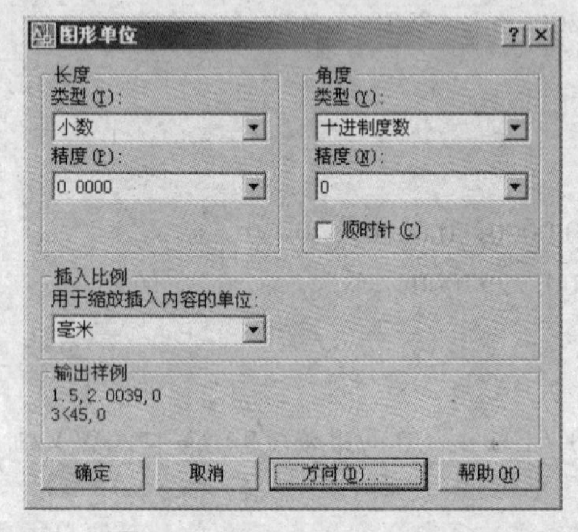

图 2-6 “图形单位”对话框

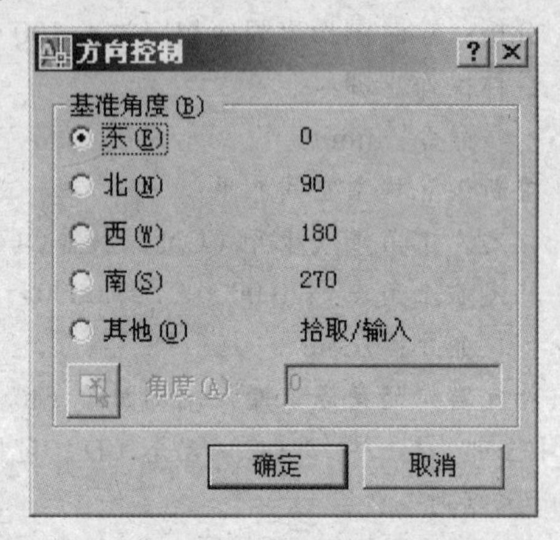

图 2-7 “方向控制”对话框

三、更改绘图窗口颜色

AutoCAD 系统默认的绘图窗口颜色，为黑色（图 2-8）。有时根据工作需要，需将黑色改为其他颜色（例如白色）。可通过以下步骤来实现。

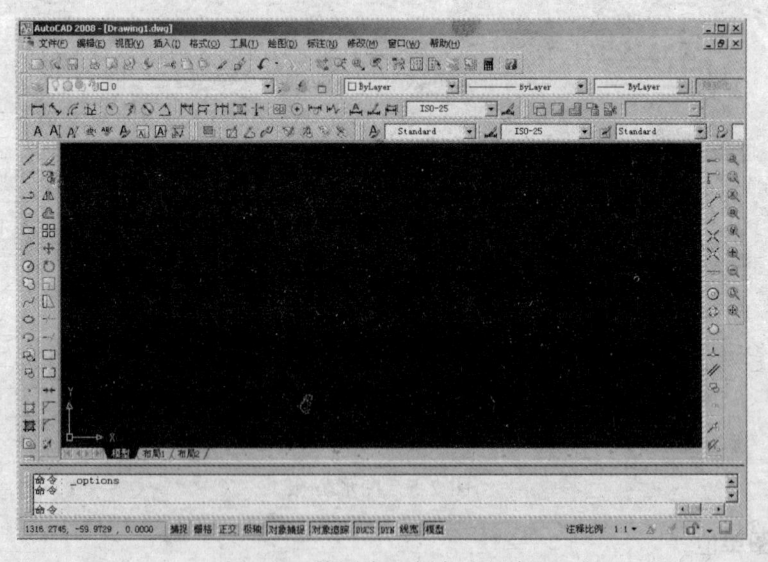

图 2-8 绘图窗口颜色为黑色

（1）点击下拉菜单“工具”→“选项”，打开“选项”对话框（图 2-1）。

（2）选择“显示”选项卡→“颜色”，打开“图形窗口颜色“对话框（图 2-9）。

（3）在“背景”区选择“二维模型空间”，“界面元素”区选择“统一背景”，“颜色”区选白色（图 2-10）。

（4）单击“应用并关闭”按钮，则绘图窗口颜色改为白色（图 2-11）。

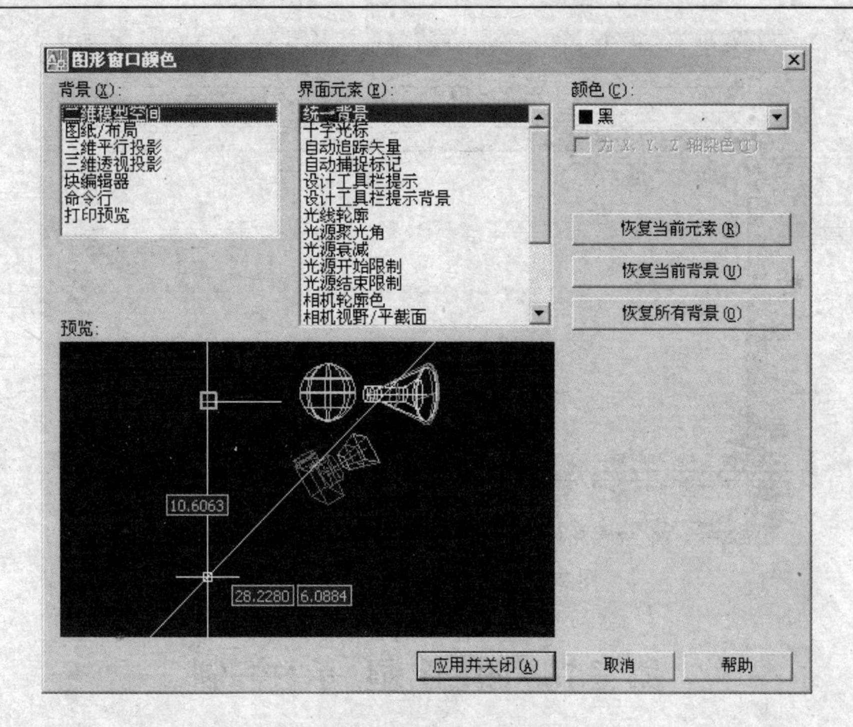

图 2-9 “图形窗口颜色”对话框

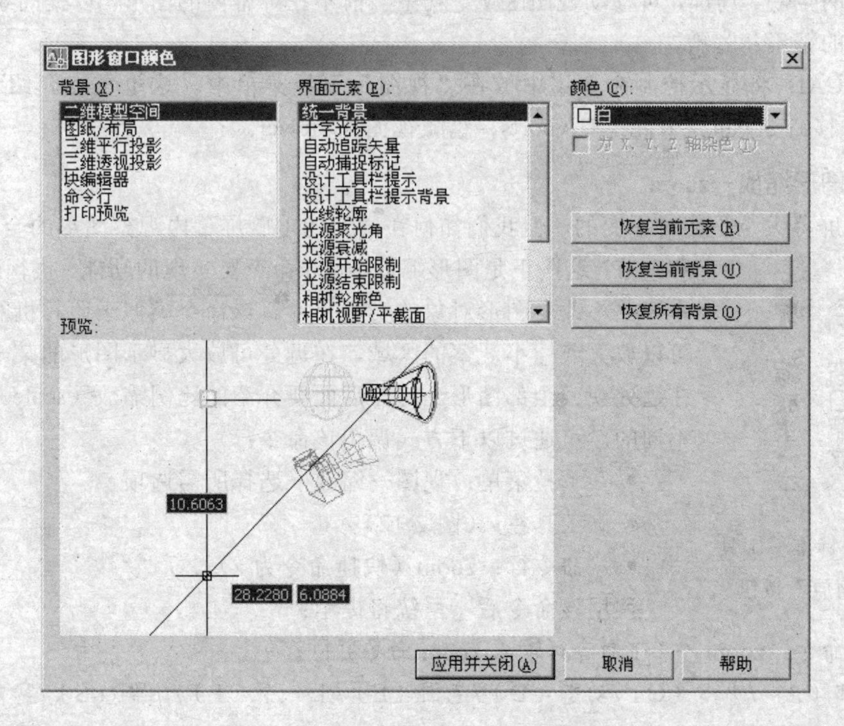

图 2-10 选择背景及界面元素颜色

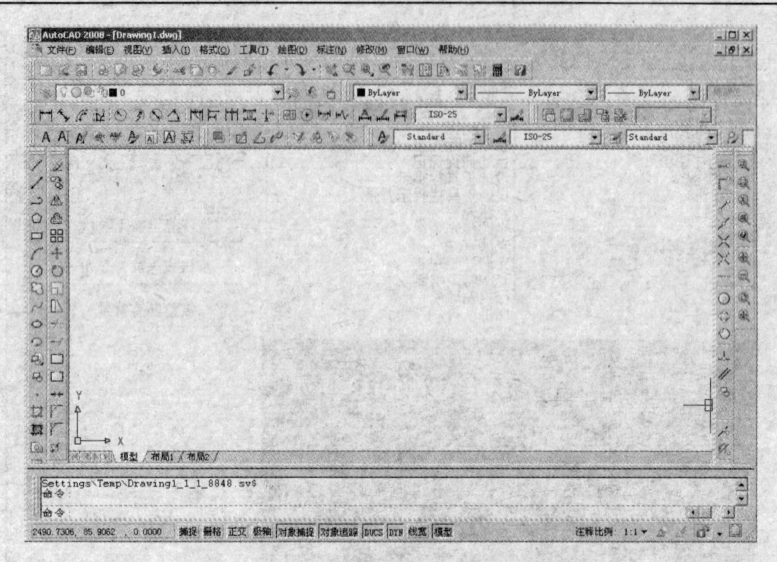

图 2-11　绘图窗口颜色改为白色

第三节　图 形 显 示 控 制

AutoCAD 为用户提供了非常方便的用于观察图形的显示控制功能。这些功能，可用于观察图形的全貌、局部，可移动视图区域，观察当前不在屏幕内的图形，以提高绘图效率，保证图纸的精确和完整。

AutoCAD 将显示控制命令集中放在“视图”下拉菜单中。这里重点介绍缩放命令 zoom、平移命令 pan、平铺视口 vports、鸟瞰视图 dsviewer。

一、图形缩放—zoom

电脑屏幕大小是相对不变的，但我们如何在固定的电脑屏幕内观察图形的全貌、局部和细节，这些正是图形缩放 zoom 命令要实现的功能。执行 zoom 命令，并不改变图形对象的实际尺寸。该命令类似于照相机的镜头，可以放大或缩小观察的区域，在近处可放大显示图形的某一部分，在远处观察全部图形。这与后面要介绍的比例缩放（scale）命令是不同的。可通过以下方式调用该命令：

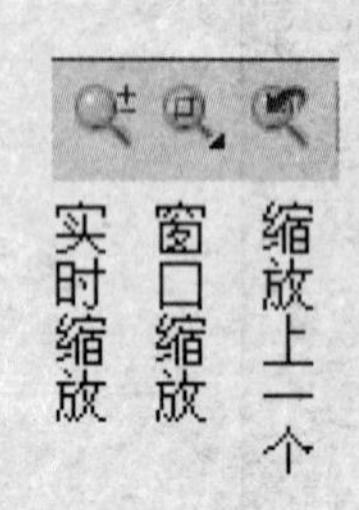

图 2-12 “标准”工具栏中“缩放”按钮

- 下拉菜单：视图→缩放→选择所需选项
- 工具栏：（图 2-12）
- 命令行：zoom（快捷命令为 z）↙

调用该命令后，系统将提示：

- 命令：zoom↙（在命令行输入 zoom 命令并回车）

[全部（A）/中心（C）/动态（D）/范围（E）/上一个（P）/比例（S）/窗口（W）/对象（O）] <实时>:

其中，各选项含义及用法如下。

（1）实时：该选项为系统默认选项。使用“实时”选项时，按住鼠标左键不放，可以通过向上（图形显示放大）或向下（图形显示缩小）移动鼠标进行动态缩放。单击鼠标右键，可以显示包含其他视图选项的快捷菜单。

（2）全部：该选项表示缩放显示整个图形。

（3）中心：让用户给出一个新的显示中心，然后再给一个新的缩放比例或者视图高度。当前的视图高度显示在括号里作为参考。例如，当输入 200 时，视图就按 200 个图形单位的高度显示。如果输入的高度值比参考值小，则会放大显示图形；反之，输入的高度比参考值大，则会缩小显示图形。

若要指定相对的显示比例，应在输入的比例因子后加 x。例如，输入 2x，将显示比当前视图大两倍的视图。如果正在使用浮动视口，则应输入 xp，表示相对于图纸空间进行比例缩放。

（4）动态：该选项通过移动“视图框”和调整“视图框”（图 2-13）大小来实现平移和缩放视图，显示视图框中的图形并使其充满整个视口。

图 2-13 视图框

（a）平移时的视图框；（b）调整大小时的视图框

进入动态缩放状态时，屏幕上会出现一个如图 2-14 所示的动态缩放特殊屏幕模式。图中 3 个不同的矩形框含义如下。

1）蓝色点线框（图 2-14 中的线框 1）：表示当前的绘图界限，即由 limits 命令设置的边界或是图形实际占据的区域。

2）绿色点线框（图 2-14 中的线框 2）：表示当前的屏幕区，即当前在屏幕上显示的图形区域。

3）白色实线框（图 2-14 中的线框 3）：为视图框（框的中心有一个“×”）。这个框的作用很像照相机上的“取景器”，可以通过鼠标来控制它的大小和位置，确定欲缩放的图形范围。

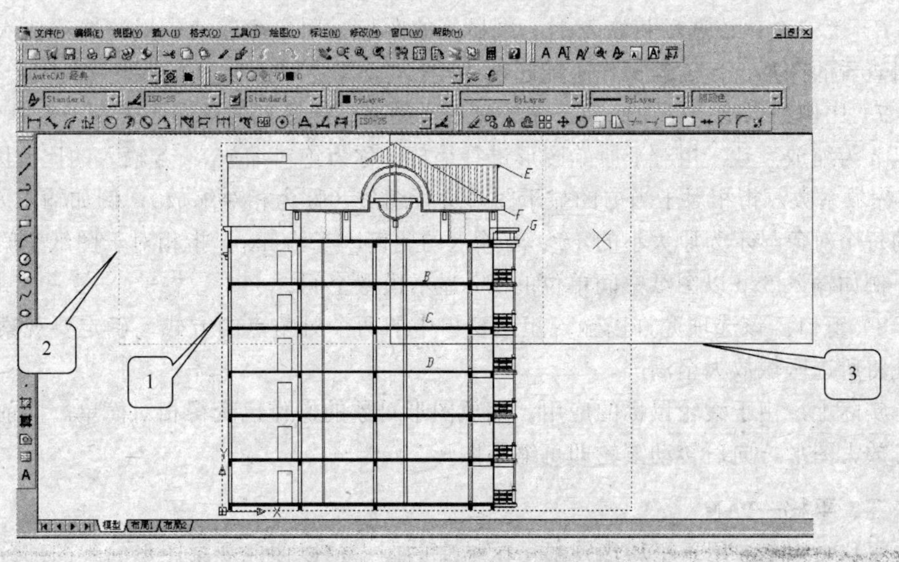

图 2-14 动态缩放特殊屏幕模式

4）具体选取步骤：首先通过鼠标移动视图框，移动到欲显示的视图附近，然后单击鼠标左键，此时框中的“×”消失，同时在视图框右侧出现一个指向右的箭头（图 2-15）。此时左右移动光标可调整视图框尺寸，上下移动光标可调整视图框位置。不管视图框如何变化，水平边和竖直边的比例不变，以保持其形状和屏幕的图形区呈相似形。当选好框的大小后，再按一次鼠标左键，屏幕上的箭头消失，“×”又出现再拾取框中心。此时选好的矩形框，变为一个可以移动的矩形框，可以选取欲显示的区域，点击鼠标右键（或按回车键）则在屏幕上显示视图框中的图形。若再按鼠标左键（“×”消失，箭头出现），则用户又可以拖动鼠标重新改变视图框的大小，直到单击鼠标右键（或按回车键）确定视图框中的大小，这样就实现了动态显示。

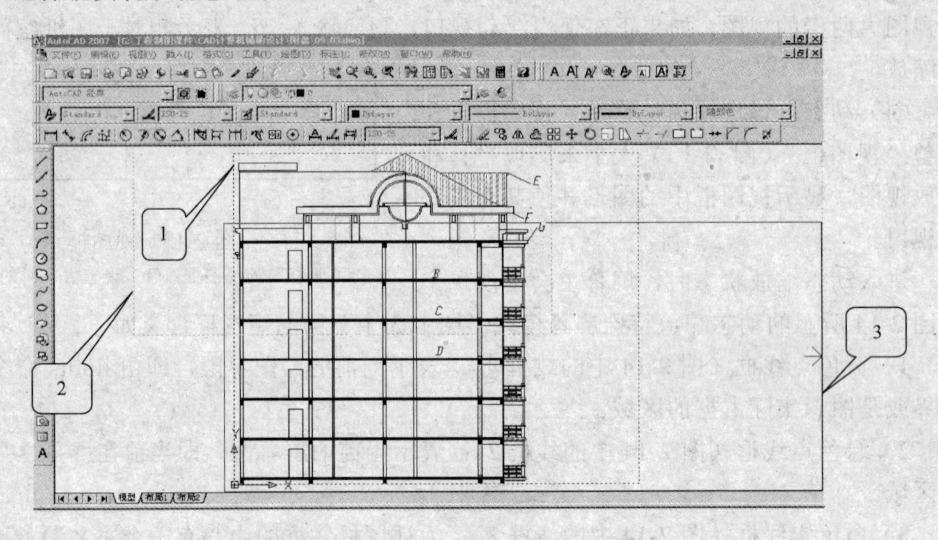

图 2-15　鼠标调整视图框大小

5）范围：使全部图形以最大比例显示在屏幕上，与图形界限无关。

6）上一个：该选项将恢复上一次显示的图形。用户可连续使用该选项依次恢复以前编辑查看的图形，但连续操作不能超过 10 次。

7）比例：以指定的比例因子缩放显示。如果直接输入的比例因子是一个具体的数 n，则以 n 为缩放系数，相对于原始图形进行缩放（称为绝对缩放）；若输入的比例因子为 nx，n 为缩放系数，指相对于当前的显示图形进行缩放（称为相对缩放），例如输入.5x 使屏幕上的每个对象显示为原大小的 1/2；若输入的比例因子为 nxp，指相对于图纸空间单位的比例，例如输入.5xp 以图纸空间单位的 1/2 显示模型空间。

8）窗口：该选项允许以输入矩形窗口中的两个对角点的方式，确定要观察的区域。系统将所选区域放大至满屏。

实际上，由于滚轮鼠标的应用，缩放图形对象的操作已变得相对简单。向前转动滚轮即可放大图形，向后转动滚轮即可缩小图形。

二、平移—PAN

平移命令 pan 用于平移当前显示区域中的图形，以便能观察图形的不同部分。

可通过以下方式调用该命令：

- 下拉菜单：视图→平移（在子菜单中选取相应选项）

- 工具栏：标准→ 按钮
- 命令行：pan（快捷命令为 p）

pan 命令执行后，光标将变为手形光标，如图 2-16 所示。按住鼠标左键，将光标锁在当前位置，窗口中的图形将随着光标，沿同一方向移动。释放鼠标左键，则平移停止。任何时候，按 Esc 键或 Enter 键都会结束平移操作。如果是滚轮鼠标，可直接按住中间的滚轮不放，然后移动鼠标，同样可以完成平移操作。

如果将图形平移到逻辑范围的边界时，手形光标如图 2-17 所示。若哪个方向到达了边界，就在手形光标的哪一侧显示一个边界栏。同时，在状态栏上显示信息，明确指出已将图形平移到边界，并且不能继续沿该方向平移。

图 2-16 手形光标　　　　图 2-17 到逻辑边界时的手形光标

三、平铺视口

视口，是在 AutoCAD 中显示图形的窗口。视口，有平铺视口和浮动视口两种类型。在模型空间中使用的视口叫“平铺视口”，在图纸空间使用的视口叫“浮动视口”。关于浮动视口将在后面的章节中介绍，这里主要介绍平铺视口。

在大的或复杂的图形中，通过设置多个平铺视口，可以在一个视口中显示整个图形，同时在另外视口中放大显示视图的某一局部，这样通过显示不同的视图可以缩短在单一视图中缩放或平移的时间。事实上，我们一直使用的是单个平铺视口。

图 2-18 为 3 个视口的屏幕显示，每个视口显示图形中的不同部分。

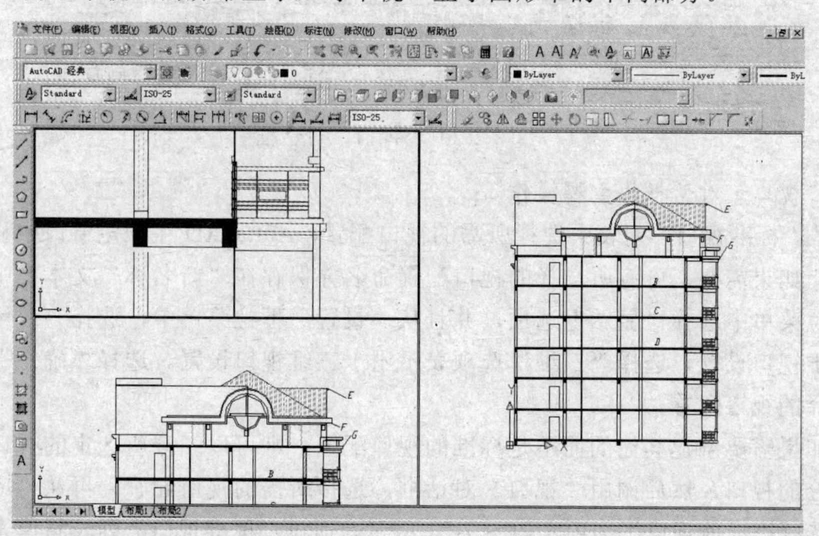

图 2-18 同一图形在三个视口中显示不同的部分

（一）平铺视口的特点

（1）视口不能相互重叠，不能移动；不管建立几个视口，它们总是完全占据整个平面。

（2）在任何时候都可以通过单击视口不同区域在这些视口之间切换，包括在执行命令的过程中。每次只能激活一个视口，被激活的视口显示一个粗边框，且显示十字光标。

（3）UCS 图标出现在每个视口中。

（4）在一个视口中对图形所做的任何修改都会自动显示在其他每一个视口中。

（二）创建平铺视口

创建平铺视口的方法有下面几种：

- 下拉菜单：视图→视口→新建视口
- 工具栏：布局→ 按钮（图 2-19）
- 命令行：vports

图 2-19 “布局”工具栏

AutoCAD 将显示“视口”对话框，如图 2-20 所示。

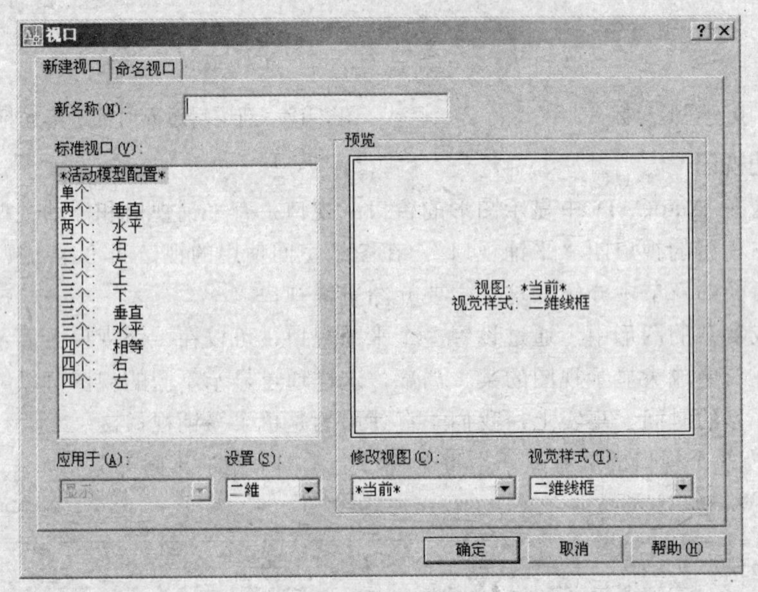

图 2-20 “视口”对话框

（三）“视口”对话框的主要操作

（1）从“标准视口”列表中选择所需的视口配置，AutoCAD 在预览窗口中显示相应的视口配置。如果需要，可将所选择的视口配置命名并保存在“新名称”文本框中。从“应用于”下拉菜单中选择“显示”选项，并且从“设置”下拉菜单中，选择“二维”选项表示用于二维视口设置，选择“三维”选项表示用于三维视口设置。选择“确定”按钮，将创建所选择的视口配置。

（2）如果需要创建其他的而不是标准的视口配置，则可以细分所选定的视口。首先选择需要细分的视口，然后调用“视口”对话框，选择所需的视口配置，再从“应用于”下拉菜单中选择“当前视口”选项。如图 2-21 所示，通过“标准视口”列表将原来的单一视口设置为三视口，选择右下角的视口为当前视口，通过“视口”对话框又将其设置为 3 个视口。

（3）合并视口。将两个相邻的视口，合并为一个较大的视口。此视口将继承原主视口的视图配置。通过 vports 命令行方式或“视图→视口→合并”菜单方式都可以完成合并视口的操作。

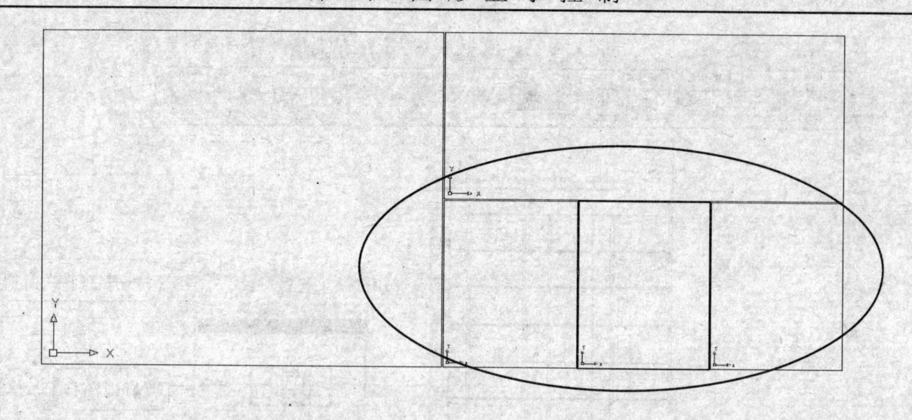

图 2-21　创建不标准的视口

【例 2-2】　将图 2-18 中的左侧上下两个视口合并，将左上视口作为主视口，合并后如图 2-22 所示。

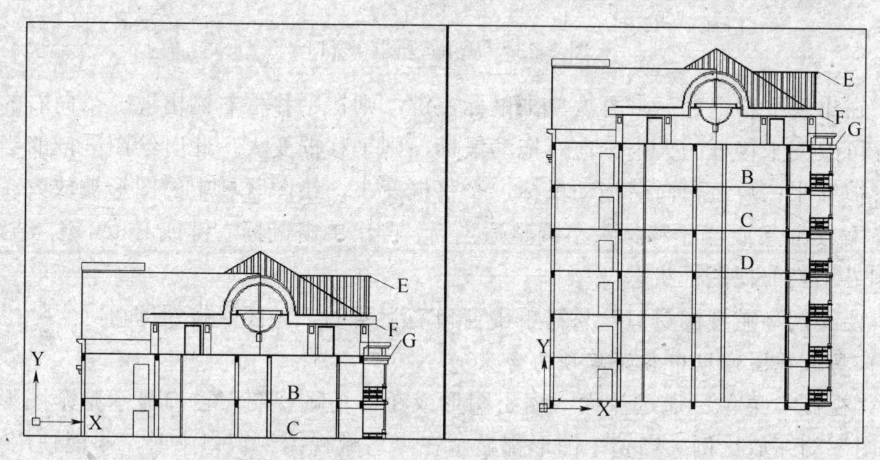

图 2-22　图 2-18 视口左侧两图合并后的结果

四、鸟瞰视图

鸟瞰视图，是一种图形定位工具，是一个独立的窗口，如图 2-23 所示。鸟瞰视图窗口可以显示整个图形的视图，以便快速移动到目的区域。在绘图时，可以在“鸟瞰视图”中直接进行缩放和平移操作。缩放和平移的结果可以实时显示在绘图区域中，而无需选择菜单项或输入命令进行缩放和平移。

激活“鸟瞰视图”的两种方法如下：

- 下拉菜单：视图→鸟瞰视图
- 命令行：dsviewer

激活 DSVIEWER 命令后，弹出“鸟瞰视图”窗口（如图 2-23 所示）。

（一）鸟瞰视图窗口的使用方法

（1）“鸟瞰视图”窗口中的宽边框为当前视图框，标记的是绘图区域显示的视图。在“鸟瞰视图”窗口中单击，窗口内出现带有×号标记的平移框，在“鸟瞰视图”窗口中拖动鼠标，可平移视图的位置（相当于执行平移命令）。同时当前视口中的图形也会跟着移动。移动到需要的位置后，单击鼠标右键或按 Enter 键结束平移。

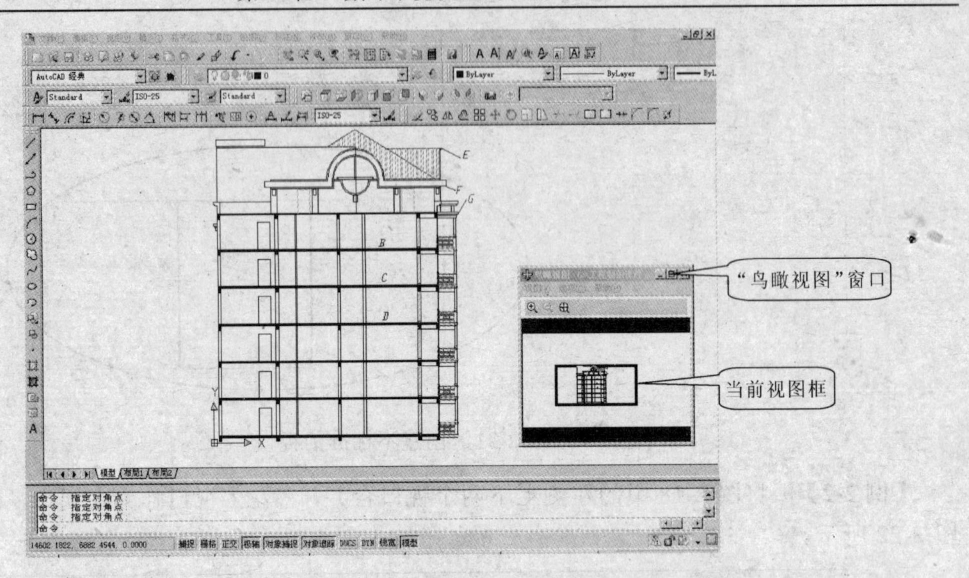

图 2-23 "鸟瞰视图"窗口

（2）在出现平移框之后，再次单击鼠标左键，则在平移框右侧出现一个向右的箭头，移动鼠标可改变平移框的大小。向右拖动鼠标，则平移框变大，此时绘图区域的当前视口中的图形被缩小；反之，向左拖动鼠标，平移框变小，绘图区域中的图形被放大（相当于执行动态缩放命令）。当平移框大小调整适当后，再次单击鼠标右键或 Enter 键，结束缩放，重新回到显示当前视图框状态。

（3）要关闭鸟瞰视图窗口，只需单击窗口右上角的"关闭"按钮即可。

（二）鸟瞰视图窗口中各菜单项的含义

（1）"视图"菜单：通过放大、缩小图形或在"鸟瞰视图"窗口显示整个图形来改变"鸟瞰视图"的缩放比例。当整个图形都显示在"鸟瞰视图"窗口中时，不能使用"缩小"菜单选项和按钮；当当前视图几乎充满"鸟瞰视图"窗口时，不能使用"放大"菜单项和按钮。"放大"和"缩小"这两个选项有时可能同时不能使用，例如在使用 zoom 命令的"范围"选项后。

1）放大：以当前视图框为中心，放大两倍"鸟瞰视图"窗口中的图形显示比例。

2）缩小：以当前视图框为中心，缩小两倍"鸟瞰视图"窗口中的图形显示比例。

3）全局：在"鸟瞰视图"窗口显示整个图形和当前视图。

（2）"选项"菜单：默认情况下，AutoCAD 自动更新鸟瞰视图窗口，反映在图形中所做的修改。当绘制复杂图形时，关闭此动态更新功能可以提高程序性能。

同样，使用多视口绘图，对应不同的视图选择，鸟瞰视图图像也会随之变化。若将更新功能关闭，则只有在激活鸟瞰视图时，AutoCAD 才对其进行更新。

若要打开或关闭动态更新，可以选择"鸟瞰视图"窗口中"选项"菜单下的子菜单项。

1）自动视口：当显示多重视口时，自动显示当前视口的模型空间视图。关闭"自动视口"时，将不更新"鸟瞰视图"窗口，以匹配当前视口。

2）动态更新：当更新当前视口（如缩放、平移当前视图）时，决定是否自动更新鸟瞰视图窗口。

3）实时缩放：在鸟瞰视图窗口实时缩放时，控制图形窗口中的图形显示是否实时变化。

五、使用命名视图

用户可以在一张工程图纸上，创建多个视图。当要观看、修改图纸上的某一部分视图时，将该视图恢复出来即可。使用命名视图，可以为图形中的任意视图指定名称后保存下来，并在以后将其恢复。即可以保存整个视口显示，也可以保存其中的一部分。

若有多个视口，可将视图恢复到活动视口中。如果将不同视图恢复到不同的视口中时，可以同时显示模型的多个视图。

（一）新建视图

通过“视图管理器”对话框（图 2-24）可以命名新建视图。可采用以下方式打开该对话框：

- 下拉菜单：视图→命名视图
- 工具栏：视图→ 按钮
- 命令行：view

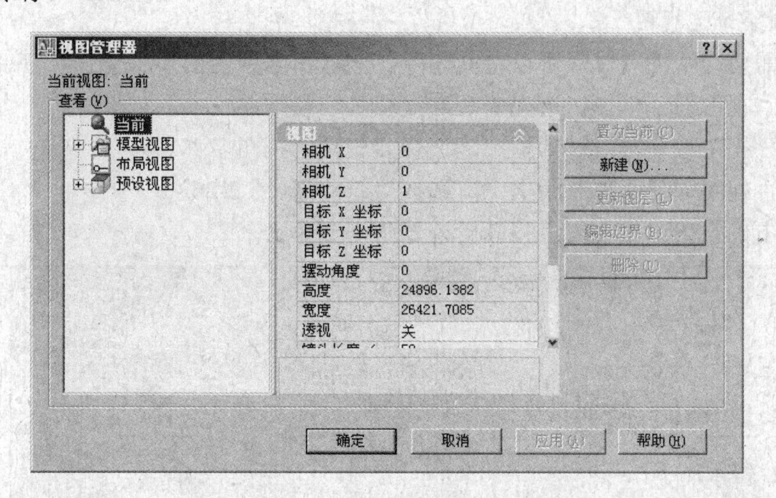

图 2-24 “视图管理器”对话框

在该对话框中，用户可以创建、设置、重命名以及删除命名视图。其中，“当前视图”选项后显示了当前视图的名称；“查看”选项组的列表框中，列出了已命名的视图和可作为当前视图的类别。

新建视图的步骤如下：

（1）在“视图管理器”对话框中，单击“新建”按钮，打开“新建视图”对话框（图 2-25）。

（2）在“新建视图”对话框中，为该视图输入名称。

（3）如果只想保存当前视图的一部分，可选择“定义窗口”单选按钮，然后单击“定义视图窗口”按钮 。此时，前面打开的两个对话框将暂时关闭，用户可在绘图区域中指定视图的对角点以定义窗口。

（4）如果想让坐标系随视图一起保存，在 UCS

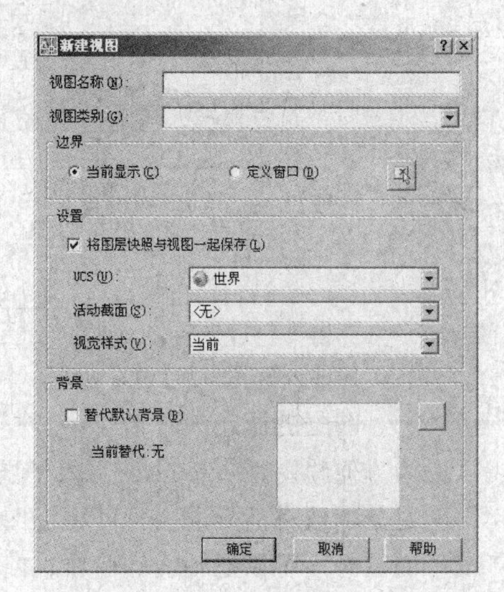

图 2-25 “新建视图”对话框

名称下拉列表中选择“世界”。

（5）单击“确定”按钮，返回“视图管理器”对话框。

（6）在“视图管理器对话框”中，单击“确定”按钮。

（二）恢复命名视图

当需要重新使用一个命名视图时，可以将其恢复。如果在绘图时使用多个平铺视口，那么视图将恢复到当前视口；也可以将命名视图恢复到图纸空间中的浮动视口中。恢复命名视图的步骤为：

（1）单击要恢复视图的视口。

（2）从“视图”菜单中，选择“命名视图”。

（3）在“视图管理器”对话框中，选择要恢复的视图。

（4）单击“置为当前”按钮，将选定的视图置为当前视图。

（5）单击“确定”按钮，关闭“视图管理器”对话框。

（三）删除命名视图

当不再需要一个视图时，可以将其删除。删除命名视图的步骤为：

（1）从“视图”菜单中，选择“命名视图”。

（2）在“视图管理器”对话框中，选择要删除的视图名称。

（3）在“视图管理器”对话框中，选择“删除”（图 2-26）。

（4）单击确定按钮，关闭“视图管理器”对话框。

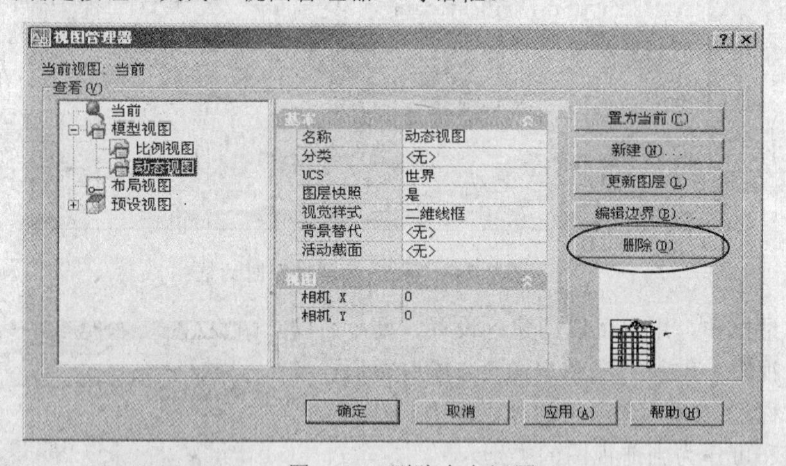

图 2-26　删除命名视图

第四节　图　层　管　理

一、图层的概念

为方便绘图，AutoCAD 引入了层的概念。即把图形中具有相同线型、颜色和线宽等特性的对象，放在同一层上。可以把图层想象成透明纸，各层之间完全对齐。例如，绘制建筑平面图时，可以把轴线、墙体、门窗、文字与尺寸标注分别画在不同的图层上。如果要修改墙体的线宽，只要修改墙体所在图层的线宽即可，而不必逐一地修改每一道墙体；同时，还可以关闭、解冻或锁定某一图层，使得该图层不在屏幕上显示或不能对其进行修改。

图层具有以下特性：

（1）图名：每一个图层都有自己的名字，以便查找。

（2）颜色、线型、线宽：每个图层都可以设置自己的颜色、线型、线宽。

（3）图层的状态：可以对图层进行打开和关闭、冻结和解冻、锁定和解锁的控制。

（4）不同图层的关系：各图层具有相同的坐标系、绘图界限、显示时的缩放倍数，对于不同图层上的对象可同时进行编辑操作。只能在当前层上绘图，在绘制对象之前，要通过图层操作将需要绘制对象的图层置为当前层。

二、图层特性管理

图层特性管理，要在“图层特性管理器”对话框中完成。该对话框，可以完成诸如创建及删除图层、设置当前图层、设置图层的特性及控制图层的状态等许多图层管理工作，还可以通过创建过滤器，将图层按名称或特性进行排序；也可用手动方式将图层组织为图层组，然后控制整个图层组的可见性。

启动“图层特性管理器”对话框的方法有以下三种。

- 下拉菜单：格式→图层
- 工具栏：图层→ 按钮
- 命令行：layer（快捷命令为 la）

执行上述命令后，屏幕弹出如图 2-27 所示“图层特性管理器”对话框。在该对话框中有两个显示窗格：左边为树状图，用来显示图形中图层和过滤器的层次结构列表；右边为图层列表图，显示图层和图层过滤器及其特性和说明。如果在树状图中选定了某一个图层过滤器，则列表图仅显示该图层过滤器中的图层。“图层特性管理器”对于管理大型图层组非常有效。

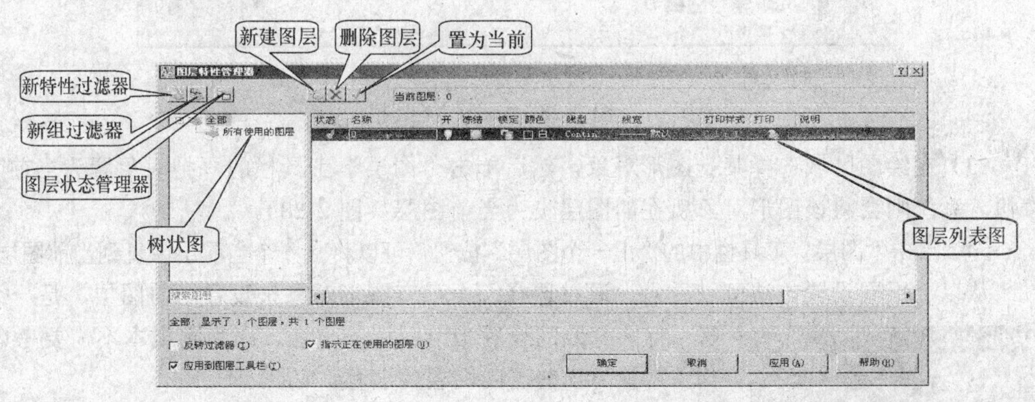

图 2-27 “图层特性管理器”对话框

（一）创建新图层

单击“图层特性管理器”对话框中的“新建图层”按钮，在列表图中 0 图层的下面会显示一个新图层。在“名称”栏填写新图层的名称。图层名可以使用包括字母、数字、空格，以及 Microsoft Windows 和 AutoCAD 未作他用的特殊字符命名，图层名应便于查找和记忆。填好名称后，回车或在列表图区的空白处单击即可。

如果对图层名不满意，还可以重新命名。方法有：

（1）单击该图层使其亮显。然后单击“名称”栏的图层名，使之处于编辑状态并重新填写图层名。

（2）单击该图层，图层会亮显。此时，使用 F2 快捷键也可以对图层名进行修改。

在“名称”栏的前面是“状态”栏。“状态”栏用不同的图标来显示不同的图层状态类型。其中，✔ 图标表示当前图层。

当新建图层与已有图层的特性相同或相近时，可以使用“与指定图层相同的特性创建新图层”的方法。方法为：先单击指定的图层，该图层会亮显，然后单击“新建图层”按钮，新建的图层将具有与指定图层相同的特性。

0 图层是系统默认的图层，不能对其重新命名。对依赖外部参照的图层，也不能重新命名。

（二）设置当前层

AutoCAD，仅有一个当前层。如果要在某一图层上绘制对象，必须首先将它设置为当前层，然后才能在该层上绘制图形。因为这是要经常执行的操作，系统提供了 4 种方法来设置当前层。

（1）使用“图层特性管理器”对话框设置当前层。此处有三种设置途径。

1）在图层列表中，选择要设置为当前图层的图层，双击状态栏中的状态按钮。

2）双击图层名。

3）在图层名上单击右键，然后从快捷菜单中选择“置为当前”。

（2）在“图层”栏中单击“图层控制”下拉列表，在其上单击要设置为当前层的图层名（图 2-28）。

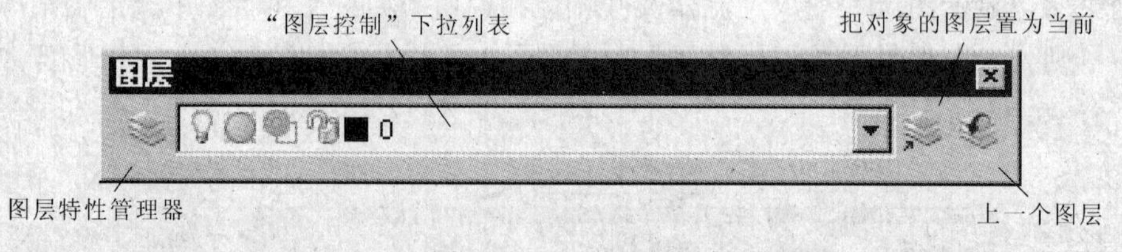

图 2-28　“图层”工具栏

（3）在绘图区域选择某一图形对象，然后单击“图层”工具栏的“把对象置为当前”按钮，系统则会将该图形对象所在的图层设为当前图层（图 2-28）。

（4）单击“图层”工具栏中的“上一个图层”按钮，可以将上一个当前层恢复到当前图层。

从以上不同设置方法可以看出，通过选择一个已有图形对象来设置当前图层，是一个特别有效的设置当前图层的方法，因为它根本不需要考虑需置为当前层的图层的名称。

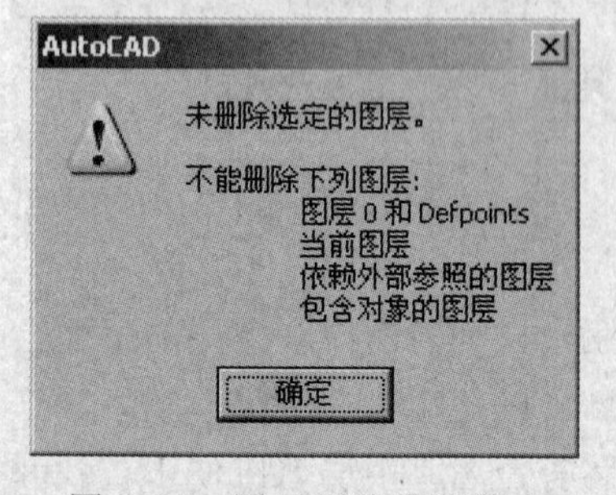

图 2-29　图层删除错误警告

（三）删除图层

为了节省系统资源，可以删除多余不用的图层。方法为：单击不用的一个或多个图层，再单击“图层特性管理器”对话框上方的“删除图层”按钮，最后单击“确定”按钮即可。注意，不能删除 0 层、当前层和含有图形实体的层。当删除这些图层时，系统将发出如图 2-29 所示的警告信息。

（四）设置图层的线型、线宽和颜色

用户应对每个图层设置相应的线型、线宽和颜色。

1. 设置图层的线型

（1）加载线型。单击某一图层列表的“线型”栏，会弹出如图 2-30 所示的“选择线型”对话框。默认情况下，系统只给出连续实线（Continuous）一种线型。如果需要其他线型，可以单击“加载”按钮，弹出如图 2-31 所示的“加载或重载线型”对话框，从中选择需要的线型，然后单击“确定”按钮返回“选择线型”对话框，所选线型已经显示在“已加载的线型”列表中。选中该线型然后单击“确定”按钮即可。

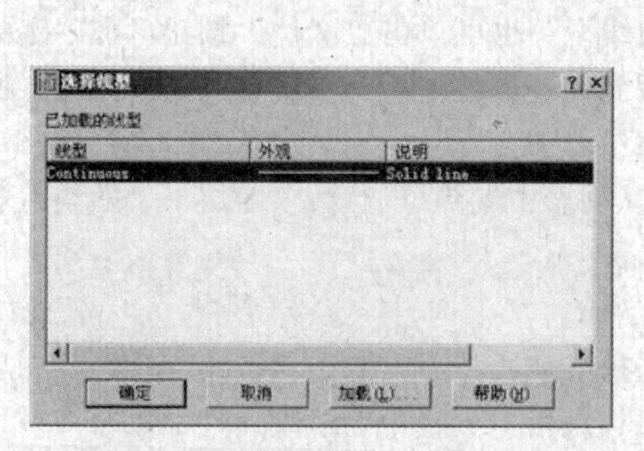

图 2-30 “选择线型”对话框

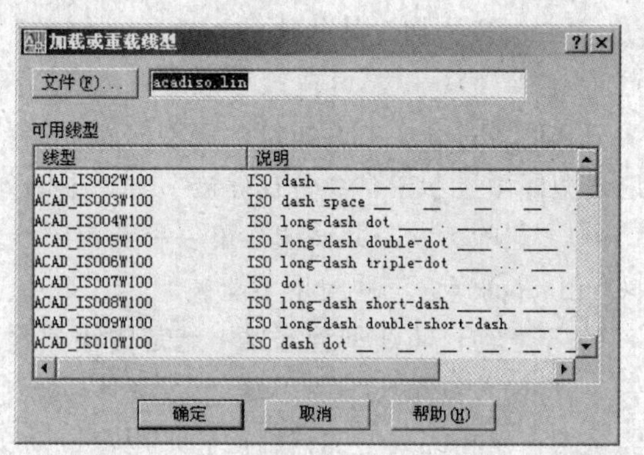

图 2-31 “加载或重载线型”对话框

（2）设置线型比例因子。用户在绘制虚线或点划线时，有时会遇到所绘线型显示成实线的情况。这是因为线型的显示比例因子设置不合理所致。用户可以使用如图 2-32 所示的“线型管理器”对话框对其进行调整。

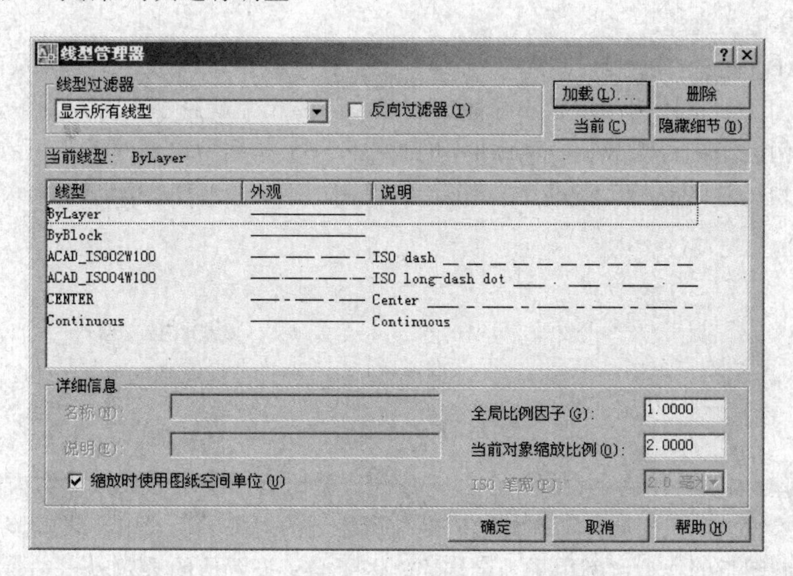

图 2-32 “线型管理器”对话框

调用“线型管理器”对话框的方法有以下两种。

- 下拉菜单：格式→线型
- 命令行：linetype（快捷命令为 lt）

下面对“线型管理器”对话框中的控件加以说明。

1）线型过滤器：该下拉列表框中，列出了显示线型的过滤条件。缺省条件有 3 个，分别是显示所有线型、显示所有使用的线型和显示所有依赖于外部参照的线型。线型列表的内容，由不同的选择决定。

2）反向过滤器：选中该复选框，显示线型的过滤条件就被取反了。例如：如果下拉列表中选择了“显示所有线型”，并且选中“反向过滤器”复选框，那么所有的线型都不会被显示出来。

3）加载：加载其他线型。单击“加载”按钮，系统会弹出“加载或重载线型”对话框（图 2-31），用户可在该对话框中选择需要的线型；也可单击“文件”按钮，在“选择线型文件”对话框中选择包含线型的库文件。找到需要的线型后，单击“确定”按钮，所选线型即可显示在“线型管理器”对话框的列表中。

4）删除：单击此按钮，可以将选定的线型从列表中删除。注意：“随层”、“随块”和“Continuous”这三种线型不能被删除。

5）当前：将线型管理器中选定的线型置为当前。

6）隐藏细节/显示细节：在线型管理器中选择某个线型后，单击该按钮，管理器中会隐藏或出现相应线型的详细信息，用户可以在“详细信息”栏中对线型属性加以修改。

7）全局比例因子：修改它会影响到当前图形中所有对象的线型比例效果，包括已绘制的和将要绘制的。利用命令 ltscale 也可以设置全局比例因子。

线型定义时，短划线和间隔的长度是按绘图单位定义的。当绘图界限设置的较大时，可能导致点、间隔、短划线等之间的间隔太小，看上去就像实线一样。只有视图放大显示，才可能看到实际的线型。

AutoCAD 用线型比例因子来调整非连续线型，使线型与图形成比例，从而使线型正常显示。例如，线型比例因子越小，短划线和间隔的尺寸就越小。若点划线太密，则应增大线型比例因子；否则减小线型比例因子。图 2-33 是线型比例因子分别为 0.5、1、2 时绘制的点划线对比情况。从图 2-33 中可看出，比例因子越大，短划线和间隔的尺寸就越大。

图 2-33　全局比例因子对线型的影响

8）当前对象缩放比例：设置新创建对象的线型比例因子。修改该比例因子，只对将要绘制的对象线型产生影响，而在修改它之前所绘制的对象不受影响。设置该比例后，在此之后所绘制图形的线型比例因子为全局比例因子与该设置值的乘积。

利用系统变量 CELTSCALE，也可以设置当前对象的缩放比例因子。

【例 2-3】　当“全局比例因子”均取 1，如图 2-34 所示从左向右“当前对象缩放比例”

分别取 0.5、1、1.5，利用 HIDDEN（虚线）线型绘制矩形线框时，会发现它们之间的显示效果是不同的。当前比例因子与全局比例因子的乘积越大，线型的短划线和空格的尺寸就越大。

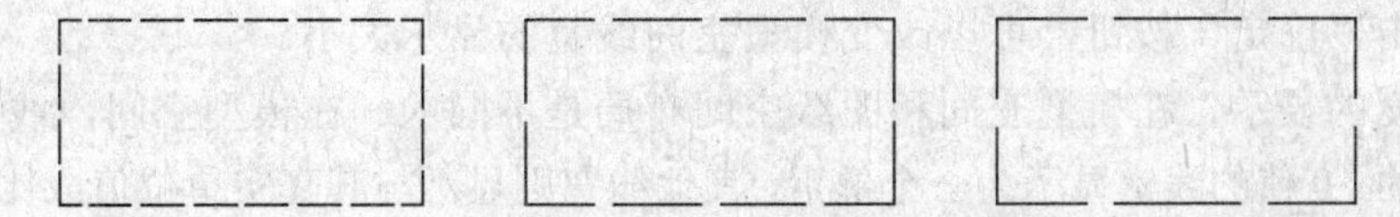

图 2-34 LTSCALE 与 CELTSCALE 乘积对线型显示效果的影响

改变“全局比例因子”的值会改变所有对象的线型比例，如果只想改变已有的指定对象的线型比例，可通过“特性”选项板进行修改（关于“特性”选项板请参见第 5 章）。

2. 设置图层的线宽

单击某一图层列表的“线宽”栏，会弹出如图 2-35 所示的“线宽”对话框。通常，系统会将图层的线宽设定为默认值。用户可以根据需要在“线宽”对话框中选择合适的线宽，然后单击“确定”按钮完成图层线宽的设置。

利用“图层特性管理器”对话框设置好图层的线宽后，在屏幕上不一定能显示出该图层图线的线宽，只有按下状态栏中的“线宽”按钮，系统才能显示图线的线宽。

要想使对象的线宽在模型空间显示得更大些或更小些，用户还可以通过如图 2-36 所示的“线宽设置”对话框调整它的显示比例。应注意的是，显示比例的修改并不影响线宽的打印值。

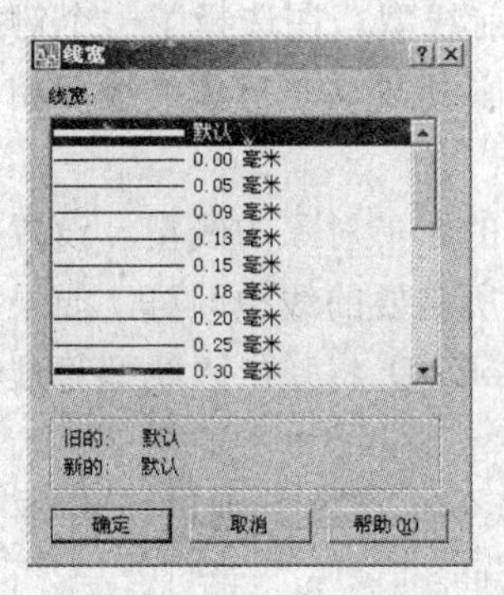

图 2-35 “线宽”对话框

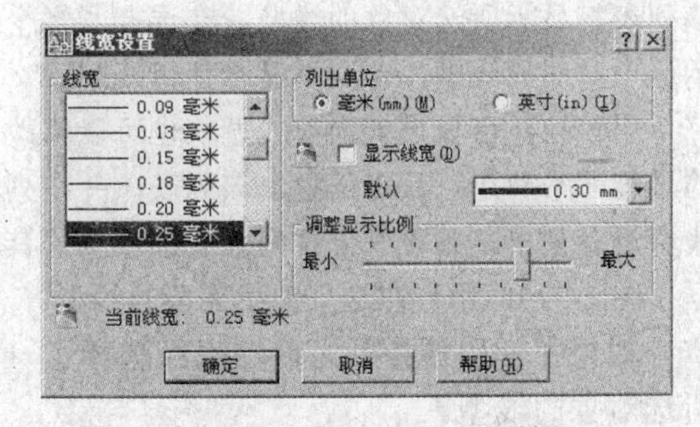

图 2-36 “线宽设置”对话框

调用“线宽设置”对话框的方法如下：

- 下拉菜单：格式→线宽
- 命令行：lweight（快捷命令为 lw）

下面对“线宽设置”对话框中的控件加以说明。

（1）线宽：设置图形线条的宽度。

（2）列出单位：选择线宽的单位。

（3）显示线宽：选中该复选框，系统将按实际线宽来显示图形。否则不显示图线的实际宽度。它与状态栏中的“线宽”按钮功能相同。

注意：在图形中可能看不到实际的线宽。因为在默认状态下，系统配置为不显示线宽。

由于使用多个像素显示线条将降低 AutoCAD 的执行速度，所以要观察改变线宽的效果，必须使状态栏中的“线宽”按钮处于有效状态，否则按默认设置显示线宽。

（4）调整显示比例：确定线宽设置的显示比例，拖动对话框中的“调整显示比例”滑块，然后单击“确定”按钮，可以改变模型空间线宽的显示大小。

图线宽度的显示，在模型空间和图纸空间布局是不同的。在模型空间，线宽是以像素宽度来显示的。0 值的线宽显示为一个像素，其他线宽则显示与其真实单位值成比例的像素宽度。在模型空间中显示的线宽不随缩放比例而变化，不论将图形放大或缩小，其线宽的显示是相同的。在图纸空间布局中，线宽是以实际单位显示的，并且随缩放比例而变化。

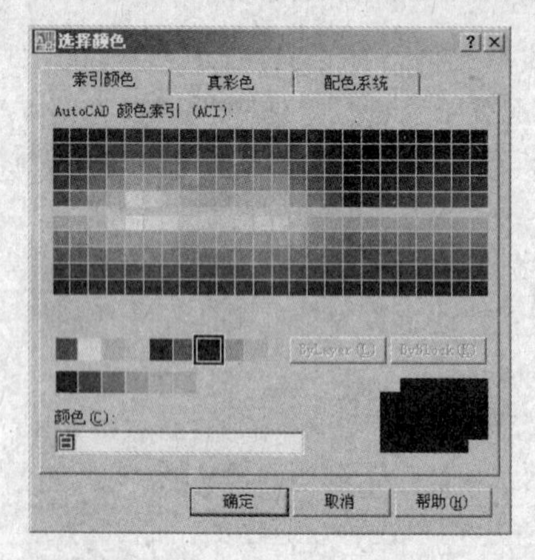

图 2-37 “选择颜色”对话框

3. 设置图层的颜色

单击某一图层列表的“颜色”栏，会弹出如图 2-37 所示的“选择颜色”对话框，选择一种颜色，然后单击“确定”按钮。

4. 设置对象的线型、线宽和颜色

用户还可通过“特性”工具栏（图 2-38）中的“线型控制”、“线宽控制”、“颜色控制”三个下拉列表来为对象设置线型、线宽和颜色。由于三个特性的设置方法是一样的，这里以设置对象线型为例对该种设置方法加以介绍。

在没有选择对象的时候，“线型控制”只显示了当前线型。在选择了一个对象以后，该列表将显示所选对象的线型。在选择了多个对象以后，如果这些对象的线型相同，则显示这个共同的线型，否则不显示任何线型。

用该控件可以设置当前线型，也可以修改已经存在的图形对象的线型。设置当前线型的过程非常简单，只需下拉出该列表，并在列表中选择所需要的线型即可。如果要使用的线型没有列出，则要在下拉列表底部选择“其他”，AutoCAD 将弹出“线型管理器”对话框（图 2-32），用户在这里加载需要的线型。

如果在使用该控件之前，已经选择了一个（或多个）对象，则可以用该方法修改所选对象的线型。

图 2-38 “特性”工具栏

值得说明的是，尽管用户可以利用“特性”工具栏设置对象的当前颜色、线型和线宽，但是用户最好使用“随层”的颜色、线型和线宽，否则就失去了用图层来组织绘图的意义，也会导致混乱。例如，用户定义轴线层为红色的 CENTER 线型，当用户看到红色的 CENTER 线时就知道这是一条轴线。如果所绘制的对象的颜色和线型不是“随层”，那么用户将看不出对象画在哪一个图层上。有鉴于此，一般做法是，在图层上绘制完颜色、线型或线宽不随层的个别对象后，需要立即将颜色、线型或线宽恢复成“随层”。

（五）图层的打开和关闭、冻结和解冻、锁定和解锁、打开或关闭打印

在“图层特性管理器”对话框的列表图区，有“开”、“冻结”、“锁定”三栏项目。它们可以控制图层在屏幕上能否显示、编辑、修改与打印。

1. 图层的打开和关闭

该项可以打开和关闭选定的图层。当图标为 时说明图层是打开的、可见的，并且可以打印；当图标为 时说明图层被关闭，是不可见的，并且不能打印。但是关闭的图层与图形可以一起重生成。

打开和关闭图层的方法如下：

（1）在“图层特性管理器”图层列表图区，单击 或 按钮。

（2）在“图层”工具栏的图层下拉列表中，单击 或 按钮。

2. 图层的冻结和解冻

该项可以冻结和解冻选定的图层。当图标为 时，说明图层被冻结，图层不可见，不能重生成，并且不能被打印；当图标为 时，说明被冻结的图层解冻，图层可见，可以重生成，也可以进行打印。

由于冻结的图层不参与图形的重生成，可以节约图形的生成时间，提高计算机的运行速度。因此，对于绘制较大的图形，暂时冻结不需要的图层是十分有必要的。注意：不能冻结当前层。

冻结和解冻图层的方法如下：

（1）在“图层特性管理器”图层列表图区，单击 或 按钮。

（2）在“图层”工具栏的图层下拉列表中，单击 或 按钮。

3. 图层的锁定和解锁

该项可以锁定和解锁选定的图层。当图标为 时，说明图层被锁定，图层可见，但图层上的对象不能被编辑和修改；当图标为 时，说明被锁定的图层解锁，图层可见，图层上的对象可以被选择、编辑和修改。

锁定和解锁图层的方法如下：

（1）在“图层特性管理器”图层列表图区，单击 或 按钮。

（2）在“图层”工具栏的图层下拉列表中，单击 或 按钮。

4. 打开或关闭图层打印

当打印栏中的图标为 时，说明图层可以被打印；当图标为 时，说明图层打印被关闭。例如，专门为辅助线创建一个图层并指定不打印。当打印时，就不必在图形打印前关闭该图层。

打开或关闭图层的方法：在“图层特性管理器”图层列表图区，单击 或 按钮。

（六）图层的保存与恢复

AutoCAD 具有保存和恢复图层状态的功能。可以将当前在图层列表区显示的所有图层的特性和状态，有选择的命名保存起来，以备日后恢复使用。

1. 保存图层设置

在“图层特性管理器”对话框中单击“图层状态管理器”按钮，弹出“图层状态管理

器”对话框如图 2-39 所示，其中列出了图层的状态和特性，选中复选框则表示保存这些状态或特性。单击“新建”按钮，弹出如图 2-40 所示的“要保存的新图层状态”对话框。在“新图层状态名”编辑框中填写图层状态名称，然后单击“确定”按钮，返回“图层状态管理器”对话框。

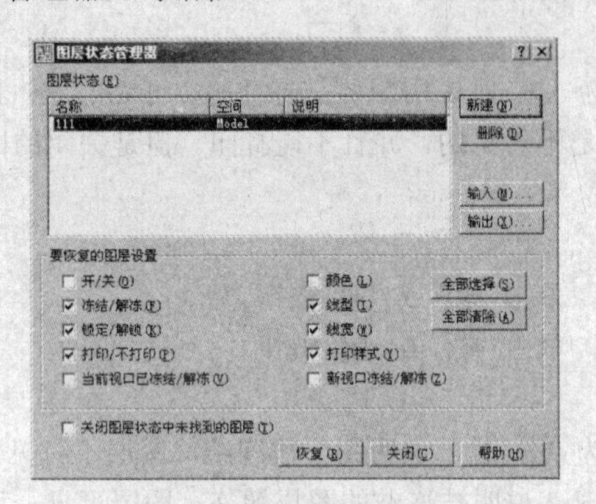

图 2-39 “图层状态管理器”对话框

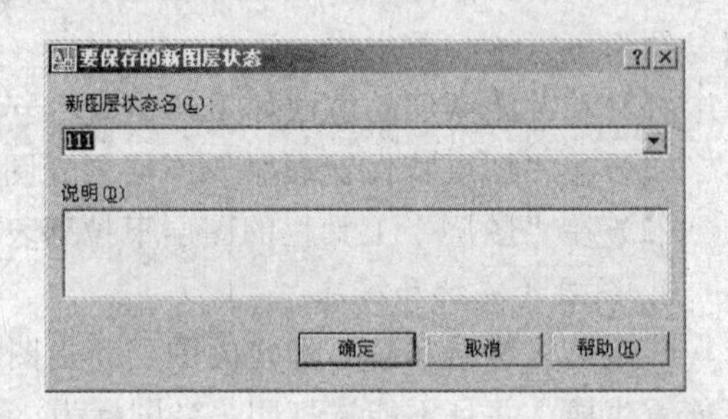

图 2-40 “要保存的新图层状态”对话框

2. 管理图层状态

在图 2-39“图层状态管理器”对话框中，显示出已命名保存过的图层状态。在该对话框中，可以对任一命名图层状态进行如下操作。

（1）删除：删除指定的命名图层状态。

（2）输入与输出：通过“输出”按钮，将选定的命名图层状态，以图层状态（.las）文件的形式保存到磁盘上；在绘制新的图样时，用户可以将已保存的图层设置输入到新的图形文件中。

（3）恢复：恢复指定的以前保存过的命名图层状态。

（七）过滤图层

图层过滤器，可限制图层特性管理器和“图层”工具栏上的“图层”控件中显示的图层名。在大型图形中，利用图层过滤器，可以仅显示要处理的图层。例如，可以将过滤器定义为显示所有红或蓝并且正在使用的图层。

AutoCAD 中有如下两种图层过滤器。

（1）图层特性过滤器：显示“图层过滤器特性”对话框（图 2-41），从中可以根据图层的一个或多个特性创建图层过滤器。例如，可以定义一个过滤器，其中包括图层颜色为红色并且名称包括字符 dim 的所有图层。

（2）图层组过滤器：创建图层过滤器，在图形文件中直接选取对象，则所选择对象所在的图层便会被添加到该图层组过滤器。

下面分别介绍图层特性过滤器和图层组过滤器。

1. 图层特性过滤器

（1）定义图层特性过滤器的步骤。

1）在“图层特性管理器”对话框中，点击“新特性过滤器”按钮，会弹出如图 2-41 所示的“图层过滤器特性”对话框。

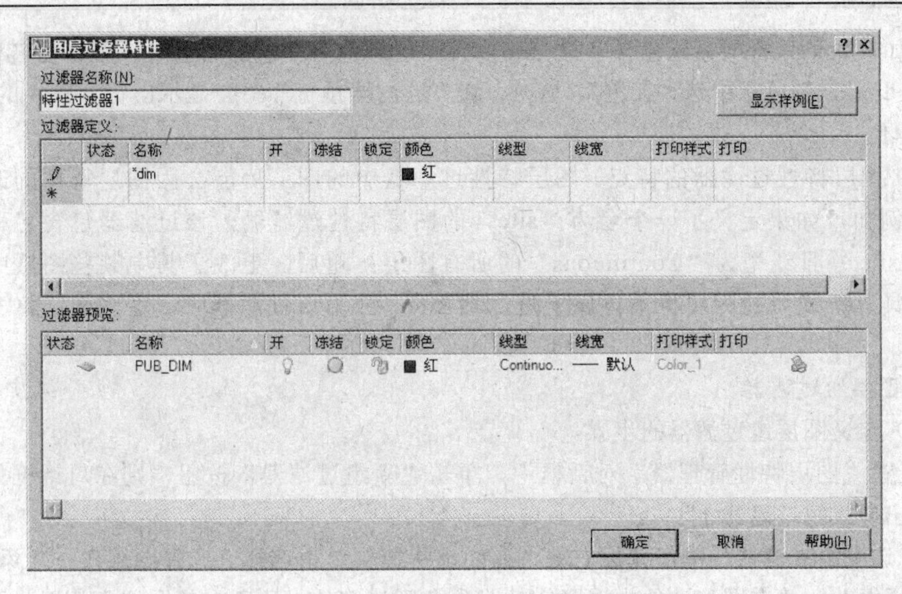

图 2-41 “图层过滤器特性”对话框

2）在“过滤器名称”列表中对过滤器进行命名，系统自动对其进行命名为“特性过滤器 1”，用户可根据实际需要对其进行重新命名。

3）在“过滤器定义”区中，用户可以选择需要包括在过滤器定义中的以下任何特性。

a. 图层名、颜色、线型、线宽和打印样式。

b. 图层是否正被使用。

c. 打开还是关闭图层。

d. 在当前视口或所有视口中冻结图层还是解冻图层。

e. 锁定图层还是解锁图层。

f. 是否设置打印图层。

g. 使用通配符按名称过滤图层。有关完整列表，请参见表 2-1 通配符。

表 2-1　　通　配　符

字　符	定　义
#（井号）	匹配任意数字字符
@（At）	匹配任意字母字符
.（句点）	匹配任意非字母数字字符
*（星号）	匹配任意字符串，可以在搜索字符串的任意位置使用
?（问号）	匹配任意单个字符，例如，?BC 匹配 ABC、3BC 等等
～（波浪号）	匹配不包含自身的任意字符串，例如，～*AB*匹配所有不包含 AB 的字符串
[ ]	匹配括号中包含的任意一个字符，例如，[AB] C 匹配 AC 和 BC
[～]	匹配括号中未包含的任意字符，例如，[AB] C 匹配 XC 而不匹配 AC
[-]	指定单个字符的范围，例如，[A-G] C 匹配 AC、BC 等，直到 GC，但不匹配 HC
`（单引号）	逐字读取其后的字符；例如，`~AB 匹配~AB

注　如果要在命名对象的名称中使用通配符字符，请在该字符前加单引号（'），以免将其解释为通配符。

例如，如果只希望显示包含字符 dim，且图层颜色为红色的图层时，可以在名称栏下输入“*dim”，颜色栏中选“红色”。这时，在“过滤器预览”中会显示出符合条件的图层，见图 2-41。

（2）图层特性过滤器的特点。图层特性过滤器中的图层可能会因图层特性的改变而改变。例如，如果定义了一个名为“site”的图层特性过滤器，该过滤器包含名称中带有字母 site 并且线型为“Continuous”的所有图层；随后，更改了其中某些图层中的线型，则具有新线型的图层将不再属于过滤器 site。应用该过滤器时，这些图层将不再显示出来。

2. 图层组过滤器

（1）定义图层组过滤器的步骤。

1）在“图层特性管理器”对话框中，单击“新组过滤器”按钮，则在对话框的树状图中会出现“组过滤器 1”。

2）选中组过滤器，单击鼠标右键，在弹出快捷菜单中选择“选择图层”→“添加”，这时对话框关闭，在图形文件中选择实体对象，则该实体对象所在的图层便会添加到“组过滤器 1”中，见图 2-42。

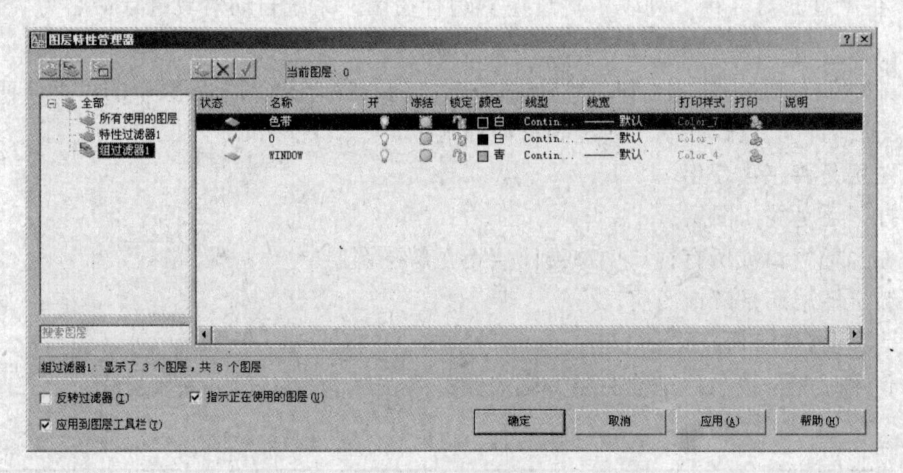

图 2-42　向“组过滤器 1”中添加图层

（2）图层组过滤器的特点。图层组过滤器，只包括那些明确指定到该过滤器中的图层。即使修改了指定到该过滤器中的图层的特性，这些图层仍属于该过滤器。

（八）树状图

图层特性管理器中的树状图，显示了默认的图层过滤器以及当前图形中创建并保存的所有命名过滤器。图层过滤器旁边的图标表明过滤器的类型，有以下 3 个默认过滤器。

（1）全部：显示当前图形中的所有图层。

（2）所有使用的图层：显示当前图形中的对象所在的所有图层。

（3）外部参照：如果图形附着了外部参照，将显示从其他图形参照的所有图层。

一旦命名并定义了图层过滤器，就可以在树状图中选择该过滤器，以便在列表视图中显示图层。还可以将过滤器应用于“图层”工具栏，以使“图层”控件仅显示当前过滤器中的图层。

在树状图中选择一个过滤器并单击鼠标右键时，可以使用快捷菜单中的选项删除、重命名或修改过滤器。例如，可以将图层特性过滤器转换为图层组过滤器；也可以修改过滤器中所有图层的某个特性。注意："隔离组"选项关闭图形中，未包括在选定过滤器中的所有图层。

（九）反转图层过滤器

例如，如果图形中所有的场地规划信息均包括在名称中包含字符 site 的多个图层中，则可以先创建一个以名称（*site*）过滤图层的过滤器定义，然后使用"反向过滤器"选项，这样，该过滤器就包括了除场地规划信息以外的所有信息。

（十）对图层进行排序

一旦创建了图层，就可以使用名称或其他特性对其进行排序。在图层特性管理器中，单击列标题就会按该列中的特性排列图层。图层名可以按字母的升序或降序排列。

三、图层转换

在绘图过程中，有时需要把某些图层上的对象转移到另外一些图层上去。比如，想删除某些图层，但不想删除这些图层上的对象，此时就可以用图层转换器来完成任务。

可用以下三种方法调用该命令。

- 下拉菜单：工具→CAD 标准→图层转换器
- 工具栏：　CAD 标准→ 按钮
- 命令行：laytrans

激活 laytrans 命令后，命令提示：

执行该命令后，系统弹出如图 2-43 所示的"图层转换器"对话框。图层转换器包括下面的控件。

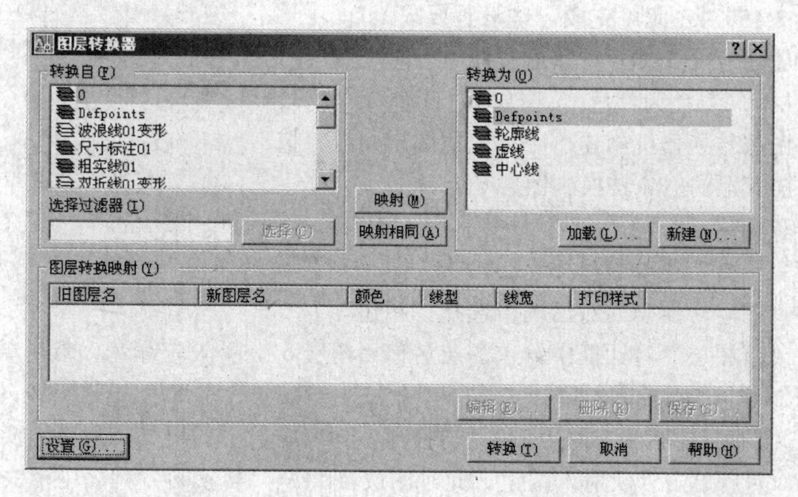

图 2-43 "图层转换器"对话框

（1）转换自：该列表列出当前图形中的图层，用户可以在该列表中选择想要转换的图层。其中，图层名前标志块的颜色指示该图层是否被引用（黑色表示已被引用，白色表示没被引用，即该图层为空）。对于没有被引用的图层，可在该列表区右击，从弹出的快捷菜单中选择"清理图层"来删除。

（2）选择过滤器：用于设置“转换自”列表中显示哪些图层，此时可以使用通配符。设置选择过滤器后，单击“选择”按钮将选择那些使用“选择过滤器”指定的图层。

（3）转换为：该列表列出转换成图层时的目标图层。其中，单击“加载”按钮，可将一个指定图形、样板或标准文件的图层装载到“转换为”列表中；单击“新建”按钮，可在“转换为”列表中创建一个新图层。

（4）映射：映射“转换自”与“转换为”列表中选择的图层。其映射关系将被增加到下面的“图层转换映射”列表中。

（5）映射相同：映射两个列表中所有名字相同的图层。并将其映射关系增加到下面的“图层转换映射”列表中。

（6）图层转换映射：如图 2-44 所示，该列表列出前面设置的图层映射关系。此外，一旦创建了图层转换映射，其下的“编辑”、“删除”与“保存”按钮将变为有效，单击这些按钮可以编辑、删除选定的图层转换映射，或者保存创建的图层映射转换。

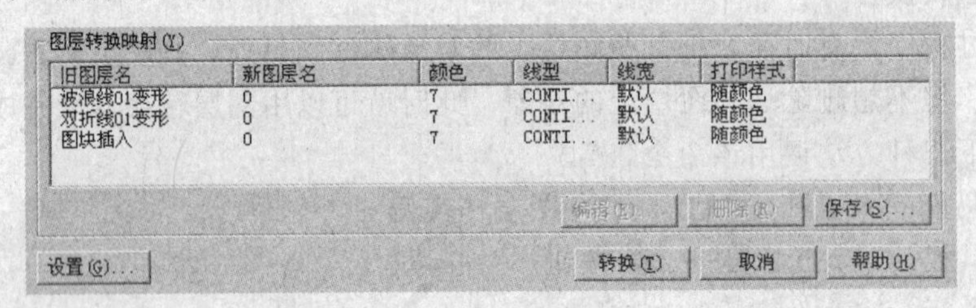

图 2-44 “图层转换映射”列表

（7）转换：单击该按钮，将开始对建立映射的图层进行转换。

（8）设置：在转换之前，单击该按钮将打开“设置”对话框（图 2-45），在此可完成一些设置要求。

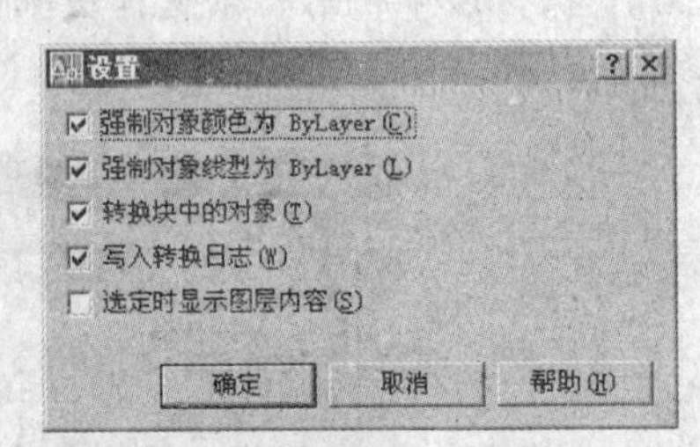

图 2-45 “设置”对话框

【例 2-4】 在一个.DWG 图形文件中有两个图层，图层名为图层 a（颜色为红色），图层 b（颜色为青色）。下面使用“图层转换器”创建一个蓝色的图层 c，并把图层 a 和图层 b 上的对象转换到图层 c 上。

操作步骤如下：

（1）在“工具”菜单中选择“CAD 标准”→“图层转换器”。

（2）在“图层转换器”对话框中选择“新建”。

（3）在“新图层”对话框中输入图层名称“图层 c”，并设定颜色，然后单击“确定”按钮，如图 2-46 所示。

（4）从“图层转换器”对话框的“转换自”列表中选择图层 a，从“转换为”列表中选择图层 c，然后单击“映射”按钮。此时图层 a 将从“转换自”列表中消失，而在“图层转换映射”列表中显示出转换映射情况。

（5）同样把图层 b 映射为图层 c。

（6）选择“转换”按钮。此时可能会提示你是否将映射信息保存，无论选择“是”或“否”都将完成转换，如图 2-47 所示的“图层转换器警告”对话框。转换后图形文件中将不再有图层 a 和图层 b，而是产生了新图层 c。

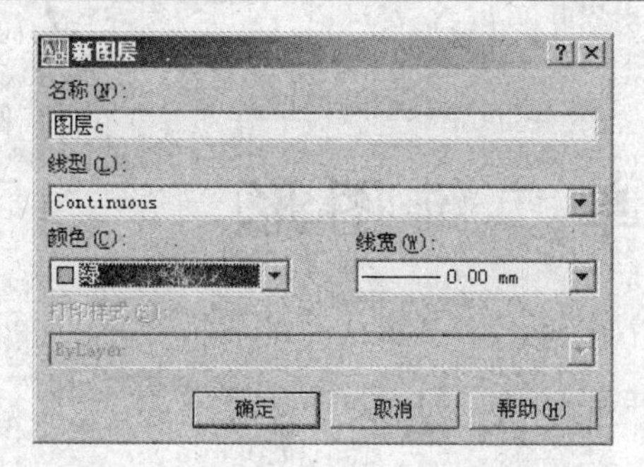

图 2-46　创建新图层——图层 c

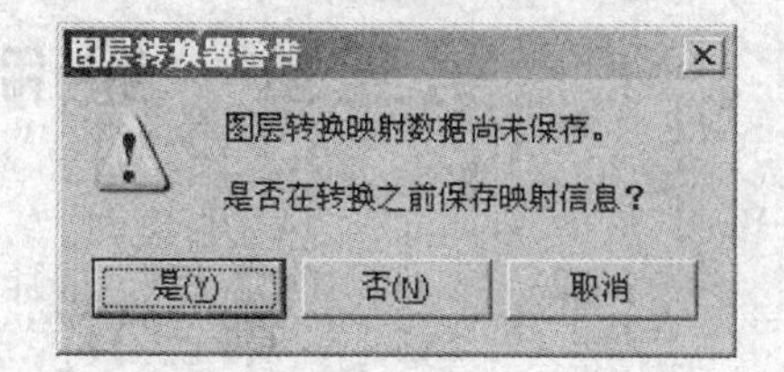

图 2-47　“图层转换器警告”对话框

思 考 题 与 习 题

根据实际工程需要，设置如图 2-48 所示的图层。其中图中 0 层为默认图层，Defpoints 层为对图形进行尺寸标注后自动产生的图层。

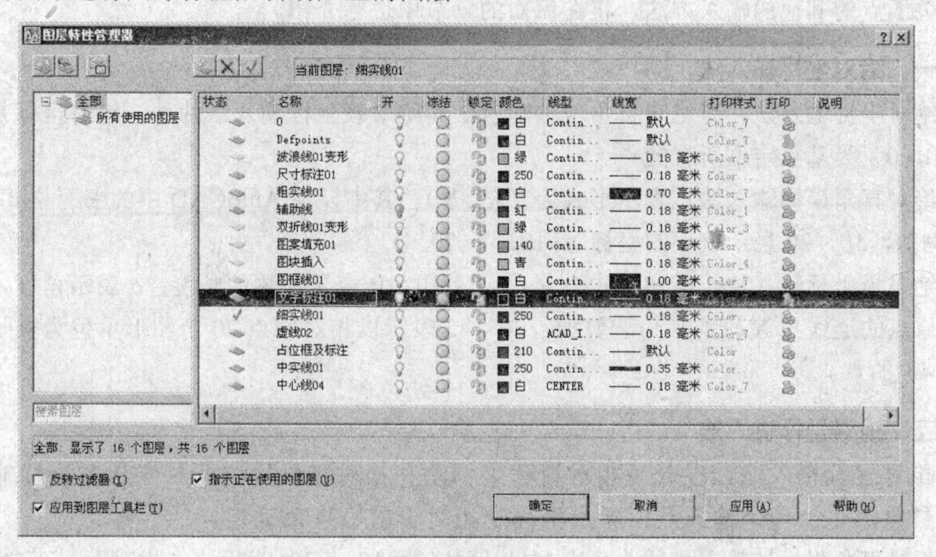

图 2-48　“图层特性管理器”中设置后的图层列表

第三章　绘制简单二维图形

第一节　点的输入法

图形的绘制都是从点开始的，在 AutoCAD 中可通过多种途径来输入点。这里介绍几种常用的输入方法。

（1）绝对坐标输入法。

（2）相对坐标输入法。

（3）直接距离输入法。

关于点的其他的输入方法，将在后面的章节中进行介绍。

一、绝对坐标输入法

绝对坐标输入法，有绝对直角坐标输入法和绝对极坐标输入法两种。绝对坐标是以原点（0，0）为基点定位所有的点。

绝对直角坐标输入法，表示形式为（X，Y）。其中，在 AutoCAD 中的书写格式为 X，Y。例如，10，20 表示该点的坐标 X=10，Y=20。

绝对极坐标输入法，表示形式为 R＜α。其中，R 表示极轴的长度；α 表示角度，即新点与原点的连线与 X 轴的夹角。例如，20＜45 表示以相对原点 20 个图形单位为极长、角度为 45°的点。

二、相对坐标输入法

相对坐标输入法，也分为相对直角坐标法和相对极坐标法两种。相对坐标输入点时的参照点是上一个输入点，新点坐标是相对于前一点来确定。

相对直角坐标的输入格式为@X，Y。例如，@10，-20 表示该点相对上一点向右 10 个图形单位，向下 20 个图形单位。

相对极坐标的输入格式为@ R＜α。其中，@表示相对，R 表示极长，α 表示角度，即新点与上一点连线与 X 轴的夹角。例如，@10＜30 表示以相对于上一操作点 10 个图形单位为极长，角度为 30°的点。

三、直接输入距离法

直接输入距离除了不需要指定角度外，其他与使用相对坐标相同。要使用直接距离输入法确定点，应从上一点沿某一方向移动光标，然后输入距离值。

直接输入距离，是一个按指定长度绘制直线的非常好的方法。但由于直线的方向是根据当前光标与上一点连线的方向来确定的，因此当打开“正交”模式或打开“极轴追踪”，且光标与任一个增量角对齐时，才能绘制精确的图形。

第二节 绘图过程

在 AutoCAD 中绘制图形，应遵循一定的绘图步骤，这样绘制的图形才会既规范又便于编辑和修改。通常按以下的步骤绘图。

（1）设置绘图环境，包括：①设置图幅（即设置图形界限）；②设置单位；③设置图层；④开始绘图。

（2）始终用 1:1 的比例在模型空间中绘图。绘制完成后，在图纸空间（布局）内设置打印比例，出图。

（3）为不同类型的图元对象，设置不同的图层、颜色、线型和线宽。

（4）作图时，应随时注意命令行的提示，根据提示决定下一步的动作。这样，可以有效地提高作图效率和减少误操作。

（5）不要将图框和图绘制在一幅图中。可在布局中将图框以块的形式插入（当然你得先制作图框块），然后打印出图。

（6）可将一些常用的诸如图形界限、单位、捕捉间距、图层、标注样式、文字样式等内容设置在一个图形样板文件中。这样以后再绘制新图时，就可在创建向导中单击[样板]来打开它，直接开始绘图。

第三节 基本绘图命令

本节将以实例方式来介绍点、直线、射线、构造线、矩形、正多边形、圆弧、圆、椭圆的绘制方法。它们是学习 AutoCAD 的基础。

一、点

1. 命令

点命令 point 用于在屏幕上画点。可以一次画一个点，也可以一次连续画多个点。

可通过以下方式调用该命令。

- 下拉菜单：绘图→点
- 工具栏：绘图→ 按钮
- 命令行：point（快捷命令为 po）

在“绘图”菜单中，“点”的级联菜单（图 3-1）有 4 个菜单项。

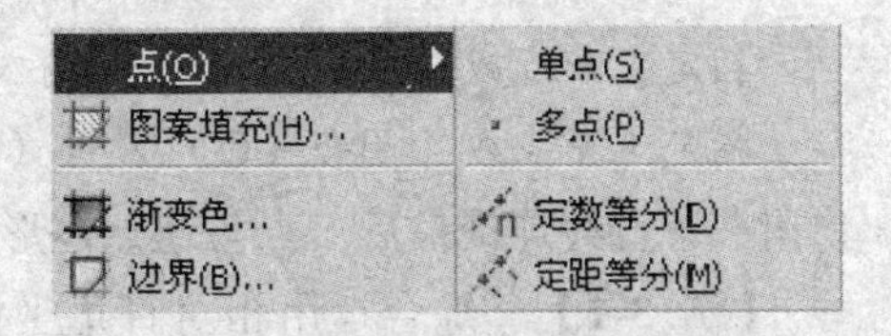

图 3-1 “点”的级联菜单

（1）单点：一次只能画一个点。

（2）多点：一次能连续不停地画多个点，直至按 ESC 键结束命令。

（3）定数等分：将一段线按指定的数目等分，然后在相应的等分位置上绘制点。

（4）定距等分：将一段线按指定的距离等分，然后在相应的等分位置上绘制点。

2. 点样式

绘制点之前最好设置其样式和大小，以保证在屏幕上能够看出绘制的点。比如，若点样式为点（系统默认样式），则用该样式等分直线时，等分点是不能直接观察到的，只有在对象捕捉方式中的“节点”捕捉才能够捕捉到，使用会很不方便，所以有时重新设置“点样式”是非常必要的。点样式及其大小在“点样式”对话框中设置。

可通过以下两种方法打开图 3-2 所示的“点样式”对话框。

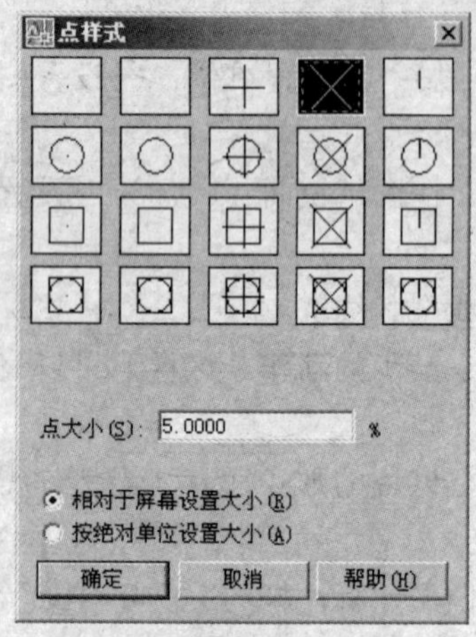

图 3-2 “点样式”对话框

- 下拉菜单：格式→点样式
- 命令行：ddptype

通过该对话框，用户可根据需要设置点的样式和大小。

在图 3-2“点样式”对话框中，“点大小”是指设置点的显示大小。可以相对于屏幕设置点的大小，也可以用绝对单位设置点的大小分述如下。

（1）“相对于屏幕设置大小”：是指按屏幕尺寸的百分比，设置点的显示大小。当进行缩放时，点的显示大小随之改变。

（2）“按绝对单位设置大小”：是按“点大小”下指定的实际单位，设置点显示的大小。进行缩放时，显示的点大小并不改变。

二、直线

直线命令 line 用以绘制一系列首尾相接的直线段。其中，每一条直线均为各自独立的对象。绘制直线要用两个点来确定，可以在绘图区使用十字光标选择点，也可以输入坐标值的方式来确定点。

可通过以下方式调用该命令：

- 下拉菜单：绘图→直线
- 工具栏：绘图→ ⁄ 按钮
- 命令行：line（快捷命令为 l）

激活 line 命令后，命令提示：

- 命令：line↙（在命令行输入 line 命令并回车）

指定第一点：（输入直线的第一个点）

指定下一点或 [放弃（U）]:（输入直线的端点，或者是键入“U”取消上一个点）

指定下一点或 [放弃（U）]:（输入直线的端点，或者是键入“U”取消上一个点）

指定下一点或 [闭合（C）/放弃（U）]:（指定下一条直线的端点，或者键入“C”，系统将用一条直线连接最后一点与起点，形成一个封闭的图形）

【例 3-1】　综合运用相对直角坐标和相对极坐标以及直接输入距离法绘制 200×300 的矩形。绘图过程如下：

- 命令：line↙（调用 line 命令，并回车）

指定第一点：＜正交开＞（在屏幕的适当位置指定 A 点，按 F8 键打开正交）

指定下一点或 [放弃（U）]: @200，0 [利用相对直角坐标确定 B 点，图 3-3（a）]

指定下一点或 [放弃（U）]: @300＜90 [利用相对极坐标确定 C 点，图 3-3（b）]

指定下一点或［闭合（C）/放弃（U）］：200［沿水平方向向左移动鼠标到任一位置，然后在命令行输入200 ，图3-3（c）］

指定下一点或［闭合（C）/放弃（U）］：300［沿竖直方向向下移动鼠标到任一位置，然后在命令行输入300，图3-3（d）］

指定下一点或［闭合（C）/放弃（U）］：（按Esc键退出命令）

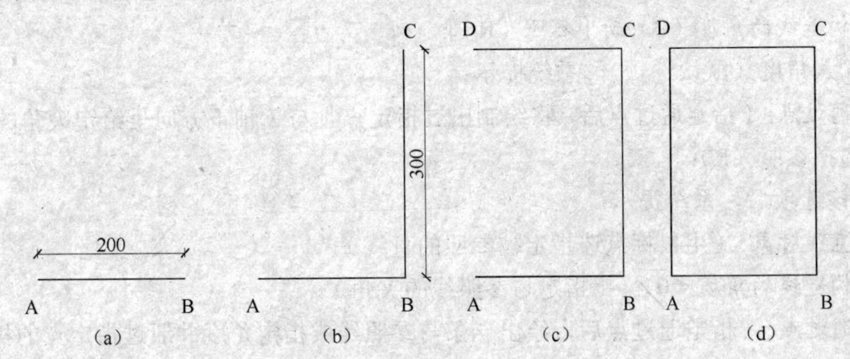

图3-3 利用line命令绘制矩形

三、射线

使用射线命令ray可以绘制以给定点为起点、单方向无限延伸的直线。

可通过以下方式调用该命令：

- 下拉菜单：绘图→射线
- 命令行：ray

激活ray命令后，命令提示：

指定起点：

指定通过点：

指定通过点：

指定点后即可绘制一条射线，不断响应通过点，可绘制起点相同的一组射线。以回车、空格或单击鼠标右键结束命令。

四、构造线

使用构造线命令 xline 可以绘制构造线。构造线是一种两端无限延伸的直线。主要用作辅助参考线，能作水平线和垂直线，能平分未知的夹角，能作与某直线对象呈定距离的线、定角度的线等。

可通过以下方法调用该命令：

- 下拉菜单：绘图→构造线
- 工具栏：绘图→ 按钮
- 命令行：xline（快捷命令为xl）

激活xline命令后，命令提示：

指定点或［水平（H）/垂直（V）/角度（A）/二等分（B）/偏移（O）］：

各选项含义：

（1）指定点：系统的默认选项。在此提示下指定一点，系统继续提示：

指定通过点:(用户应给出构造线上的第二个点，AutoCAD 绘出一条通过指定点的直线。继续响应可绘制出通过一点的一组构造线)

(2) 水平 (H): 创建一条通过选定点的水平参照线。

(3) 垂直 (V): 创建一条通过选定点的垂直参照线。

(4) 角度 (A): 绘制与指定直线成一定角度的构造线。选择该选项后，系统将提示:

输入构造线的角度 (0) 或 [参照 (R)]:

1) 输入角度 (默认选项)，系统提示:

指定通过点:(指定通过点后，将绘制出过指定点且与 X 轴正方向呈给定夹角的构造线)

2) 选择参照 (R):

选择该选项后，系统提示:

选择直线对象:(用鼠标点选指定被参照的直线)

输入构造线的角度<0>:(指定与参照线的夹角)

指定通过点:(指定通过点后，绘出一条与参照线成指定角度并通过指定点的构造线)

(5) 二等分 (B): 创建一条参照线。它经过选定的角顶点，并且将选定的两条线之间的夹角平分。选择该选项后，命令提示:

指定角的顶点:

指定角的起点:

指定角的端点:

逐一响应后，将绘出平分以上三点组成的角并通过角的顶点的构造线。

(6) 偏移 (O): 创建平行于另一个对象的参照线。选定该选项后，命令提示:

指定偏移距离或 [通过 (T)] <当前值>:

1) 输入偏移距离后，命令提示:

选择直线对象:

指定向哪侧偏移:(用鼠标在要偏移的方向拾取一点后，即可绘出满足该指定距离的构造线)

2) 选择“通过 (T)”后，命令提示:

选择直线对象:

指定向哪侧偏移:(响应后，可绘出通过指定点的构造线)

五、矩形

矩形命令 rectang 用于绘制一个矩形。其对象类型是“多段线”。

可通过以下方式调用该命令:

- 下拉菜单: 绘图→矩形
- 工具栏: 绘图→ ▭ 按钮
- 命令行: rectang (快捷命令为 rec)

激活 rectang 命令后，命令提示:

- 命令: rectang↙ (在命令行输入 rectang 命令并回车)

指定第一个角点或 [倒角 (C) /标高 (E) /圆角 (F) /厚度 (T) /宽度 (W)]:(在 A 点处单击鼠标左键，输入矩形的第一个角点)

指定另一个角点或［面积（A）/尺寸（D）/旋转（R）]:（在 B 点处单击鼠标左键，输入矩形的第二个角点）

分别指定矩形的 A、B 两个对角点，即得到矩形见图 3-4（a）。

该命令中主要选项的含义：

（1）“倒角（C）”：设置所绘制矩形的倒角距离。图 3-4（b）是设置“倒角距离＝10”的绘制结果。

（2）“圆角（F）”：设置所绘制矩形的圆角半径。图 3-4（c）是设置“圆角半径＝10”的绘制结果。具体操作步骤如下：

- 命令：rectang↙（在命令行输入 rectang 命令并回车）

指定第一个角点或［倒角（C）/标高（E）/圆角（F）/厚度（T）/宽度（W）]: f↙（输入 f 选项，表示要重新设置圆角半径）

指定矩形的圆角半径<0.0000>: 10↙（设置矩形圆角半径为 10）

指定第一个角点或［倒角（C）/标高（E）/圆角（F）/厚度（T）/宽度（W）]:（在 A 点处单击鼠标左键，输入矩形的第一个角点）

指定另一个角点或［面积（A）/尺寸（D）/旋转（R）]:（在 B 点处单击鼠标左键，输入矩形的第二个角点）

分别指定矩形的 A、B 两个对角点，即得到矩形如图 3-4（c）。

（3）“宽度（W）”：设置所绘制矩形的线宽，默认值为 0。图 3-4（d）是设置“线宽＝3”的绘制结果。

注意：退出该命令时，将保留现有的选项设置。

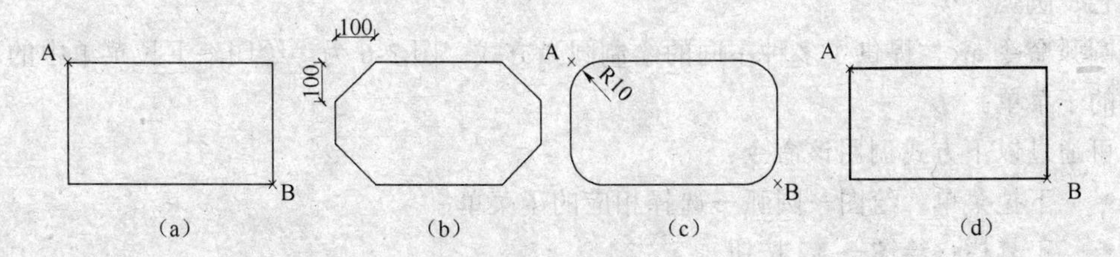

图 3-4 绘制矩形

六、正多边形

正多边形命令 polygon 用于绘制一个正多边形。绘制边数最多达 1024 条边。其对象类型是“多段线”。

可通过以下方式调用该命令：

- 下拉菜单：绘图→正多边形
- 工具栏：绘图→⬠ 按钮
- 命令行：polygon（快捷命令为 pol）

调用该命令后，有三种方式绘制正多边形。

（1）内接于圆（I）：绘制一个内接于假想圆的正多边形。内接正多边形的中心，到正多边形各顶点的距离相等。当已知正多边形对角线长度时用该方式，如图 3-5（a）所示。

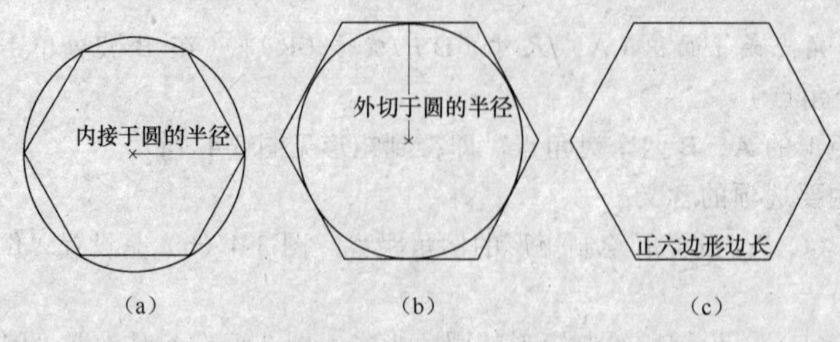

图 3-5　绘制正六边形

（a）内接正六边形；（b）外切正六边形；（c）已知边长绘制正六边形

（2）外切于圆（C）：绘制一个外切于假想圆的正多边形。外切正多边形的中心，到多边形各边中点的距离相等。当已知正多边形中心到各边距离时用该方式，如图 3-5（b）所示。

（3）边（E）：指定正多边形的边长。当已知正多边形的边长时用该方式，如图 3-5（c）所示。

绘制正六边形，操作步骤如下：

- 命令：polygon↙（在命令行输入 polygon 命令并回车）

输入边的数目 <4>：6（指定正多边形边数）

指定正多边形的中心点或 [边（E）]：鼠标在屏幕的适当位置任意点取（确定正多边形的中心）

输入选项 [内接于圆（I）/外切于圆（C）] <C>：I↙（选择绘制正多边形方式并回车）

指定圆的半径：50（输入内接圆半径，回车结束操作）

七、圆弧

圆弧命令 arc，提供了多种不同的绘制圆弧方式。图 3-6 为“绘图”下拉菜单中的“圆弧”的子菜单。

可通过以下方式调用该命令：

- 下拉菜单：绘图→圆弧→选择相应的子菜单
- 工具栏：绘图→ ◜ 按钮
- 命令行：arc（快捷命令为 a）

下面对绘制圆弧的不同方法进行简要介绍：

（1）“三点”方式（默认选项）：用指定圆弧上的三点绘制圆弧。第一点为起点，第二点为圆弧上的一点，第三点为终点。可以按顺时针方向，也可以按逆时针方向指定三个点。

（2）“起点、圆心、xxx”方式：首先指定圆弧的起点和圆心，第三个参数 xxx 可以指定端点、角度或弦长中的任一个来完成圆弧。输入圆心角时，以逆时针方向为正，顺时针方向为负。

【例 3-2】　绘制门的开启线。

（1）绘制图 3-7（a）所示的图形。

（2）利用“起点、圆心、端点”方式绘制圆弧 $\overset{\frown}{23}$，见图 3-7（b）。

命令：arc 指定圆弧的起点或 [圆心（C）]：（指定 2 点）

指定圆弧的第二个点或 [圆心（C）/端点（E）]：_c 指定圆弧的圆心：（指定 1 点）

指定圆弧的端点或 [角度（A）/弦长（L）]:（指定 3 点）

绘制完毕。结果如图 3-7（b）所示。

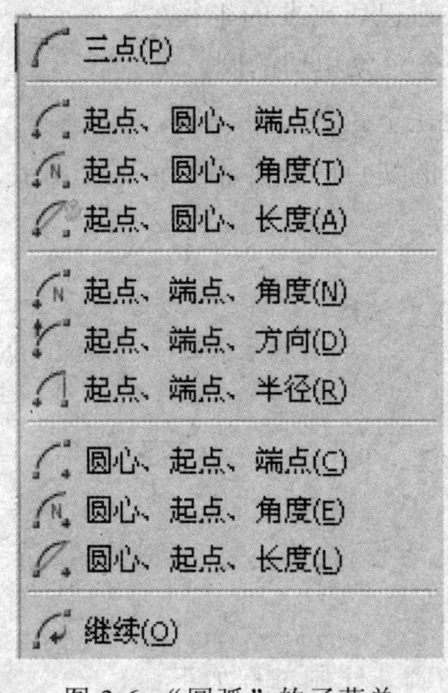

图 3-6 “圆弧”的子菜单

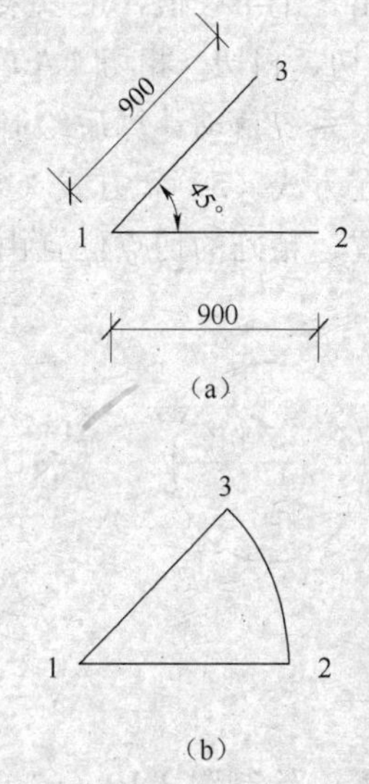

图 3-7 绘制门的开启线

八、圆

圆命令 circle，提供了 6 种不同的绘制圆的方式。图 3-8 为“绘图”下拉菜单中“圆”的子菜单。

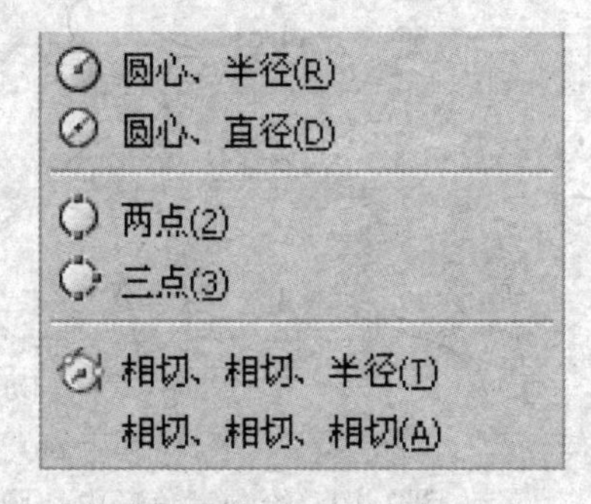

图 3-8 “圆”的子菜单

可通过以下方式调用该命令：

- 下拉菜单：绘图→圆→选择相应的子菜单
- 工具栏：绘图→ ⊙ 按钮
- 命令行：circle（快捷命令为 c）

执行 circle 命令后，屏幕显示如下提示：

- 命令：circle↙（在命令行输入 circle 命令并回车）

指定圆的圆心或 [三点（3P）/两点（2P）/相切、相切、半径（T）]:（指定圆心或选择不同的圆的绘制方法）

根据不同的响应，即圆的不同画法，系统进一步的提示也不相同。现分别介绍如下：

（1）“圆心、半径”方式（默认选项）：基于指定圆心和半径的方法绘制圆。当确定圆心后，可直接拖动鼠标确定半径，也可通过键盘输入半径值，见图 3-9（a）。

（2）“圆心、直径”方式：基于指定圆心和直径的方法绘制圆。确定圆心后，在命令行输入“D”并回车，再指定圆的直径。

（3）“三点（3p）”方式：用指定圆上的三点的方法绘制圆。分别指定 3 个点后，得到一个圆。注意：3 个点不能在一条直线上，见图 3-9（b）。

（4）“两点（2p）”方式：用指定的两点作为圆的直径的方法绘制圆，见图 3-9（c）。

（5）“相切、相切、半径（T）”方式：用指定的半径绘制圆，该圆与两个对象相切，如

图 3-9（d）。采用该方法绘制圆时，按提示移动鼠标到直线 A（这时会自动出现“切点捕捉”标记），在直线 A 的任意位置单击鼠标左键指定切点 1，同理在直线 B 上指定切点 2，这时系统会计算出一个半径值，可以采用该半径值或输入自己所需要的半径值。

（6）“相切、相切、相切（A）”方式：绘制与 3 个对象相切的圆。分别在 3 个对象上各指定一点，系统自动计算后绘制出圆。该选项只能在下拉菜单中完成。

注意：在方式（5）和方式（6）中，指定对象上的切点时，并不一定就是所要求的精确的切点位置，精确的切点位置由 AutoCAD 自动确定。

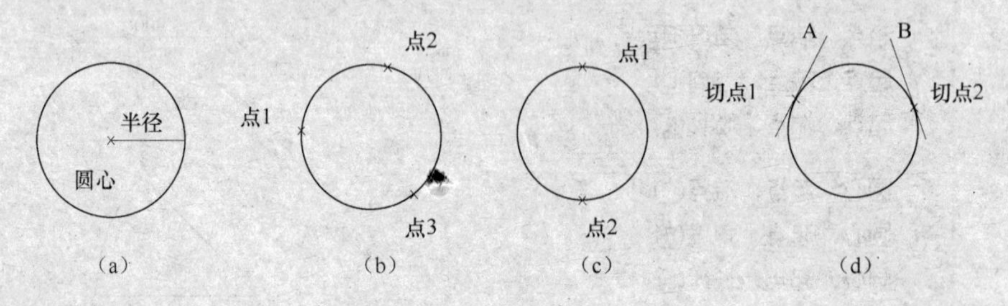

图 3-9 绘制圆的方法

【例 3-3】 绘制图 3-10（a）三角形 ABC 的内切圆。绘制过程如下：

（1）在下拉菜单中选择“绘图→圆→选择相切、相切、相切（A）”选项。

（2）然后在命令行中提示：

- 命令：circle

指定圆的圆心或 [三点（3P）/两点（2P）/相切、相切、半径（T）]: _3p 指定圆上的第一个点：_tan 到（在 AB 边上指定切点 1）

指定圆上的第二个点：_tan 到（在 AC 边上指定切点 2）

指定圆上的第三个点：_tan 到（在 BC 边上指定切点 3）

内切圆绘制完成，结果如图 3-10（b）所示。

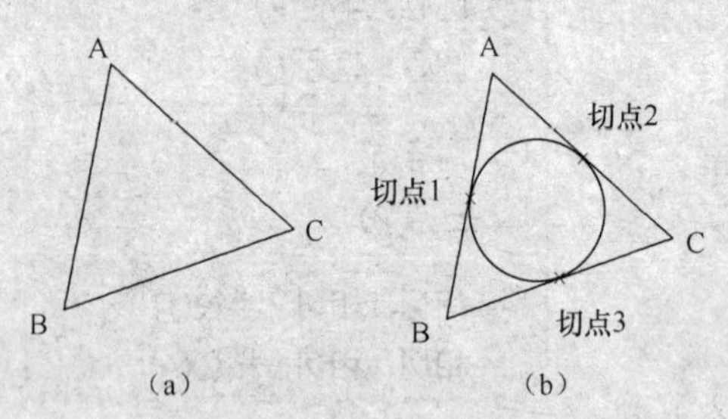

图 3-10 绘制三角形内切圆

（a）三角形 ABC；（b）内切圆绘制结果

九、圆环或实心圆

圆环或实心圆命令 donut 用于绘制圆环或实心圆。

可通过以下方式调用该命令：

- 下拉菜单：绘图→圆环
- 命令行：donut（快捷命令为 do）

激活 donut 命令后，命令提示：

指定圆环的内径＜当前值＞:

指定圆环的外径＜当前值＞:

指定圆环的中心点或＜退出＞:

圆环的绘制效果受填充命令 fill 的影响。当 fill 处于 ON 时，若内径＝0，则绘制实心圆如图 3-11（a）所示；若内径大于 0，则绘制实心圆环如图 3-11（b）所示；当 fill 处于 OFF 状态时，绘制的圆和圆环的效果，如图 3-11（c）、图 3-11（d）所示。

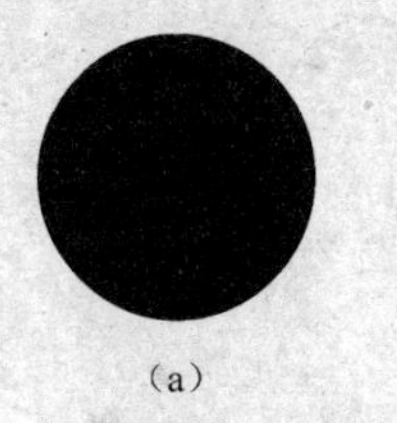
（a）

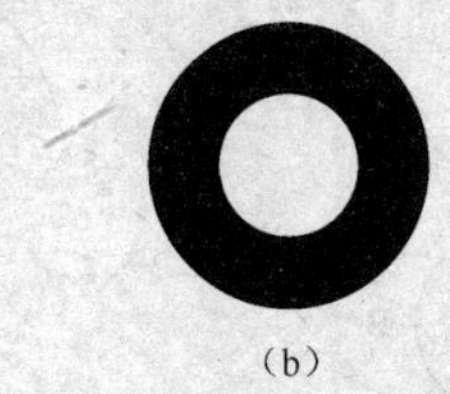
（b）

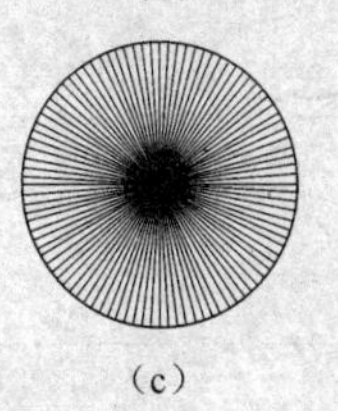
（c）

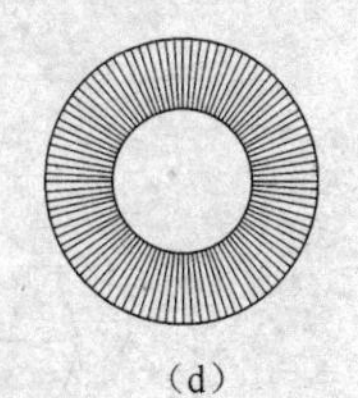
（d）

图 3-11 圆环和实心圆示例

十、椭圆

椭圆命令 ellipse 用于绘制椭圆和椭圆弧。

可通过以下方式调用该命令：

- 下拉菜单：绘图→椭圆→选择相应的子菜单（图 3-12）
- 工具栏：绘图→ 椭圆按钮或 椭圆弧按钮
- 命令行：ellipse（快捷命令为 el）

中心点(C)
轴、端点(E)
圆弧(A)

图 3-12 椭圆子菜单

现将绘制椭圆的各种方法介绍如下。

（1）已知轴、端点绘制椭圆：通过指定长、短轴端点绘制椭圆。具体操作步骤为：

- 命令：ellipse↙（输入 ellipse 命令并回车）

指定椭圆的轴端点或 [圆弧（A）/中心点（C）]:（在 A 点处单击鼠标左键，输入椭圆的第一个轴端点）

指定轴的另一个端点:（在 B 点处单击鼠标左键，输入该轴的另一个轴端点）

指定另一条半轴长度或 [旋转（R）]:（在 C 点处单击鼠标左键，输入椭圆的另一个轴端点）

绘制结果如图 3-13（a）所示。

（2）已知椭圆中心点绘制椭圆：“中心点”选项用于已知椭圆中心和轴端点时绘制椭圆。首先系统提示输入椭圆中心点，接着 提示输入椭圆长轴或短轴的一个端点，该点至中心点距离为该轴长度的一半。接着输入第二轴的一个端点，该点至中心点的距离为另一轴长度的一半。

（3）椭圆弧的绘制：用子菜单中的“圆弧”选项绘制椭圆弧。具体操作步骤：

- 命令：ellipse↙（输入 ellipse 命令并回车）

指定椭圆的轴端点或 [圆弧（A）/中心点（C）]: a↙（输入 a 选项，绘制椭圆弧）

指定椭圆弧的轴端点或 [中心点（C）]:（在 1 点处单击鼠标左键，输入椭圆的第一个轴端点）

指定轴的另一个端点:（在 2 点处单击鼠标左键，输入该轴的另一个轴端点）

指定另一条半轴长度或 [旋转（R）]:（在 3 点处单击鼠标左键，输入椭圆的另一个轴端点）

指定起始角度或 [参数（P）]:（在 4 点单击鼠标左键，指定起始角度）

指定终止角度或 [参数（P）/包含角度（I）]:（在 5 点单击数作左键，指定终止角度）

绘制完毕，结果如图 3-13（b）所示。

注意：椭圆弧从起点到终点按逆时针方向绘制。

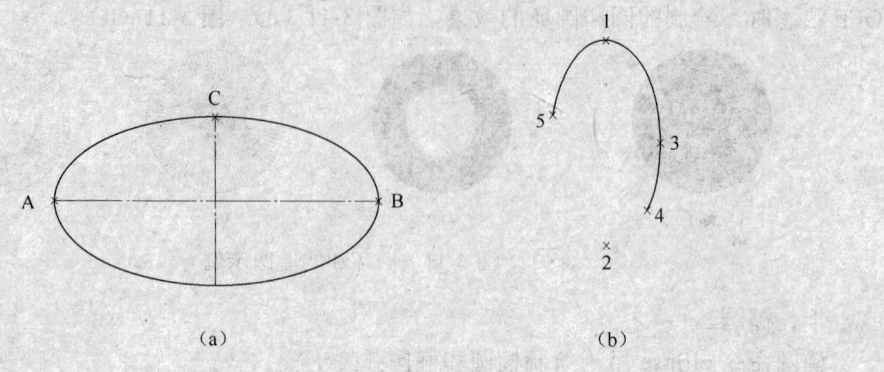

图 3-13　椭圆及椭圆弧的绘制

思考题与习题

（1）综合运用绘图命令，绘制如图 3-14 所示的图形。

（2）用构造线做辅助线，绘制如图 3-15 所示的图形。

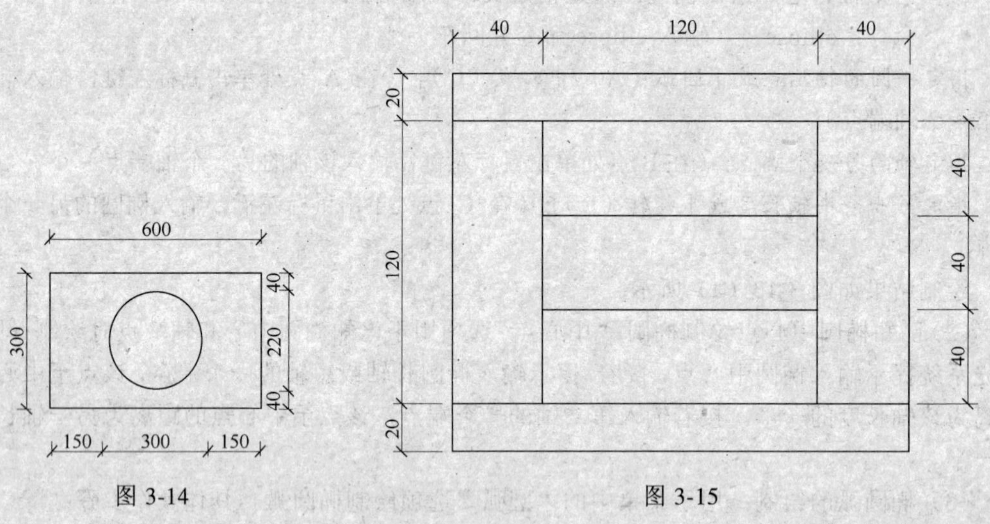

图 3-14　　图 3-15

第四章　绘制复杂二维图形

第一节　精确绘制图形

使用 AutoCAD 设计和绘制图形时，要做到精确绘制图形，主要是准确确定点的位置和尺寸的大小。尽管可以通过移动光标或输入坐标的方法来定位点，而有些图形上某些点的坐标未知或计算起来很麻烦，很难精确指定点的某一位置。这时可以使用系统提供的“捕捉”、“对象捕捉”、“对象追踪”等功能，在不输入坐标的情况下快速、精确地绘制图形。

一、捕捉和栅格

“捕捉”功能处于打开模式时，鼠标光标只能沿 X 轴或 Y 轴移动，每次移动的距离可在“草图设置”对话框中设定。系统的默认值是 10，即鼠标指针在屏幕上移动的最小距离是 10，通常情况下，当绘图需要精确到“1”时，可以通过“捕捉”设置，将其设置为“1”。

“栅格”是显示在充满整个图形界限区域内的、一些标定位置的、排列均匀的网点。使用“栅格”相当于在坐标纸上绘图，可以直观地显示点之间的距离，并可用作定位基准。网点所在区域的范围由“limits”命令设定，沿 X 轴、Y 轴的间距可在“草图设置”对话框中设定。系统的默认值是 10，即每个“栅格”点之间的距离是 10。“栅格”不是图的组成部分，只是作为一种视觉参考来辅助绘图，打印时系统不打印栅格。

（一）设置栅格和捕捉参数

使用栅格和捕捉功能之前，应根据绘图需要进行设置。

可通过以下方式调用该命令：

- 下拉菜单：工具→草图设置
- 状态栏：右击状态栏上的“栅格”或”捕捉”按钮，并从弹出的快捷菜单中选择“设置”选项
- 命令行：dsettings

命令激活后，系统弹出“草图设置”对话框（图 4-1）。“草图设置”对话框中包含“捕捉和栅格”、“极轴追踪”、“对象捕捉和动态输入”等 4 个选项卡。使用其中的“捕捉和栅格”选项卡可对栅格和捕捉进行设置，“捕捉和栅格”选项卡各选项组含义如下。

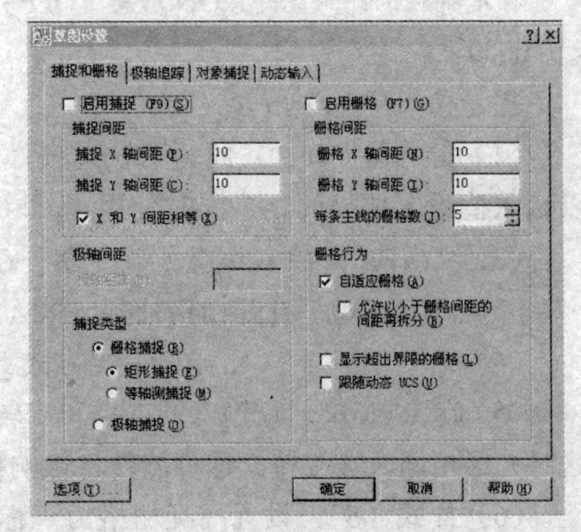

图 4-1　“草图设置”对话框的“捕捉和栅格”选项卡

（1）“启用捕捉”复选框：打开或关闭捕捉方式。选中该复选框，可以启用捕捉。

（2）“启用栅格”复选框：打开或关闭栅

格的显示。选中该复选框，可以启用栅格。

（3）“捕捉”选项组：用于设置捕捉 X 轴、Y 轴间距、捕捉角度以及捕捉基点坐标。在“捕捉 X 轴间距”和“捕捉 Y 轴间距”文本框中输入需要的值；使用“角度”文本框指定栅格旋转的角度；在“X 基点”、“Y 基点”文本框中设置相对于哪个位置进行捕捉。

（4）“栅格”选项组：用于设置栅格 X 轴间距和栅格 Y 轴间距。如果栅格的 X 轴和 Y 轴间距值为 0，则栅格采用捕捉 X 轴和 Y 轴间距的值。

（5）“捕捉类型和样式”选项组：用于设置捕捉类型和模式。用户可以选择“栅格捕捉”或“极轴捕捉”。如果选用“栅格捕捉”，还可选择“矩形捕捉”或“等轴测捕捉”；如果选择“极轴捕捉”，则可在“极轴间距”选项组中的“极轴距离”文本框内设置极轴捕捉间距。

（6）“极轴间距”选项组：若捕捉类型是“极轴捕捉”，则该选项组可用，用于设置极轴距离。

（二）打开/关闭栅格与捕捉的几种方法

- 选择“工具”下拉菜单中“草图设置”命令，弹出“草图设置”对话框，在“草图设置”对话框的“捕捉和栅格”选项卡内选择“启用捕捉”选项，或“启用栅格”选项。
- 单击状态栏上的“捕捉”或“栅格”按钮（图 4-2）。

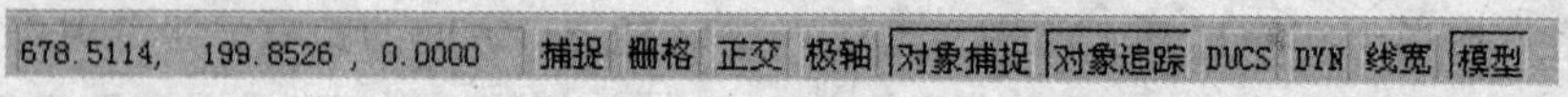

678.5114, 199.8526 , 0.0000 捕捉 栅格 正交 极轴 对象捕捉 对象追踪 DUCS DYN 线宽 模型

图 4-2 状态栏

- 使用快捷键。按 F9 键打开/关闭“捕捉”，按 F7 键，打开/关闭“栅格”。
- 在命令行输入“snap”命令打开/关闭捕捉方式，或输入“grid”命令打开/关闭栅格方式。

1.“snap”命令

执行用“snap”命令时，其命令行显示如下提示信息：

指定捕捉间距或 [开（ON）/关（OFF）/纵横向间距（A）/旋转（R）/样式（S）/类型（T）] <10.0000>:

提示信息中各选项含义为：

（1）指定捕捉间距：此为默认选项，要求用户输入捕捉间距数值（大于零）。AutoCAD 以输入值设置捕捉间距，同时使用“开（ON）”选项，激活捕捉模式。

（2）纵横向间距（A）：分别设置 X、Y 方向的栅格捕捉间距。可用于设置不规则的捕捉。

（3）开（ON）：打开栅格捕捉方式。

（4）关（OFF）：关闭栅格捕捉方式。

（5）旋转（R）：通过输入的基点和旋转角，将栅格与捕捉绕图形中的某一指定基点旋转，这时光标也同时被旋转。这种旋转将影响栅格与正交模式，但不影响坐标系的原点和方向。

（6）样式（S）：设置捕捉栅格为“标准模式”或“等轴测模式”。“标准模式”指通常的矩形的栅格（默认设置）。在“等轴测模式”下，可以为绘制等轴测图提供方便。

（7）类型（T）：确定捕捉是“栅格捕捉”还是“极轴捕捉”。“极轴捕捉”类型的格点是按照极半径和角度分布的。只有同时打开“极轴捕捉”和“极轴追踪”方式，才能进入极轴栅格的捕捉状态。

2.“grid”命令

执行“grid”命令时，其命令行显示如下提示信息：

指定栅格间距（X）或 [开（ON）/关（OFF）/捕捉（S）/纵横向间距（A）] <10.0000>:

提示信息中各选项含义为：

（1）指定栅格间距（X）：此为默认选项，要求用户输入栅格间距数值（大于零），该数值为 X、Y 方向相同的栅格间距；如果数值之后加字符“x”，则该数值为当前捕捉栅格间距的因子，即捕捉栅格间距的倍数。栅格间距不能设置太小，否则将导致图形模糊及屏幕重画太慢，甚至无法显示栅格。如果栅格点的间距设置太小，则系统有以下提示：栅格太密，无法显示。

（2）开（ON）：显示栅格。

（3）关（OFF）：不显示栅格。

（4）捕捉（S）：设置栅格间距始终与捕捉栅格间距一致。

（5）纵横向间距（A）：分别设置 X、Y 方向栅格间距。

二、对象捕捉

在绘图的过程中，经常要指定一些诸如端点、圆心和两个对象的交点等已有对象上的点。如果只凭观察来拾取，不可能非常准确地找到这些点，即使通过调整捕捉间隔，图形对象上的大部分点也不会都直接落在捕捉点上。使用 AutoCAD 为用户提供的“对象捕捉”功能，可以将光标迅速、精确地定位到对象的特殊点上，也可以用来选择特殊点，从而精确地绘制图形。

AutoCAD 中“对象捕捉”能以自动捕捉模式进行特殊点的捕捉。即当把光标放在一个对象上时，系统自动捕捉到对象上所有符合条件的几何特征点，并显示相应的标记。如果把光标放在捕捉点上多停留一会，系统还会显示捕捉的提示。这样，在选点之前，就可以预览和确认捕捉点。

（一）调用对象捕捉功能

1. 调用对象捕捉功能的方式

（1）单击状态栏中的“对象捕捉”按钮。按下按钮，表示打开“对象捕捉”模式；再次单击，系统关闭“对象捕捉”模式。

（2）按下键盘上的功能键 F3 键或 Ctrl+F 键，可以在开/关“对象捕捉”模式之间切换。

（3）使用“对象捕捉”工具栏，见图 4-3。

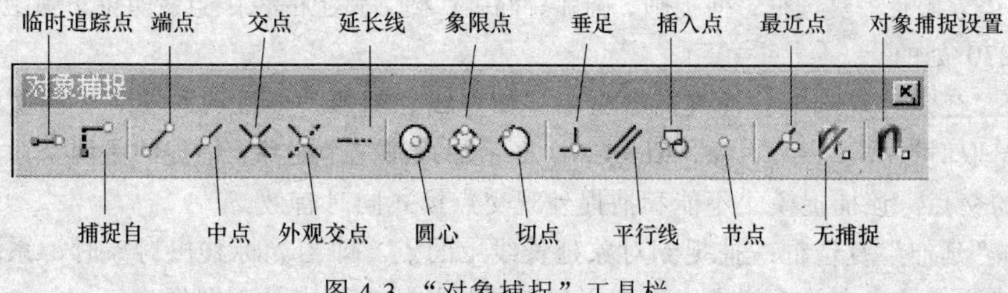

图 4-3 “对象捕捉”工具栏

（4）使用对象捕捉快捷菜单方式（图 4-4）。当要求指定点时，可以按下 Shift 键或者 Ctrl 键，右击打开“对象捕捉”快捷菜单。选择需要的子命令，再把光标移到要捕捉对象的特征点附近，即可捕捉到相应的对象特征点。

（5）选择“工具”下拉菜单中“草图设置”命令，弹出“草图设置”对话框。在“草图设置”对话框的“对象捕捉”选项卡中，选中“启用对象捕捉”复选框（图 4-5）。在该选项卡中，在要使用的一种或几种对象捕捉方式前的复选框中打“√”，单击“确定”按钮，就可以启动对象捕捉功能。

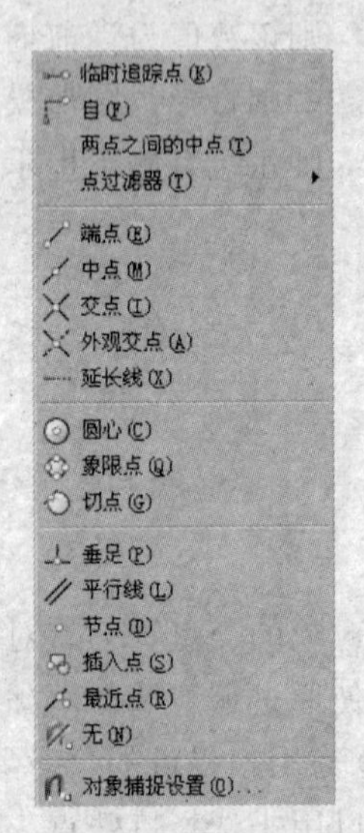

图 4-4 “对象捕捉”快捷菜单

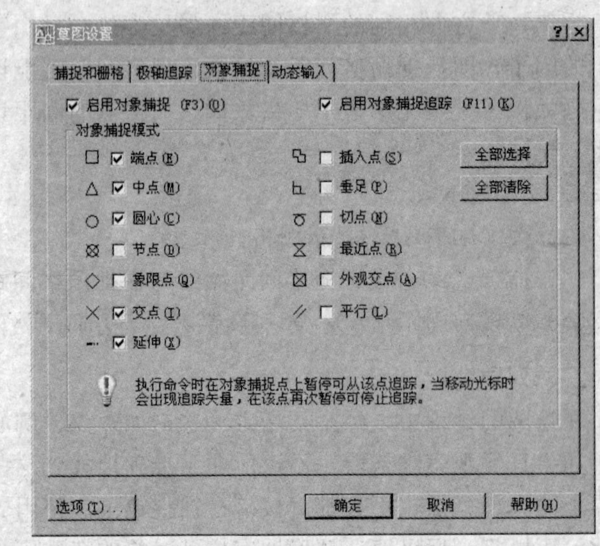

图 4-5 “草图设置”对话框

2.“对象捕捉”选项卡中各选项的含义

（1）“启用对象捕捉”复选框。打开对象捕捉模式。

（2）“启用对象捕捉追踪”复选框。打开对象捕捉追踪模式。

（3）“端点”复选框：捕捉直线、圆弧、多段线、椭圆弧、样条曲线等对象的一个离拾取点最近的端点。

（4）“中点”复选框：捕捉到直线、圆弧、多段线、椭圆弧、样条曲线、面域等对象的中点。

（5）“圆心”复选框：捕捉圆、圆弧、椭圆、椭圆弧的中心点。

（6）“节点”复选框：捕捉点对象，包括 point、divide、measure 命令绘制的点，也包括尺寸对象的定义点。

（7）“象限点”复选框：捕捉圆、圆弧、椭圆、椭圆弧上的象限点。即位于弧上 0°、90°、180°和 270°处的点。

（8）“交点”复选框：捕捉两个对象（如直线、圆弧、多义线和圆等）的交点。如果第一次拾取时选择了一个对象，AutoCAD 提示输入第二个对象，捕捉的是两个对象真实的或延伸的交点。该捕捉模式不能和捕捉外观交点模式同时有效。

（9）“延伸”复选框：捕捉到对象延长线上的点。即当光标移出对象时，系统将显示沿对象轨迹延伸出来的虚拟点，以便用户使用延长线上的点绘制图像。

（10）“插入点”复选框：捕捉块、属性、属性定义、文本对象或外部引用等的插入点。

（11）“垂足”复选框：捕捉从选取点到与所选择对象所做垂线的垂足。拾取点不一定在对象上。

（12）“切点”复选框：捕捉到圆、圆弧、椭圆、椭圆弧的切点。

（13）“最近点”复选框：捕捉到对象上离光标最近的点。

（14）“外观交点”复选框：该选项与捕捉交点相同，只是它还可以捕捉三维空间中两个对象的视图交点（这两个对象实际上不一定相交，但看上去相交）。在二维空间中，捕捉外观交点和捕捉交点模式是等效的。

（15）“平行”复选框。捕捉到对象平行线上的点。指定一点后，选中作为平行基准的对象，当光标与所绘制的前一点的连线方向平行于基准方向时，系统将显示出一条临时的平行线，输入线段长度或单击一点，绘出平行线。

（16）“选项”复选框：单击该按钮，将打开“草图”选项卡（图 4-6）。

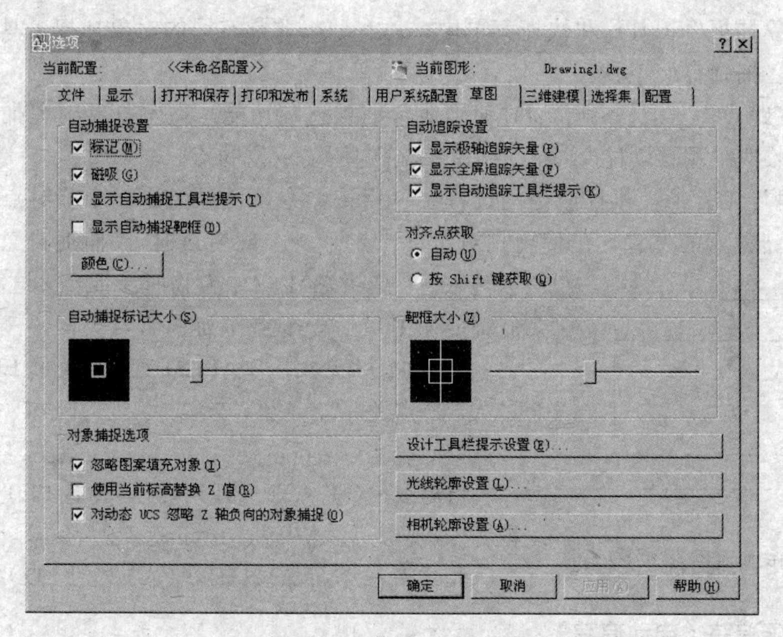

图 4-6 “草图”选项卡

“草图”选项卡中各选项的含义为：

1）“标记”复选框：确定是否显示自动捕捉的标记。

2）“磁吸”复选框：确定是否将光标自动锁定到最近的捕捉点。

3）“显示自动捕捉工具栏提示”复选框：确定是否显示捕捉点类型提示。

4）“显示自动捕捉靶框”复选框：确定是否显示自动捕捉靶框。

5）“自动捕捉标记颜色”复选框：可以选择自动捕捉标记的颜色。

6）“自动捕捉标记大小”复选框：确定自动捕捉标记的大小，可通过拖动滑块来调整。

7）“靶框大小”复选框：确定靶框的大小，通过拖动滑块来调整。

（二）对象捕捉模式及执行方式

在 AutoCAD 中，对象捕捉模式又可以分为运行捕捉模式和覆盖捕捉模式。

1. 运行捕捉模式

在"草图设置"对话框的"对象捕捉"选项卡中，设置的对象捕捉模式始终处于运行状态。系统会自动捕捉到对象上所有符合条件的几何特征点，并显示相应的标记。直到关闭为止，称为运行捕捉模式。

通过选择"工具"下拉菜单中"草图设置"命令，或将鼠标指针移至"对象捕捉"按钮上方并右击，在弹出的快捷菜单上选择"设置"命令，都会弹出"草图设置"对话框。在"对象捕捉"选项卡中，可设置要使用的"对象捕捉"方式；通过用鼠标单击状态栏中的"对象捕捉"按钮、按 F3 键或 Ctrl+F 键调用"对象捕捉"功能。

2. 覆盖捕捉模式

如果在点的命令行提示下输入相应的命令形式、单击"对象捕捉"工具栏中的按钮或在"对象捕捉"快捷菜单中选择相应命令，只能临时打开捕捉模式，称为覆盖捕捉模式。仅对本次捕捉点有效，在命令行中显示一个"于"标记。

在"对象捕捉"工具栏和快捷菜单中，还有两个非常有用的对象捕捉工具，即"临时追踪点"和"捕捉自"工具。

"临时追踪点"工具：用于临时使用对象捕捉追踪功能，在不打开对象捕捉追踪功能的情况下可临时使用该功能一次，沿追踪线确定所要定位的点。

"捕捉自"工具：在执行命令的过程中使用该命令，可以指定一个临时点，然后根据该点来确定其他点的位置。在使用相对坐标指定下一个应用点时，"捕捉自"工具可以提示输入基点，并将该点作为临时参照点，这与通过输入前缀@使用最后一个点作为参照点类似。

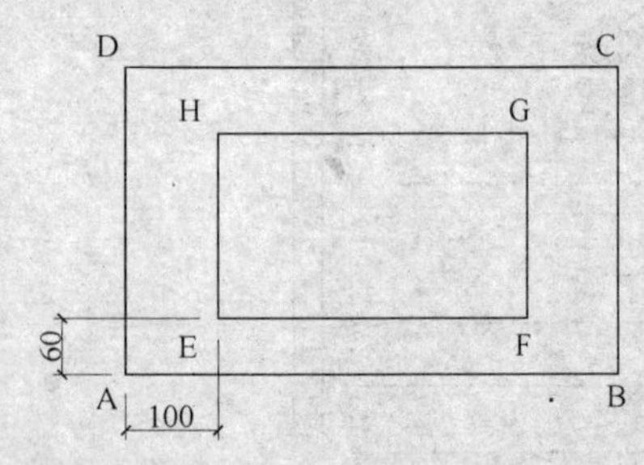

图 4-7 使用"捕捉自"定位点

【例 4-1】已知矩形 ABCD，绘制矩形 EFGH，且已知 A、E 点关系图（图 4-7）。

- 命令：rectang

指定第一个角点或 [倒角（C）/标高（E）/圆角（F）/厚度（T）/宽度（W）]：_from 基点：<偏移>：@100，60

指定另一个角点或 [面积（A）/尺寸（D）/旋转（R）]：

三、对象追踪（自动追踪）

在 AutoCAD 中，使用对象追踪功能，可按指定角度绘制对象，或者绘制与其他对象有特定关系的对象。在绘制过程中，打开对象捕捉和对象追踪，移动鼠标指针时，屏幕上会出现路径和范围、端点和极轴等的提示，帮助用户在精确的角度或位置上创建图形对象。对象追踪功能，分极轴追踪和对象捕捉追踪两种方式，可以同时使用。

（一）极轴追踪

极轴追踪，是按事先给定的角度增量来追踪特征点。即如果事先知道要追踪的方向（角度），则可以使用极轴追踪。极轴追踪功能打开后，当 AutoCAD 系统要求指定一个点时，系统将在预先设置的角度增量方向上显示一条辅助线及光标点的极坐标值，用户可以沿着辅助线追踪得到光标点。

如果同时打开了栅格捕捉，而且选择的栅格捕捉类型为极轴（P），那么不仅约束光标的方向，同时还约束极轴的长度（极轴间距的倍数）。

1. 打开或关闭极轴追踪

（1）单击状态栏的“极轴”按钮。按钮按下为打开状态，再次单击，该功能关闭。

（2）使用快捷键 F10。

2. 极轴追踪设置

在默认情况下，极轴追踪的角度增量是 90°。根据自己的需要可另行设置角度增量值，还可以选择不同的角度测量方式。在菜单栏选择“工具”中的“草图设置”或右击状态栏中的“极轴”按钮，在弹出的快捷菜单上选择“设置”命令，打开“草图设置”对话框。这时的默认选项卡，即为“极轴追踪”选项卡（图 4-8）。

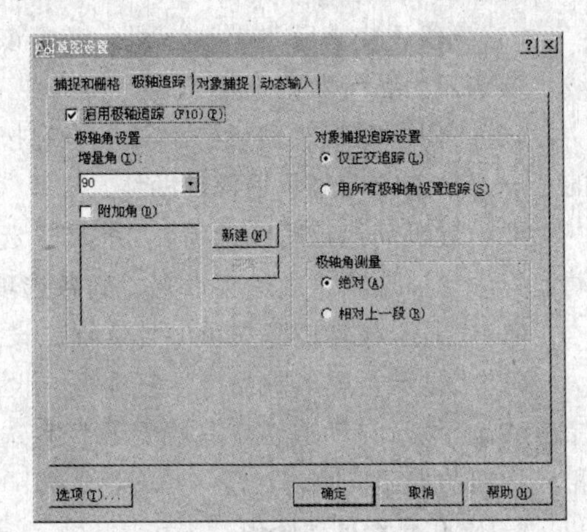

图 4-8 “极轴追踪”选项卡

“极轴追踪”选项卡中各选项的含义如下：

（1）“启用极轴追踪”复选框用于打开或关闭极轴追踪功能。

（2）“极轴角设置”选项组。

1）“增量角”下拉列表框：用于选择极轴角增量值。AutoCAD 系统的默认角度是 90°，系统只沿 X 轴和 Y 轴方向追踪，用户可根据需要在其下拉列表框中选择极轴角的增量值，也可直接输入增量值。如果把追踪角度设置为 15°，系统可沿 0°、15°、30°、45°及 60°等 15°倍数角方向追踪。

2）“附加角”复选框：选择该复选框，左侧的列表框将被激活，通过单击“新建”按钮，用户可在列表框中输入角度值；单击“删除”按钮，则可删除选定的角度值。例如，若设定极轴增量角为 30°，附加角为 22°、45°，则用户打开极轴追踪功能定位点时，光标除了沿 0°、30°、60°、90°和 120°等 30°倍数角方向进行追踪外，还可沿 22°、45°方向进行追踪。

在极轴追踪的过程中，用户也可以在命令执行中临时重新设置一个追踪角度，以覆盖在对话框中预先设置的角度。输入重置的追踪角度时，要在数值前加一个“<”符号。

（3）“极轴角测量”选项组。

1）“绝对”单选按钮：选中该按钮，以当前坐标系的 X 轴，作为计算极轴角的基准线。该选项为默认设置。

2）“相对上一段”单选按钮：选中该按钮，以最后所绘图线为基准线计算极轴角度。

（二）对象捕捉追踪

对象捕捉追踪，是按与对象的某种特定关系来追踪。这种特定的关系，确定了一个未知角度。如果事先不知道具体的追踪方向（角度），但知道与其他对象的某种关系（如相交），可以用对象捕捉追踪。

对象捕捉追踪，可以根据捕捉点沿正交或极轴方向进行追踪，对象捕捉追踪与对象捕捉一起使用。必须先设置对象捕捉，才能从对象的捕捉点进行追踪。

对象捕捉追踪，也可以追踪临时点。使用对象捕捉追踪，可以沿着基于对象捕捉点的对齐路径进行追踪。获取追踪点之后，当在绘图路径上移动光标时，将显示相对于获取点的水平、垂直或极轴对齐路径，然后根据追踪线获得所需的点。

1. 打开或关闭对象追踪

（1）单击状态栏中的“对象追踪”按钮，按钮按下为打开，再次单击则关闭。

（2）使用快捷键 F11。

2. 设置对象追踪

使用“草图设置”对话框中“极轴追踪”选项卡上的“对象捕捉追踪设置”选项组，设置对象追踪。

（1）“仅正交追踪”单选按钮。选中该按钮，将只在水平或垂直方向上显示追踪辅助线。该选项为系统默认设置。

（2）“用所有极轴角设置追踪”单选按钮。选中该按钮，将会在水平、垂直和所设定的任一极轴角方向显示追踪辅助线。

要设置自动追踪功能选项，可打开“选项”对话框（图 4-6），在“草图”选项卡的“自动追踪设置”选项组中进行设置，其各选项功能如下：

（1）“显示极轴追踪矢量”复选框。设置是否显示极轴追踪的矢量数据。

（2）“显示全屏追踪矢量”复选框。设置是否显示全屏追踪的矢量数据。

（3）“显示自动追踪工具栏提示”复选框。设置在追踪特征点时是否显示工具栏上的相应按钮的提示文字。

3. 使用对象追踪绘图

打开“对象捕捉”和“对象追踪”，激活一个绘图命令。当要输入点的位置时，把光标移动到一个对象捕捉点，不要单击它，只是暂时停顿即可获取，建立追踪参考点。已获取的追踪参考点显示一个“+”标记，可同时获取多个点。如果要清除已获取的点，则可将光标再次移动到该获取点的标记处，于是系统便会清除该获取点。从追踪参考点移开光标，在屏幕上将显示一条通过此点的水平（垂直或以一定角度倾斜）的临时辅助线。沿临时辅助线移动光标，输入直接距离就可指定符合要求的点；或者将光标移动到另一追踪参考点，临时获取该点，绘图区域将显示另一条临时辅助线。此时，同时追踪两个参考点，两条临时辅助线的交点，即为满足与已有两个对象特定关系的点。

四、正交功能

AutoCAD 系统提供了与丁字尺类似的绘图和编辑工具，就是“正交”模式。通过“正交”模式约束，可以用来精确定位点。它将定点设备的输入限制为水平或垂直，可以提高绘图速度。当正交模式处于打开状态时，只需输入线段的长度值，即可在屏幕上绘制水平线和垂直线。当需要画斜线时，用户需要关闭正交模式。创建或移动对象时，使用“正交”模式可将光标限制在水平或垂直轴上。正交对齐，取决于当前的捕捉角度、UCS 或等轴测栅格和捕捉设置。

打开/关闭正交模式，可通过以下常用方式来实现：

- 状态栏：单击状态栏中的“正交”按钮
- 功能键：按 F8 键
- 命令行：ortho

打开正交模式后，可以很方便地画出水平线和垂直线。画线时，光标的位置不一定是线段的终点，它可以确定线段的方向。这取决于在 X 和 Y 两个方向上，哪个方向的增量大。正交模式和极轴追踪是互斥的。当正交模式打开时，输入点的坐标和进行对象捕捉不受极轴追踪的影响。

用 snap 命令将捕捉栅格旋转或改变样式时，正交的方向也随之改变。在正交环境和栅格旋转下作图可以确保矢量的准确方向。

【例 4-2】 使用 line 命令并结合正交功能绘图，如图 4-9 所示。

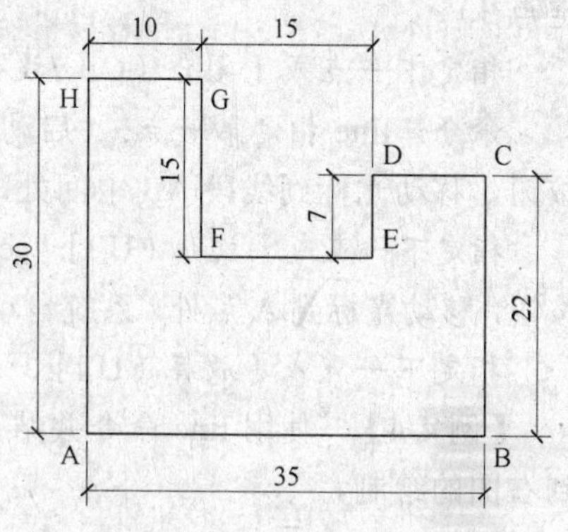

图 4-9 使用正交功能画线

- 命令：line

指定第一点：（输入直线的第一个点）
指定下一点或 [放弃（U）]: 10
指定下一点或 [放弃（U）]: 15
指定下一点或 [闭合（C）/放弃（U）]: 15
指定下一点或 [闭合（C）/放弃（U）]: 7
指定下一点或 [闭合（C）/放弃（U）]: 10
指定下一点或 [闭合（C）/放弃（U）]: 22
指定下一点或 [闭合（C）/放弃（U）]: 35
指定下一点或 [闭合（C）/放弃（U）]: c

五、绘图实例

【例 4-3】 利用对象捕捉功能完成图 4-10 中由左图到右图的绘制。

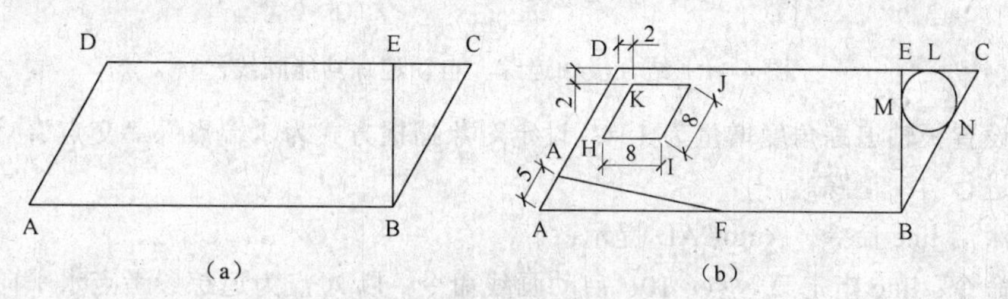

图 4-10 利用对象捕捉功能绘图

- 命令：circle

指定圆的圆心或 [三点（3P）/两点（2P）/相切、相切、半径（T）]: 3p
指定圆上的第一个点: _tan 到（捕捉切点 L）
指定圆上的第二个点: _tan 到（捕捉切点 M）
指定圆上的第三个点: _tan 到（捕捉切点 N）

命令: line 指定第一点: _from 基点: <偏移>: @2, -2（启动画线命令，单击“对象捕捉”工具栏上的“捕捉自”按钮，再单击“捕捉到交点”按钮，移动光标到 D 点处，单击鼠标左键，输入 K 点对于 D 点的相对坐标）

指定下一点或 [放弃（U）]: _par 到 8（单击“对象捕捉”工具栏上的“捕捉到平行线”按钮，然后将鼠标指针移至 DA 线上方，出现平行线标记后，再将鼠标指针移至要画的平行线附近，此时十字光标下方出现提示，然后输入平行线长度，确定点 H）

指定下一点或 [放弃（U）]: _par 到 8（单击“对象捕捉”工具栏上的“捕捉到平行

线”按钮，然后将鼠标指针移至CD线上方，出现平行线标记后，再将鼠标指针移至要画的平行线附近，此时十字光标下方出现提示，然后输入平行线长度，确定点I）

指定下一点或［闭合（C）/放弃（U）]：_par 到 8（单击“对象捕捉”工具栏上的“捕捉到平行线”按钮，然后将鼠标指针移至KH线上方，出现平行线标记后，再将鼠标指针移至要画的平行线附近，此时十字光标下方出现提示，然后输入平行线长度，确定点J）

指定下一点或［闭合（C）/放弃（U）]：c（使线框闭合）

命令：line 指定第一点：（启动画线命令，单击“对象捕捉”工具栏上的“捕捉到中点”按钮，移动光标到线段AB中间处，出现捕捉中点标示后，单击鼠标左键，确定F点）

指定下一点或［放弃（U）]：_ext 于 5（单击“对象捕捉”工具栏上的“捕捉到延长线”按钮，移动光标到A点处，系统自动沿线段进行追踪，输入G点与A点的距离，确定G点）

指定下一点或［放弃（U）]：

【例4-4】　使用line命令并结合极轴追踪、自动追踪功能画线，完成图4-11中由左图到右图的绘制。

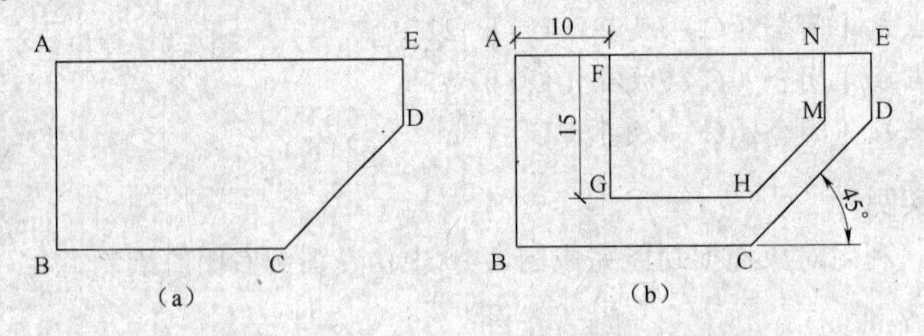

图4-11　结合极轴追踪、自动追踪功能画线

（1）设置极轴追踪角度增量为15°；设定对象捕捉方式为“端点”、“交点”；设置沿所有极轴角进行自动追踪。

（2）激活line命令，AutoCAD提示：

- 命令：line 指定第一点：10（启动画线命令，以A点为追踪参考点水平向右追踪，输入追踪距离并按回车键，确定F点）

指定下一点或［放弃（U）]：15（从F点垂直向下追踪，输入追踪距离并按回车键，确定G点）

指定下一点或［放弃（U）]：（从G点水平向右追踪，再在C点建立参考点以确定H点）

指定下一点或［闭合（C）/放弃（U）]：（从H点沿45º方向追踪，再在D点建立参考点以确定M点）

指定下一点或［闭合（C）/放弃（U）]：（从M点垂直向上追踪并捕捉交点以确定N点）

指定下一点或［闭合（C）/放弃（U）]：（按回车键结束）

第二节　复杂二维图形绘制命令

使用“绘图”菜单中的命令，不仅可以绘制点、直线、圆、圆弧和多边形等简单二维图形对象，还可以绘制多线、多段线和样条曲线等复杂二维图形对象。

一、多线

多线是一种由多条平行线组成的组合对象，平行线之间的间距、线的数目、线条颜色及线型等都可以调整。多线常用于绘制墙体、管道、道路和小区边界等对象。

多线可以包含 1～16 条平行线，这些平行线称为元素。通过指定距多线初始位置的偏移量，确定元素的位置。用户可以创建和保存多线样式，默认样式具有两个元素。除了可设置每个元素的颜色、线型外，还可以显示或隐藏多线的连接。所谓连接，就是那些出现在多线元素每个顶点处的线条，有多种类型的封口可用于多线。

（一）创建多线样式

多线的外观由多线样式决定。在绘制多线之前，首先应对多线样式进行设置，包括多线元素的数量、偏移量、颜色、线型等特性。

可通过以下方式来实现：

- 下拉菜单：格式→多线样式
- 命令行：mlstyle

命令激活后，系统将打开“多线样式”对话框（图 4-12），在该对话框中可对多线样式进行设置，系统默认的多线样式是 STANDARD。若要创建新的多线样式，其具体操作如下：

（1）点击“新建”按钮，弹出“创建新的多线样式”对话框（图 4-13），在“新样式名”文本框中输入新多线样式的名称，单击“继续”按钮，将打开“新建多线样式”对话框（图 4-14），在“说明”文本框中可以对当前多线样式进行说明标注。

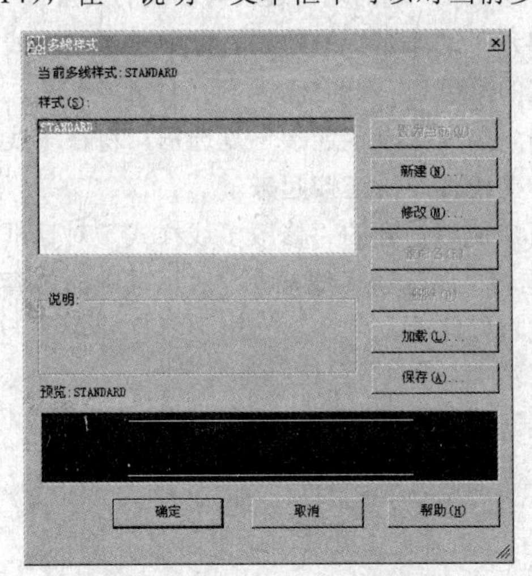

图 4-12 “多线样式”对话框

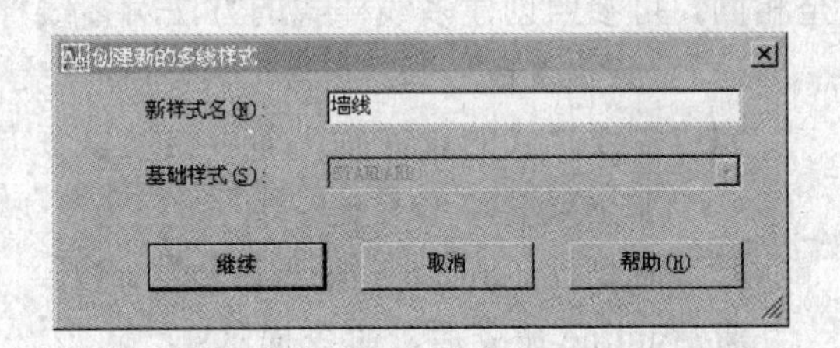

图 4-13 “创建新的多线样式”对话框

（2）系统默认的多线样式中，只包含两条多线元素，其偏移距离分别为 0.5 和−0.5。在“元素”列表框中可添加及删除元素数量，设置新多线样式偏移距离。单击“添加”按钮，系统会自动创建一条新的多线元素。在“偏移”文本框中输入偏移值，该偏移值是指每条多线元素距离 0.0 的位置。要删除多余的多线元素时，在“元素”列表框中选中相应的多线元素，然后单击“删除”按钮即可。在“颜色”下拉列表框中选择所需的颜色作为当前多线的颜色。单击“线型”按钮，打开“选择线型”对话框（图 4-15），在该对话框中可选择相应的线型作为多线的线型。

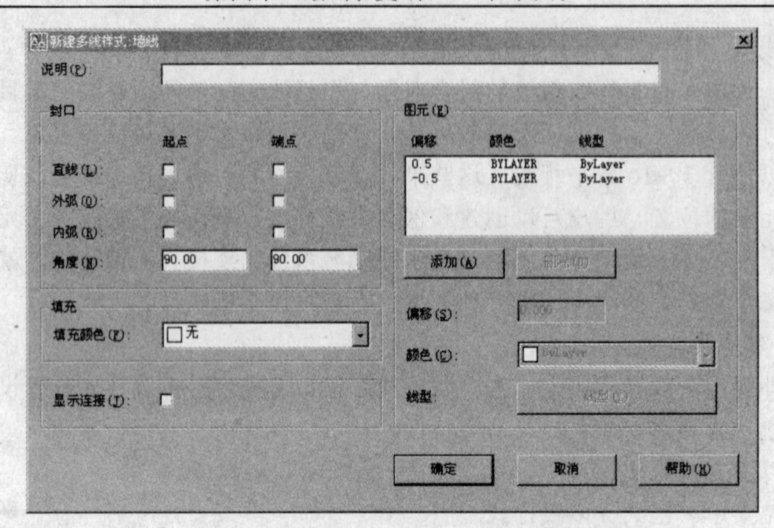

图 4-14 “新建多线样式”对话框

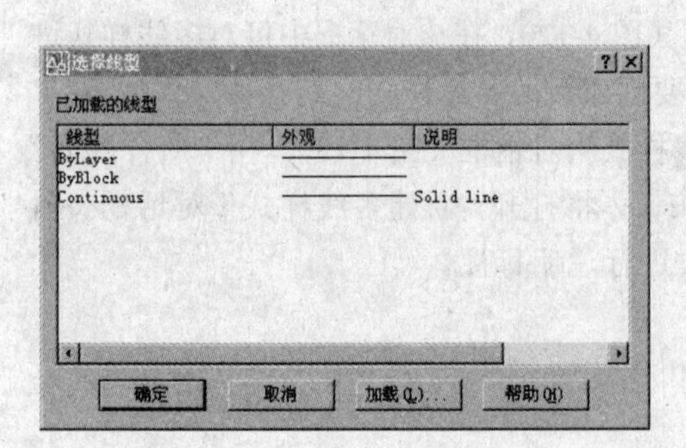

图 4-15 “选择线型”对话框

（3）在“封口”列表框中，设置多线起点与端点位置的封口参数。“直线”、“外弧”、“内弧”选项，分别表示将多线的起点和端点位置处用直线、外弧、内弧将多线连接起来。在“角度”文本框中，可指定多线某一端的端口连线与多线的夹角。

（4）在“填充”下拉列表框中，设置多线背景填充的颜色。

（5）选中“显示连接”复选框，将在多线转角处用直线将多线连接起来。

在“多线样式”对话框中单击“修改”按钮，使用打开的“修改多线样式”对话框可以修改创建的多线样式。“修改多线样式”对话框与“创建新多线样式”对话框中的内容完全相同，可参照创建多线样式的方法对多线样式进行修改。

（二）绘制多线

完成多线样式的设置后，即可通过以下方式开始绘制多线：

- 下拉菜单：绘图→多线
- 命令行：mline（快捷命令为 ml）

激活 mline 命令后，命令提示：

当前设置：对正=上，比例=20.00，样式=STANDARD

指定起点或 [对正（J）/比例（S）/样式（ST）]:

提示中的第一行说明当前的绘图模式。本提示示例说明当前的对正方式为“上”方式，比例为 20.00，多线样式为 STANDARD；第二行为绘多线时的选择项，各选项的意义如下。

（1）“指定起点”选项，用于确定多线的起始点。

（2）“对正（J）”选项设置多线的对正方式。即多线中哪条线段的端点与光标重合并随光标移动，该选项有“上（T）”、“无（Z）”和“下（B）”三种子选项。在绘制多线时，选择“上（T）”选项，将根据多线最上方元素的端点作为对齐点进行绘制；选择“下（B）”

选项，将根据多线最下方元素的端点作为对齐点进行绘制；选择“无（Z）”选项，将以多线的中心点作为对齐点进行绘制。

（3）“比例（S）”选项，用于确定所绘多线的宽度相对于多线定义宽度的比例。

（4）“样式（ST）”选项，用于确定绘多线时采用的多线样式。

【例 4-5】　使用 mline 命令，在图 4-16 所示左图基础上完成右图的绘制。

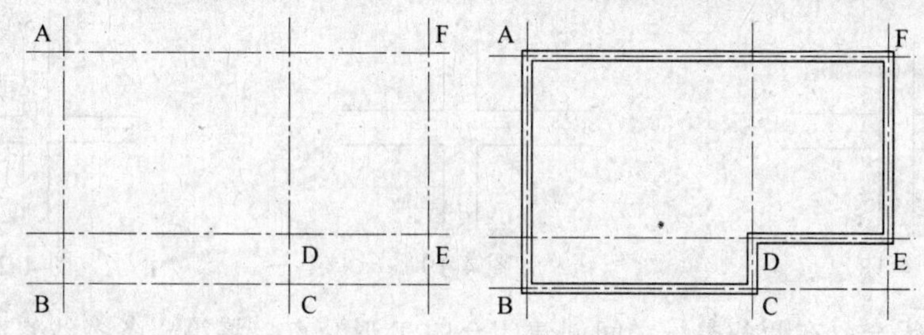

图 4-16　绘制多线

- 命令：mline

指定起点或［对正（J）/比例（S）/样式（ST）]: j

输入对正类型［上（T）/无（Z）/下（B）] <无>: Z

指定起点或［对正（J）/比例（S）/样式（ST）]: int（捕捉 A 点）

指定下一点: int 于（捕捉 F 点）

指定下一点或［放弃（U）]: int 于（捕捉 E 点）

指定下一点或［闭合（C）/放弃（U）]: int 于（捕捉 D 点）

指定下一点或［闭合（C）/放弃（U）]: int 于（捕捉 C 点）

指定下一点或［闭合（C）/放弃（U）]: int 于（捕捉 B 点）

指定下一点或［闭合（C）/放弃（U）]: c（闭合多线）

（三）编辑多线

由于多线是一个整体，除可以将其作为一个整体编辑外，对其特征只能用 mledit 命令编辑。mledit 命令可以对平行多线的交接、断开、形体进行控制和编辑。

- 下拉菜单：修改→对象→多线
- 命令行：mledit

命令激活后，系统将弹出“多线编辑工具”对话框（图 4-17）。在该对话框中选择所需的编辑工具，然后返回绘图区中选择要编辑的多线即可。对话框中各项含义如下。

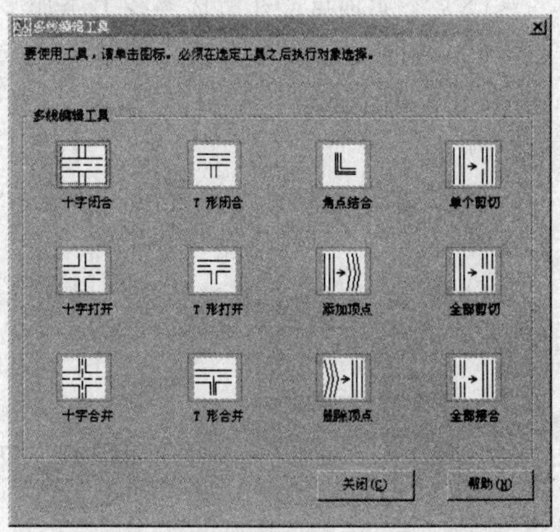

图 4-17　“多线编辑工具”对话框

（1）十字闭合：在两组多线之间创建闭合的十字交点。在此交叉口中，第一条多线保持原状，第二条多线被修剪成与第一条多线分离的形状，如图 4-18 所示。

（2）十字打开：在两条多线之间创建开放

的十字交点。所选择的第一条多线的所有元素将被打断，并仅打断二条多线的外部元素，如图 4-19 所示。

（3）十字合并：在两条多线之间创建合并的十字交点。在此交叉口中，第一条多线和第二条多线的所有直线都修剪到交叉的部分，如图 4-20 所示。

注：图 4-19 与图 4-20 的多线的图元素在 3 个以上时才能看出明显的不同。

图 4-18　　图 4-19　　图 4-20

（4）T 形闭合：在两条多线之间创建闭合的 T 形交点。将第一条多线修剪或延伸到与第二条多线的交点处，如图 4-21 所示。

（5）T 形打开：在两条多线之间创建开放的 T 形交点。将第一条多线修剪或延伸到与第二条多线的交点处，如图 4-22 所示。

（6）T 形合并：在两条多线之间创建合并的 T 形交点。将多线修剪或延伸到与另一条多线的交点处，如图 4-23 所示。

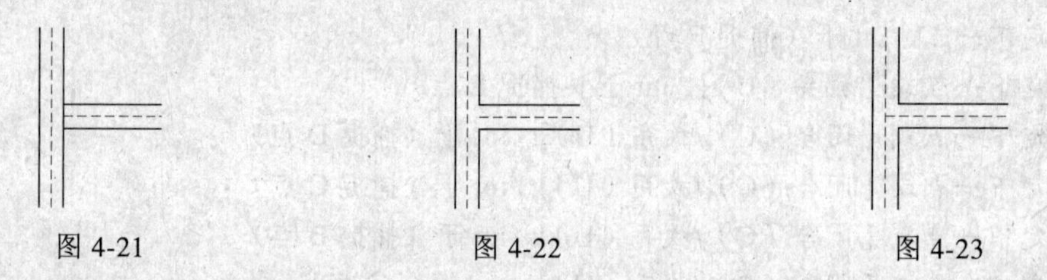

图 4-21　　图 4-22　　图 4-23

（7）角点结合：在多线之间创建角点连接。AutoCAD 将多线修剪或延伸到它们的交点处，如图 4-24 所示。

（8）添加顶点：在所选多线上添加多个顶点。

（9）删除顶点：在多线上删除一个顶点。

（10）单个剪切：分割单线，通过两个拾取点引入多线中的一条线的可见间断，如图 4-25 所示。

（11）全部剪切：全部分割，通过两个拾取点引入多线的所有线上的可见间断，如图 4-26 所示。

（12）全部接合：将被剪切的多线线段重新合并起来，但不能用来把两个单独的多线接成一体。

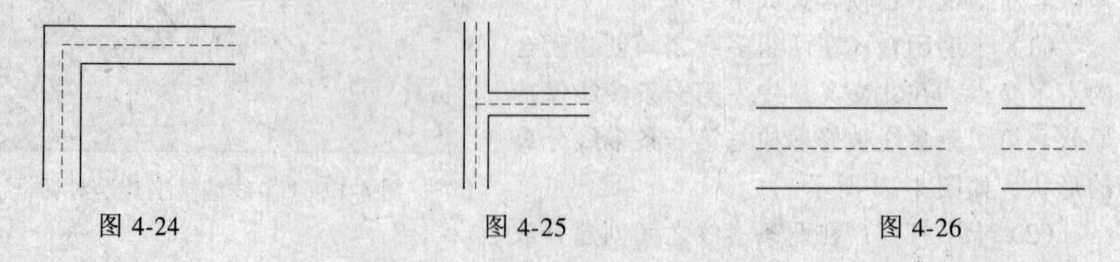

图 4-24　　图 4-25　　图 4-26

二、多段线

多线段，是一种特殊的线段，是由多段首尾相接的直线和圆弧组成的单个图形对象。既可以一起编辑，也可以分别编辑，还可为不同线段设置不同的宽度，甚至每个线段的开始点和结束点的宽度都可不同。能在指定的线段交点处或对整个多段线进行倒圆角或倒斜角处理。适用于绘制形状复杂的实体等。

（一）绘制多段线

绘制多段线可以采用以下三种方法之一：

- 下拉菜单：绘图→多线段
- 工具栏：绘图→ ⤾ 按钮
- 命令行：pline

激活 pline 命令后，命令提示：

指定起点：

当前线宽为 0.0000

指定下一个点或 [圆弧（A）/半宽（H）/长度（L）/放弃（U）/宽度（W）]:

其中，各选项的意义如下。

（1）指定下一个点：此选项是 AutoCAD 系统的默认项，是以绘制直线方式绘制多线段。指定了下一点，就绘制出一条从起点到指定的下一点的多线段。

AutoCAD 系统接着提示如下：

指定下一点或 [圆弧（A）/闭合（C）/半宽（H）/长度（L）/放弃（U）/宽度（W）]:

如果需要用直线方式连续绘制多线段，接着再指定下一点，指定后 AutoCAD 系统将重复提示。

指定下一点或 [圆弧（A）/闭合（C）/半宽（H）/长度（L）/放弃（U）/宽度（W）]:

（2）圆弧（A）：将多段线绘制方式，从绘制直线多段线切换到绘制圆弧多段线。

（3）半宽（H）：设置多段线起点半宽值和端点半宽值。在绘制多段线的过程中，每一段都可以重新设置半宽值。

（4）长度（L）：设置将要绘制的直线段的长度。以该长度沿着上一段直线的方向来绘制直线段。如果前一段线对象是圆弧，则该段直线的方向为上一圆弧端点的切线方向。

（5）放弃（U）：取消上一次绘制的一段多线段。

（6）宽度（W）：设置多线段的起点宽度和终点宽度。指定起点和端点宽度时，可以直接输入宽度值，也可以通过鼠标拾取宽度。上次绘图的最后一点到拾取点的距离，就是所设置的线宽。端点宽度将作为后面绘制多线段的默认宽度。

（7）闭合（C）：用于封闭多段线并结束命令。此时，系统将以当前点为起点，以多段线的起点为端点，以当前宽度和绘图方式（直线方式或者圆弧方式）绘制一段线段，再封闭该多段线，然后结束命令。

如果在“指定下一个点或 [圆弧（A）/半宽（H）/长度（L）/放弃（U）] /宽度（W）]:”命令提示下输入 A，可以切换到圆弧绘制方式。此时命令行显示如下提示信息：

指定圆弧的端点或 [角度（A）/圆心（CE）/闭合（CL）/方向（D）/半宽（H）/直线（L）/半径（R）/第二个点（S）/放弃（U）/宽度（W）]:

各选项的意义如下：

1）指定圆弧的端点：此项是默认选项。在上述提示下，直接输入端点，AutoCAD 系统则从前一个端点到该点之间绘制出一段圆弧，且与前面所画线段相切，接着出现相同的提示。

2）角度（A）：以给定夹角（顺时针为负）方式绘制圆弧。

3）圆心（CE）：以指定圆弧的圆心方式，按提示进行交互式绘制圆弧。

4）闭合（CL）：用圆弧封闭多段线，退出绘制多线段命令。该选项从指定第三点时才开始出现。

5）方向（D）：以指定圆弧的起点切向和圆弧的端点方式绘制圆弧。

6）半宽（H）：设置多段线起点半宽值和端点半宽值。

7）直线（L）：将多段线绘制方式从绘制圆弧多段线切换到绘制直线多段线。

8）半径（R）：以给定半径方式绘制圆弧。

9）第二点（S）：以三点法绘制圆弧。

10）放弃（U）：取消上一次绘制的一段圆弧。

11）宽度（W）：设置起点宽度和端点宽度。

【例 4-6】　使用 pline 命令，绘制如图 4-27 所示图形。

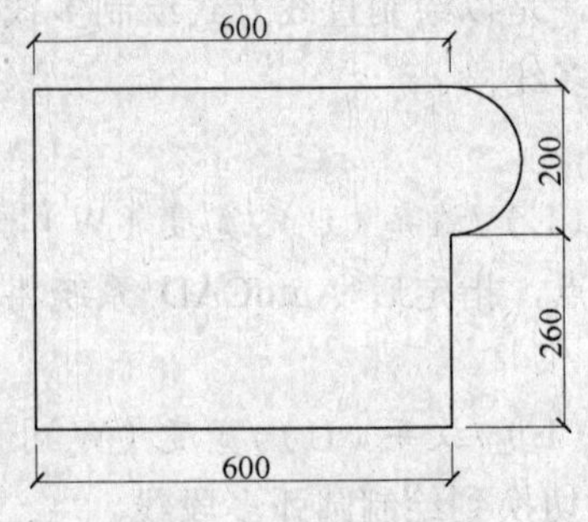

图 4-27　绘制多段线

- 命令：pline

指定起点：

当前线宽为 0.0000

指定下一个点或 [圆弧（A）/半宽（H）/长度（L）/放弃（U）/宽度（W）]：600

指定下一点或 [圆弧（A）/闭合（C）/半宽（H）/长度（L）/放弃（U）/宽度（W）]：a

指定圆弧的端点或

[角度（A）/圆心（CE）/闭合（CL）/方向（D）/半宽（H）/直线（L）/半径（R）/第二个点（S）/放弃（U）/宽度（W）]：200

指定圆弧的端点或

[角度（A）/圆心（CE）/闭合（CL）/方向（D）/半宽（H）/直线（L）/半径（R）/第二个点（S）/放弃（U）/宽度（W）]：l

指定下一点或 [圆弧（A）/闭合（C）/半宽（H）/长度（L）/放弃（U）/宽度（W）]：260

指定下一点或 [圆弧（A）/闭合（C）/半宽（H）/长度（L）/放弃（U）/宽度（W）]：600

指定下一点或 [圆弧（A）/闭合（C）/半宽（H）/长度（L）/放弃（U）/宽度（W）]：c

（二）编辑多段线

在 AutoCAD 中，多段线可以作为一个实体来进行整体编辑，且可以一次编辑一条或多条多段线。

可采用以下几种方式调用多段线编辑命令：

- 下拉菜单：修改→对象→多段线
- 工具栏：修改Ⅱ→按钮
- 命令行：pedit（快捷命令为 pe）

激活编辑多段线命令。如果只选择一个多段线，命令行显示如下提示信息：

输入选项 [闭合（C）/合并（J）/宽度（W）/编辑顶点（E）/拟合（F）/样条曲线（S）/非曲线化（D）/线型生成（L）/放弃（U）]:

如果选择多个多段线，命令行则显示如下提示信息：

输入选项 [闭合（C）/打开（O）/合并（J）/宽度（W）/拟合（F）/样条曲线（S）/非曲线化（D）/线型生成（L）/放弃（U）]:

其中各选项含义如下：

（1）闭合：创建一条连接多段线起点与终点的线段，使多段线闭合。如果所选多段线为闭合多段线，则此处将出现“打开（O）”选项。

（2）打开：打开多段线。选择该选项可以删除连接多段线起点与终点的线段，使闭合的多段线成为开放的多段线。当所选择的多段线是打开的，该选项为“闭合（C）”选项。

（3）合并：将与多段线相连的直线、圆弧或多段线添加到多段线中，使之成为一个对象，以便对其统一处理。该项在多段线是“打开”状态时才可用。

（4）宽度：修改多段线的线宽度。选择该选项后，输入多段线的统一新宽度。

（5）编辑顶点：此选项只有在对一条多段线进行编辑时才会出现。选择此项，则可以对所选的这条多段线的各个顶点进行编辑。

（6）拟合：创建圆弧平滑曲线拟合多段线。

（7）样条曲线：用样条曲线拟合多段线。

（8）非曲线化：拉直多段线，保留多段线顶点和使切线方向不会改变。

（9）线型生成：通过多段线的顶点生成连续线型。关闭此选项，将在每个顶点处以点划线开始和结束生成线型。

（10）放弃：取消上一次操作。

当输入“E”编辑顶点时，系统将在当前顶点处显示一个“×”标记，同时给出如下提示：

输入顶点编辑选项 [下一个（N）/上一个（P）/打断（B）/插入（I）/移动（M）/重生成（R）/拉直（S）/切向（T）/宽度（W）/退出（X）] <N>:

各选项含义如下：

1）下一个：把多段线的第一个顶点作为当前的修改顶点，并显示标记点的记号。当选择“下一个（N）”选项后，点的标记会移动到下一顶点。

2）上一个：与“下一个（N）”选项相反，它将当前编辑顶点返回到上一顶点。

3）打断：打断多段线中的部分线段。选择该选项后，AutoCAD 提示输入选项“[下一个（N）/上一个（P）/转至（G）/退出（X）] <N>：”，选择相应的选项进行相应的操作。

4）插入：在多段线当前顶点的后面插入一个新顶点。

5）移动：将当前编辑顶点移动到新位置。

6）重生成：该选项用来重生编辑后的多段线，使其编辑的特性显示出来。

7）拉直：将两顶点之间的多段线拉直。

8）切向：指定当前修改顶点的切线方向。

9）宽度：改变当前顶点到下一顶点之间的线宽。

10）退出：退出编辑顶点操作，返回到多段线编辑的主提示。

三、样条曲线

样条曲线，是一种通过或接近指定点的拟合曲线。在工程实际应用中，某些曲线无法用标准的数学方程来表述，而只能通过拟合一系列已经测量得到的数据点来绘制，这些曲线即称为样条曲线。

样条曲线的形状，主要由数据点、拟合点与控制点控制。其中，数据点在绘制样条时确定，拟合点和控制点由系统自动产生，它们主要用于编辑样条。

（一）绘制样条曲线

绘制样条曲线可通过以下方式来实现：

- 下拉菜单：绘图→样条曲线
- 工具栏：绘图→ ~ 按钮
- 命令行：spline（快捷命令为 spl）

激活 spline 命令后，命令提示：

指定第一个点或 [对象（O）]:

当选择“对象（O）”时，可将一条多段线拟合转换成样条曲线。默认情况下，可以指定样条曲线的起点，然后在指定样条曲线上的另一个点后，系统将显示如下提示信息：

指定下一点或 [闭合（C）/拟合公差（F）] <起点切向>:

其中，各选项的意义如下：

（1）指定下一个点：默认时，继续确定其他样条曲线的数据点，如果此时按 Enter 键，AutoCAD 提示用户确定样条曲线的起点和最后一点的切线方向，然后结束该命令。如果按 U 键，则取消上一个选取点。

（2）闭合（C）：生成封闭的样条曲线。选择此选项后，系统提示指定切线矢量，可以输入角度或指定一个点，然后结束命令。

（3）拟合公差（F）：控制样条曲线与拟合点的接近程度。公差越小，样条曲线就越接近拟合点。默认情况下，由于该数值为 0，因此，样条曲线精确通过拟合点。

（4）起点切向：通过角度或点分别确定样条曲线起点和端点的切线方向，此为默认的选项。

【例 4-7】 利用样条曲线绘制波浪线（图 4-28）。

- 命令：spline

指定第一个点或 [对象（O）]:（指定起点）

指定下一点:（指定第 2 点）

指定下一点或 [闭合（C）/拟合公差（F）] <起点切向>:（指定中间点）

指定下一点或 [闭合（C）/拟合公差（F）] <起点切向>:（指定中间点，绘制完成后按 Enter 键）

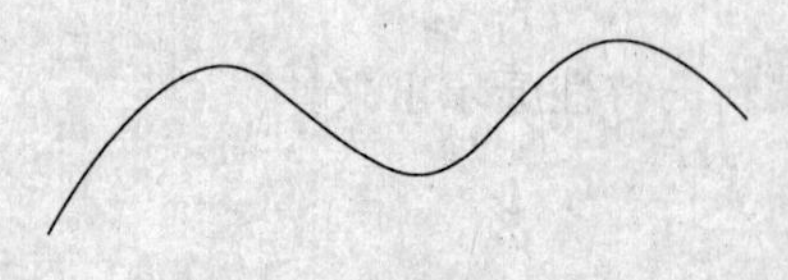

图 4-28　绘制样条曲线

（二）编辑样条曲线

利用 splinedit 命令可以编辑样条曲线，如删除样条曲线的拟合点，也可增加拟合点以提高精度，或者移动拟合点修改样条曲线的形状，还可以打开或闭合样条曲线，编辑样条曲线的起始和末端的切线、反向样条曲线，改变样条曲线的拟合公差等。样条曲线编辑命令是一个单对象编辑命令，一次只能编辑一个样条曲线对象。执行该命令并选择需要编辑的样条曲线后，在曲线周围将显示控制点。

编辑样条曲线可通过以下方式来实现：

- 下拉菜单：修改→对象→样条曲线
- 工具栏：修改Ⅱ→ 按钮
- 命令行：splinedit

命令激活并且选中某一样条曲线后，系统将给出如下提示：

输入选项 [拟合数据（F）/闭合（C）/移动顶点（M）/精度（R）/反转（E）/放弃（U）]:

该提示中各选项的含义如下。

（1）拟合数据（F）：编辑样条曲线的拟合点。如果样条曲线有拟合数据信息时选取该选项，AutoCAD 显示拟合数据的下一个提示；如果样条曲线没有拟合数据信息，AutoCAD 将不显示此选项。

（2）闭合（C）/打开（O）：封闭样条曲线。若样条曲线始末点不同，该选项为“闭合”，选中该选项将增加切向平行于始末点的曲线。如果样条曲线已经封闭，则该选项为“打开”，选择该选项将打开一条封闭样条曲线。

（3）移动顶点（M）：移动样条曲线控制顶点的位置，从而改变样条曲线的形状。

（4）精度（R）：精确调整样条曲线定义。选择该选项后，系统将给出如下子选项。

1）增加控制点（A）：增加样条曲线控制点。但此时并不改变样条曲线形状。

2）提高阶数（E）：对样条曲线升阶。尽管升阶不改变样条曲线形状，但升阶后不能再降阶。

3）权值（W）：该选项控制样条曲线接近或远离控制点。它将修改样条曲线形状。

4）退出（X）：返回 splinedit 主提示。

（5）反转（E）：改变样条曲线方向，始末点交换。

（6）放弃（U）：取消 splinedit 操作。

第三节 创 建 面 域

面域，是指具有边界的平面区域。即除了包括边界外，还包括边界内的平面。在 AutoCAD 中，可以将由某些对象围成的封闭区域转换为面域。这些封闭区域，可以是圆、椭圆、封闭的非自相交的二维多段线和样条曲线等对象，也可以是由圆弧、直线、二维多段线、椭圆弧、样条曲线等对象构成的封闭区域。面域可以拉伸、旋转为实体模型。

一、使用不同命令创建面域

1. 使用面域（region）命令创建面域

面域命令，是将一个二维闭合图形对象转化成平面的、边界闭合的封闭区域，即面域。面域可看作是一个厚度为 0 的实体。

执行面域命令的方式如下：

- 下拉菜单：绘图→面域
- 工具栏：绘图→ 按钮

- 命令行：region（快捷命令为 reg）

执行该命令后，系统提示选择对象，选择一个或多个用于转换为面域的封闭图形后，按下 Enter 键即可将它们转换为面域。系统将该对象转换为面域时，尽管表面上看不出任何变化，但对象的性质已经发生了变化。例如圆、多边形等封闭图形属于线框模型，而转换为面域后由于面域属于实体模型，它们在选中时的表现形式并不相同。

2. 使用命令边界（boundary）创建面域

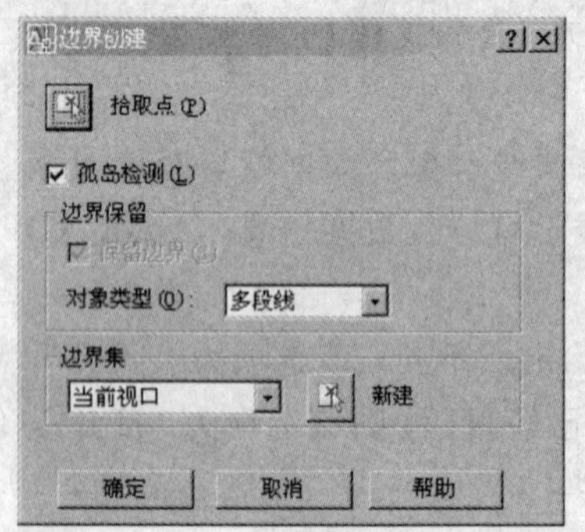

图 4-29 “边界创建”对话框

利用“边界”命令同样可以创建面域，执行命令的方式如下：

- 下拉菜单：绘图→边界
- 命令行：boundary

激活“边界”命令后，将打开“边界创建”对话框（图 4-29）。从“对象类型”下拉表中选取“面域”选项，单击“拾取点”按钮，转换到绘图区域，按照命令提示进行操作即可。

边界实际上是一条封闭的多段线，通过单击某个点，系统自动对该点所在区域进行分析。如果该区域是封闭的，系统将自动根据该区域的边界线生成一个新的多段线（即边界）。

二、对面域进行布尔运算

布尔运算是数学上的一种逻辑运算，在 AutoCAD 绘图中对提高绘图效率具有很大作用，尤其当绘制比较复杂的图形时。布尔运算的对象只包括实体和共面的面域，对于普通的线条图形对象无法使用布尔运算。使用“修改”下拉菜单“实体编辑”子菜单中的相关命令，可以对面域进行如图 4-30 所示的布尔运算。

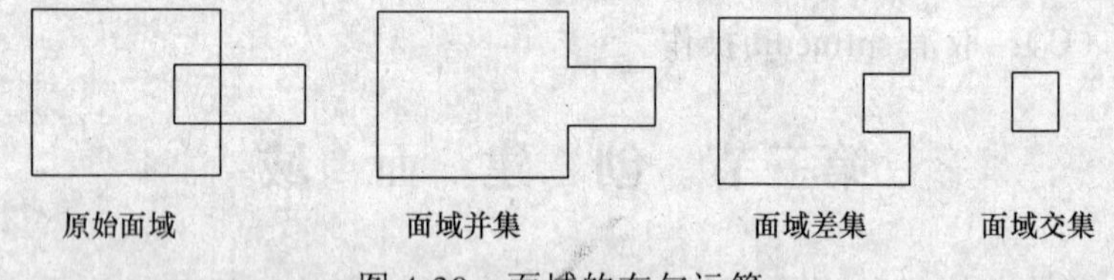

图 4-30 面域的布尔运算

（1）并集：并集是将两个或多个面域合并为一个单独面域。其中，被合并的面域可以不相邻。要执行面域合并也可输入 union 命令。

（2）差集：创建面域的差集，使用一个面域减去另一个面域。执行面域相减的命令是 subtract。执行该命令时，AutoCAD 首先提示选择求差的源面域（可以选择多个），然后提示选择被减掉的面域（也可以选择多个）。图 4-30 面域差集图示为先选原始面域的左侧图形，后送右侧图形后的结果。

（3）交集：创建多个面域的公共部分称为交集。此时需要同时选择两个或两个以上面域对象，然后按下 Enter 键即可。执行该操作的命令是 intersect。

三、面域质量特性

建立面域或构造面域之后，从表面上看面域和一般的封闭线框没有区别，实际上由于面域是实体对象，它比对应的线框模型含有更多的信息。如面积、周长、质心、惯性矩等质量特性。

在 AutoCAD 中，选择“工具”→“查询”→“面域/质量特性”命令（massprop），然后选择面域对象，按 Enter 键，系统将自动切换到“AutoCAD 文本窗口”（图 4-31），显示面域对象的质量特性。

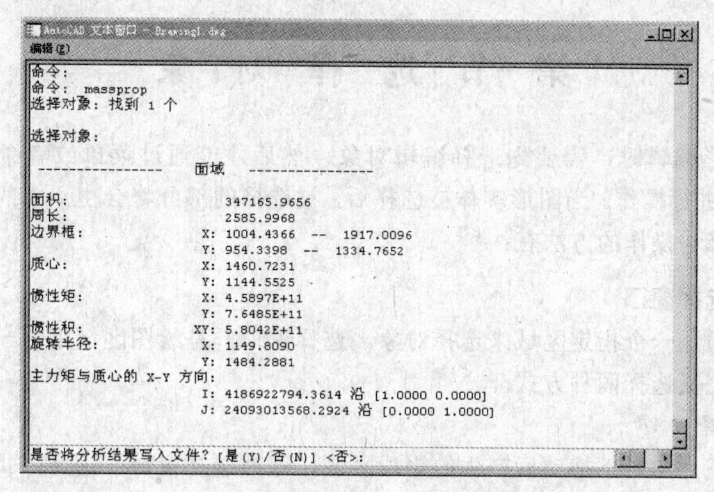

图 4-31 “AutoCAD 文本窗口”显示面域质量特性

思 考 题 与 习 题

（1）如何设置捕捉、栅格？设置捕捉、栅格有何作用？

（2）什么是对象捕捉？执行对象捕捉的方式有哪些？简要说明这些捕捉方式？

（3）什么是自动追踪？怎样设置极轴追踪及对象追踪？

（4）多线的对正方式有哪几种？

（5）多段线中的某一直线段或圆弧段是单独的对象吗？

第五章 编辑图形对象

第一节 选择对象

在进行图形编辑时，需要先选择编辑对象，然后才能通过菜单或者命令的方式通知AutoCAD对其进行操作。当图形实体被选择后，被选择的部分将会由原本的实线变成虚线显示。对象选择与操作的方法有：

一、使用选择窗口

选择窗口通过一个指定区域来选择对象。选择窗口，是绘图区域中的一个矩形区域，有窗口选择和交叉选择两种方式。

1. 窗口选择

将鼠标从左上向右下拖动后产生的矩形区域，即为选择窗口。这种方式，仅能选择被完全包含在选择区域内的对象。如图5-1（a）所示，选择窗口只包括了矩形而没有完全包含圆形，其选择结果为只选中矩形见图5-1（b）所示。

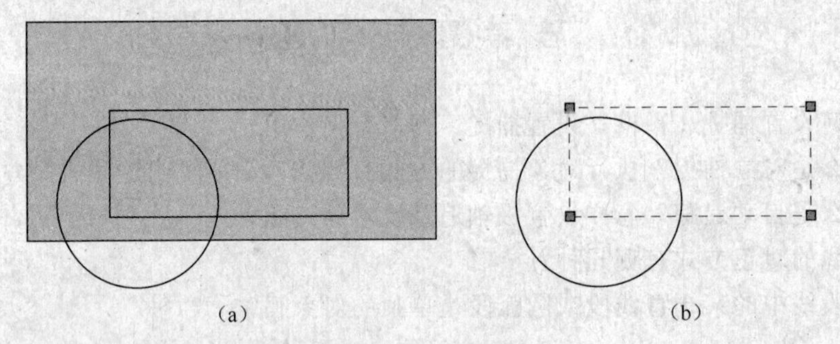

图5-1 窗口选择

2. 交叉选择

将鼠标从右上向左下拖动后产生的矩形区域，即为交叉窗口。顾名思义，这种方式可选择包含在选择区域内以及与交叉窗口相交的所有图素。还是图5-1（a）的鼠标拖动区域，只不过变为从右上到左下的交叉选择窗口。选择结果是连同区域内的矩形和与区域相交的圆形都被选中，如图5-2所示。

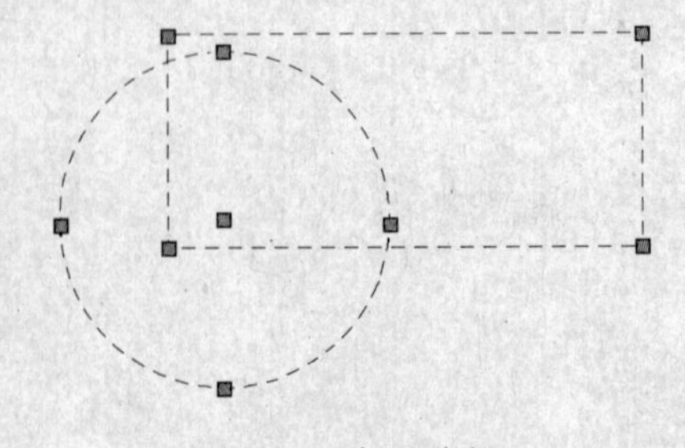

图5-2 交叉选择

二、使用选择集

除了使用鼠标拖动选择窗口进行选择操作之外，还可以通过鼠标在对象上单击进行选择。在同时按下Shift键和空格键时，再单击其他对象，可将其添加到当前的选择集中。类似地，从选择集中删除一个图素，只需要按下 Shift 键单击该对象即可。

第二节　使用夹点编辑图形

在图形被选择并变为虚线显示的同时，图素的特征点处将显示蓝色的小方块，这些小方块称之为夹点。使用夹点编辑图形，实际上是"先选择对象，再进行编辑"的操作方式。

一、常用实体上的夹点（图 5-3、表 5-1）

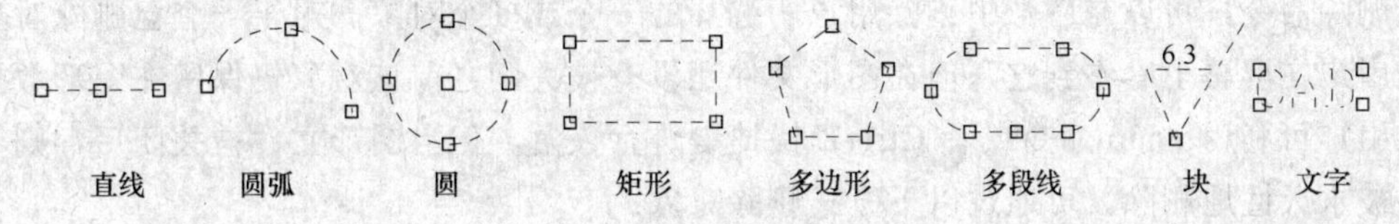

图 5-3　不同图形上的夹点

表 5-1　常用实体上的夹点数量与位置

对象实体	夹点的数量及位置	对象实体	夹点的数量及位置
直线	中点及两端点	多段线	直线段的端点及弧线段的中点和两端点
矩形	4 个顶点	填充	图样填充的插入点
多边形	各顶点	单行文本	文本插入点
圆	中心及 4 个象限点	多行文本	各顶点
圆弧	弧线中点及两端点	图块	插入点
椭圆	中心及 4 个象限点	尺寸标注	尺寸文字中心点、尺寸线端点
椭圆弧	中心、椭圆弧中点及两端点		

二、夹点的设置

在命令行输入"OP"，打开"选项"对话框，在"选择集"选项卡（图 5-4）中进行夹点的设置。

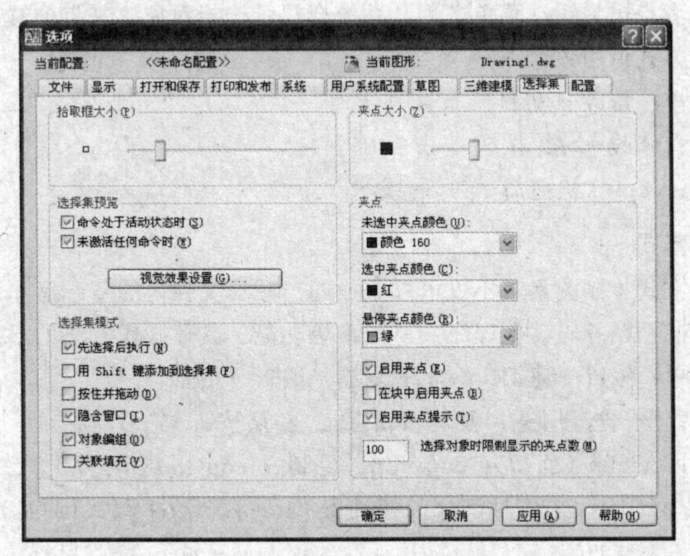

图 5-4　选项对话框中的"选择集"选项卡

三、夹点编辑

对夹点进行编辑，首先要选择作为基点的夹点，这个被选定的夹点称为基夹点。然后选择一种夹点编辑模式，利用夹点对图素进行拉伸、移动、旋转、缩放、镜像等操作。

第三节 删除对象

删除命令，可以在图形中删除用户所选择的一个或多个对象。对于一个已删除对象，虽然用户在屏幕上看不到它，但在图形文件还没有被关闭之前该对象仍保留在图形数据库中，用户可利用 undo 命令或者 Ctrl+Z 快捷键进行恢复。但当图形文件被关闭后，则该对象将被永久性地删除。可通过以下方式删除对象：

- 下拉菜单：修改→删除
- 工具栏：修改→ 按钮
- 命令行：erase（快捷命令为 e）

回车后，系统会提示：

选择对象：

用户可在此提示下选择需要删除的对象，并回车确定。

第四节 复制对象

当文档内需要图素重复出现时，可利用 AutoCAD 的复制功能实现，以避免大量的重复劳动。复制操作，包括通过命令和通过剪贴板两种方式。

一、命令方式

输入命令或者点击按钮、菜单之后，系统会提示选择对象、基点位置和目标位置。

可通过以下方式调用该命令：

- 下拉菜单：修改→复制
- 工具栏：修改→ 按钮
- 命令行：copy（快捷命令为 cp 或 co）

二、剪贴板方式

通过剪贴板方式复制图素，不仅可以完成同一图形文件内的复制操作，而且可以实现多文档之间的复制粘贴及与其他程序共享图素等功能。具体操作方法如下：

- 下拉菜单：编辑→剪切；编辑→复制；编辑→粘贴
- 工具栏：剪切按钮 ；复制按钮 ；粘贴按钮
- 命令行：cutclip（剪切）；copyclip（复制）；copylink（粘贴）

当然，通过 Windows 系统标准化的快捷键 Ctrl+X、Ctrl+V、Ctrl+V 也可达到同样的效果。

第五节 移动与旋转对象

移动对象，适用于只改变图素位置而不改变其形状的操作。旋转对象，则可以根据选择的基点和指定的角度，将图素对象旋转到新的角度位置上。

一、移动对象

- 下拉菜单：修改→移动
- 工具栏：修改→ ✥ 按钮
- 命令行：move（快捷命令为 m）

移动对象时，需要指定基点和位移。AutoCAD 将所选对象沿当前位置按照给定两点确定的位移矢量移动。

二、旋转对象

- 下拉菜单：修改→旋转
- 工具栏：修改→ 按钮
- 命令行：rotate（快捷命令为 ro）

使用 rotate 命令，如图 5-5 所示可以将图形对象绕某一基准点旋转，改变图形对象的方向。旋转时，若利用指定参照，可避免用户进行较为繁琐的计算。

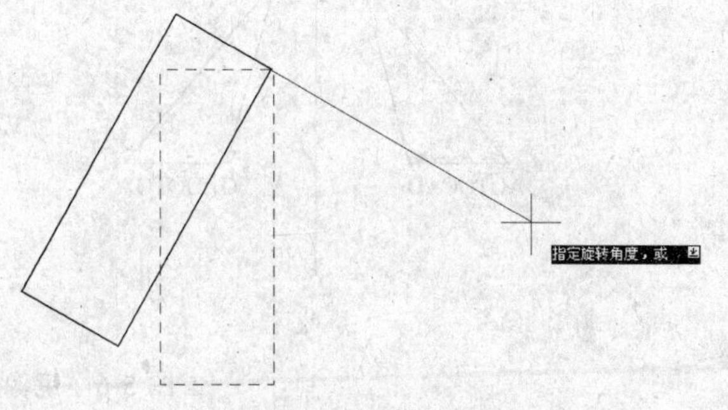

图 5-5 旋转对象

第六节 偏移与镜像对象

一、偏移对象

偏移会产生与选定对象相似的新对象，并将其放在距原对象指定距离的位置上。偏移的对象，可以产生与原对象平行的新对象，也可以产生与原对象成一定比例的新对象。

- 下拉菜单：修改→偏移
- 工具栏：修改→ 按钮
- 命令行：offset（或 o）

指定偏移距离，用 offset 命令可以建立一个与原实体相似的另一个实体。

对不同图形执行偏移命令，会有不同结果：

（1）偏移圆弧时，新圆弧的长度要发生变化，但新旧圆弧的中心角相同。

（2）对直线、构造线、射线偏移时，实际上是将它们进行平行复制。

（3）对圆或椭圆执行偏移命令，圆心不变，但圆半径或椭圆的长、短轴均会变化。

（4）偏移样条曲线时，其长度和起始点要调整。使新样条曲线的各个端点，均位于旧样条曲线相应端点处的法线方向上。

二、镜像对象

镜像功能，可根据由两点确定的对称线创建对称对象。镜像多用于对称图形的绘制中，通过镜像，可以先绘制图形的一半再通过镜像生成另一半。这样就可以避免重复劳动，提高工作效率。

- 下拉菜单：修改→镜像
- 工具栏：修改→ ⚠ 按钮
- 命令行：mirror（快捷命令为 mi）

使用 mirror 命令，还可以选择删除源对象。当对文本做镜像时，可以是文本完全镜像（mirrtext=1），也可以是文本可读镜像（mirrtext=0），如图 5-6 所示。

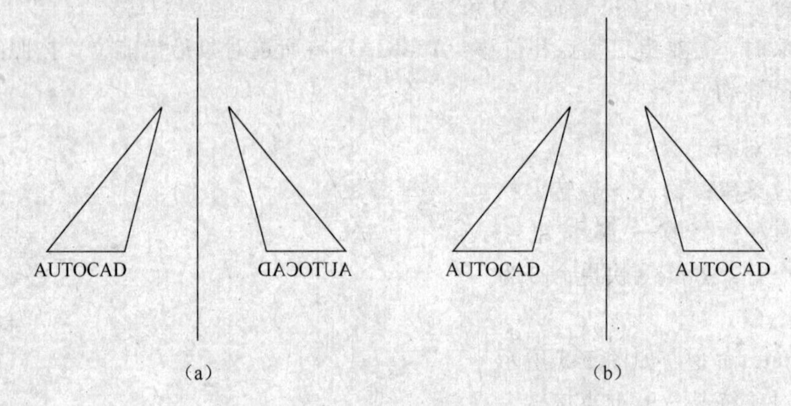

图 5-6 镜像对象

（a）mirrtext=1；（b）mirrtext=0

第七节 阵 列 对 象

使用 array 命令，可以利用一个实体组成含有多个相同实体的矩形方阵或环形方阵。对于环形阵列，用户可以控制复制对象的数目；对于矩形阵列，用户可以控制行和列的数目、它们之间的距离以及是否旋转对象。

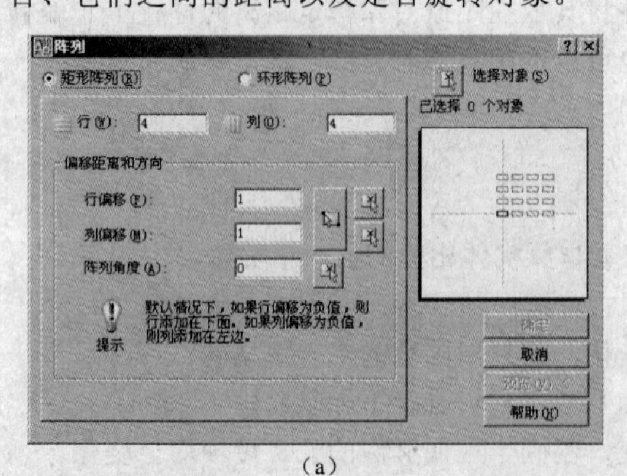

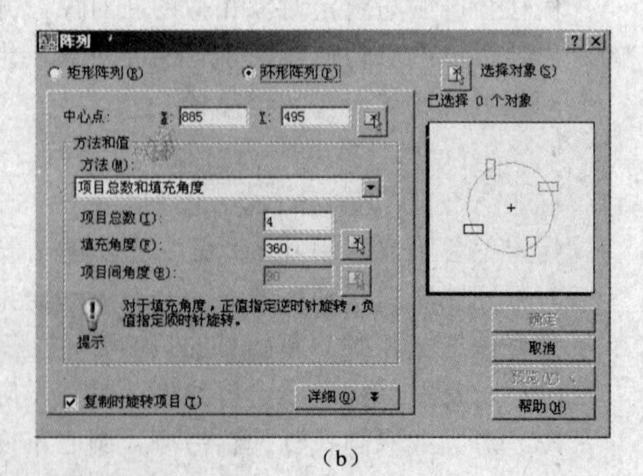

（a） （b）

图 5-7 “阵列”对话框

（a）矩形阵列；（b）环行阵列

- 下拉菜单：修改→阵列
- 工具栏：修改→ 按钮
- 命令行：array（快捷命令为 ar）

操作步骤：

（1）执行阵列命令，弹出阵列对话框，如图 5-7 所示。

（2）在阵列对话框中，选择矩形阵列或者环行阵列，阵列完成后的效果可在右侧窗口预览。

（3）点击右侧“选择对象”按钮，此时对话框关闭；在图形界面中选择需要阵列的对象后，按回车键或者空格键，完成对象选择返回原对话框中。

（4）根据实际情况，输入偏移、方向等数据。在输入过程中，可以点击预览窗口下方的“预览”按钮，在图形窗口中预览阵列后的效果。

第八节　调　整　对　象

一、拉伸对象

- 下拉菜单：修改→拉伸
- 工具栏：修改→ 按钮
- 命令行：stretch（快捷命令为 s）

stretch 命令，可以在一个方向上按用户所指定的尺寸拉伸图形。使用交叉窗口或交叉多边形选择要拉伸的对象时，则移动完全在窗口或多边形内的所有对象。对于由 line、arc、trace、solid、pline 等命令绘制的直线段或圆弧段，若其整个对象均在窗口内，则执行的结果是对其拉伸，如图 5-8 所示。

二、缩放对象

- 下拉菜单：修改→缩放
- 工具栏：修改→ 按钮
- 命令行：scale （快捷命令为 sc）

scale 命令，可按照用户需要将图形任意放大或缩小，而不需重画。缩放时，可以输入缩放比例，也可以选择参考值自动计算缩放系数，如图 5-9 所示。

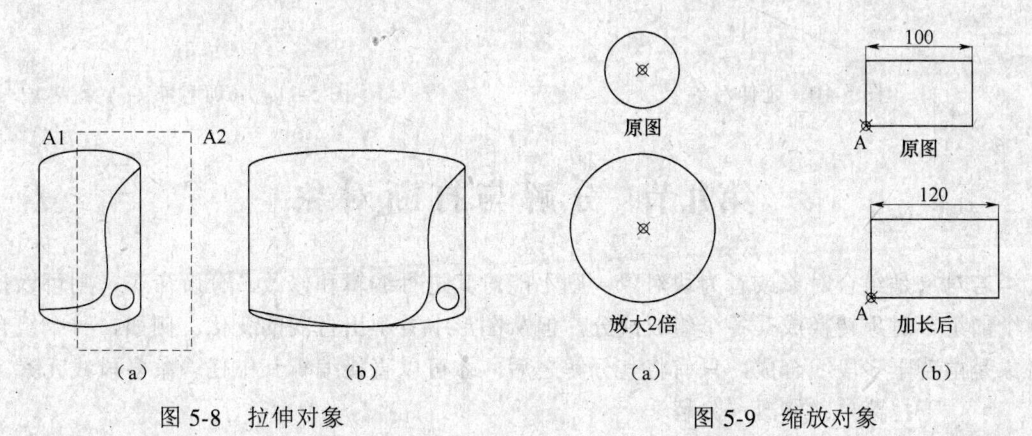

图 5-8　拉伸对象　　　　图 5-9　缩放对象

三、延伸对象

- 下拉菜单：修改→延伸
- 工具栏：修改→ 按钮
- 命令行：extend（快捷命令为 ex）

延伸命令可以拉长或延伸直线或弧（图 5-10），使它与其他对象相接，也可使它们精确地延伸至由其他对象定义的边界。可被延伸的对象，包括圆弧、椭圆弧、直线、开放的二维多段线和三维多段线以及射线等。有效的边界对象，包括二维多段线、三维多段线、圆弧、圆、椭圆、浮动视口、直线、射线、面域、样条曲线、文字和构造线等。

只有不封闭的多段线才能延长，封闭的多段线则不能。

四、拉长对象

- 下拉菜单：修改→拉长
- 命令行：lengthen （快捷命令为 len）

lengthen 命令，可延伸或缩短非闭合的直线、圆弧、非闭合多段线、椭圆弧和非闭合样条曲线的长度，也可以改变圆弧的角度。多段线只能被缩短，不能被加长；而直线由长度控制加长或缩短；圆弧由圆心角控制。

五、修剪对象

- 下拉菜单：修改→修剪
- 工具栏：修改→ 按钮
- 命令行：trim（快捷命令为 tr）

trim 命令可以剪去对象上超过交点的部分。可以修剪的对象，包括圆弧、圆、椭圆弧、直线、打开的二维和三维多段线、射线、构造线和样条曲线等。可作为剪切边的对象，包括直线、弧、圆、椭圆、多段线、射线、构造线、区域填充、样条曲线等。

选中图 5-11 中的直线 1，回车确认后即以直线 1 为基准，修剪其他图形。

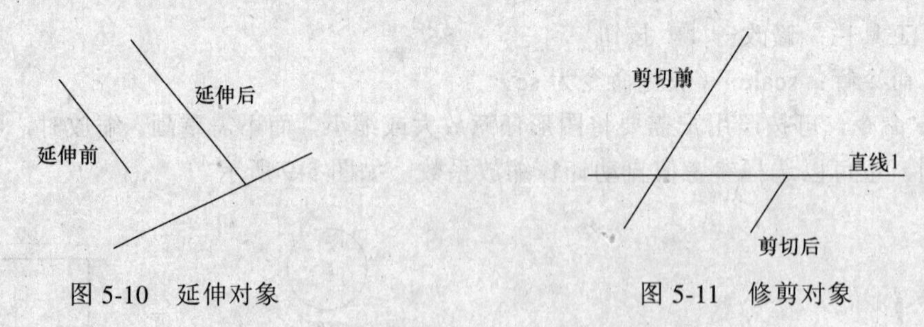

图 5-10　延伸对象　　　图 5-11　修剪对象

第九节　分解与打断对象

若对象是组合对象或者为块对象，则不能对其进行编辑和修改。分解命令，则可以把单个的组合对象转换成其各个组成成分，但从图形中看不出直观的变化。例如，一个组合对象是由若干多段线合成，只有将其分解之后，才可以直接编辑其中任一条多段线元素。

- 下拉菜单：修改→分解

- 工具栏：修改→ 按钮
- 命令行：explode（快捷命令为 x）

随后 explode 命令提示："选择对象"，通过鼠标在绘图界面上点选图形，按回车键确定即可。

第十节 倒 角 和 倒 圆

一、对象倒角（倒直角）

- 下拉菜单：修改→倒角
- 工具栏：修改→ 按钮
- 命令行：chamfer（快捷命令为 cha）

可以进行倒角操作的对象，如图 5-12 所示。另外，还可以进行多次连续倒角。

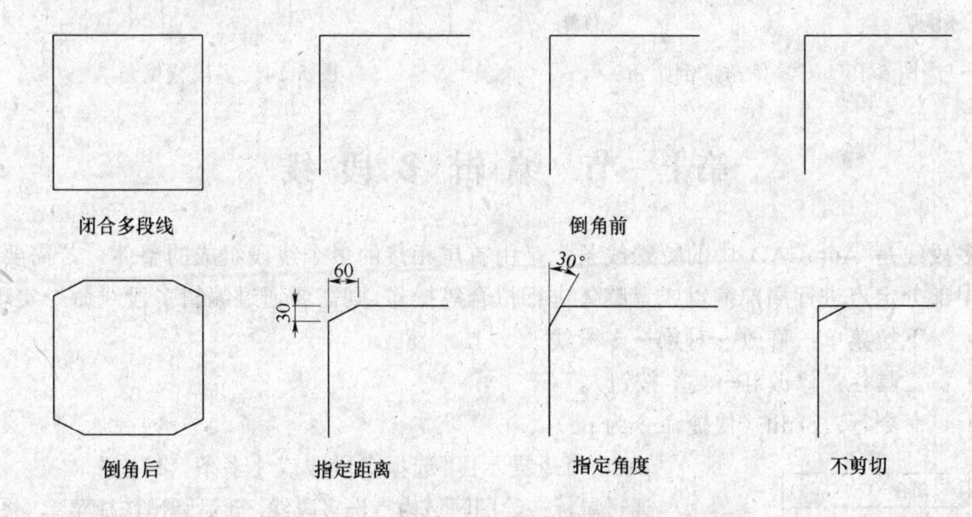

图 5-12 对象倒角（倒直角）

如果倒直角的两个对象具有相同的图层、线型和颜色时，则倒角后的棱角对象也与其相同；否则，倒角对象采用当前图层、线型和颜色。

二、对象倒角（倒圆角）

- 下拉菜单：修改→圆角
- 工具栏：修改→ 按钮
- 命令行：fillet（快捷命令为 f）

fillet 命令可用圆滑的弧把两个实体连接起来。该功能的对象，主要包括直线、圆弧、椭圆弧、射线、构造线或样条曲线等。另外，还可以进行多次连续倒圆角。

在"修剪"模式下倒圆角时，会将多余的线段修剪掉，并且两对象不相交时将其延伸以便使其相交；在"不修剪"模式下倒圆角时，保留原线段，既不修剪也不延伸，如图 5-13 所示。

三、多段线倒角

多段线是有宽度的直线和圆弧的结合体。编辑多段线过程中，只需要选取其中一段，而不用像编辑基本几何图形组成实体那样要选取其中的每一段。但是，圆角和倒角操作却不一样。

在一条多段线组成的闭合多边形中，可以有两种方法倒角：一种是作闭合多边形的一个倒角；另一种是对闭合多边形的所有边作倒角，如图 5-14 所示。

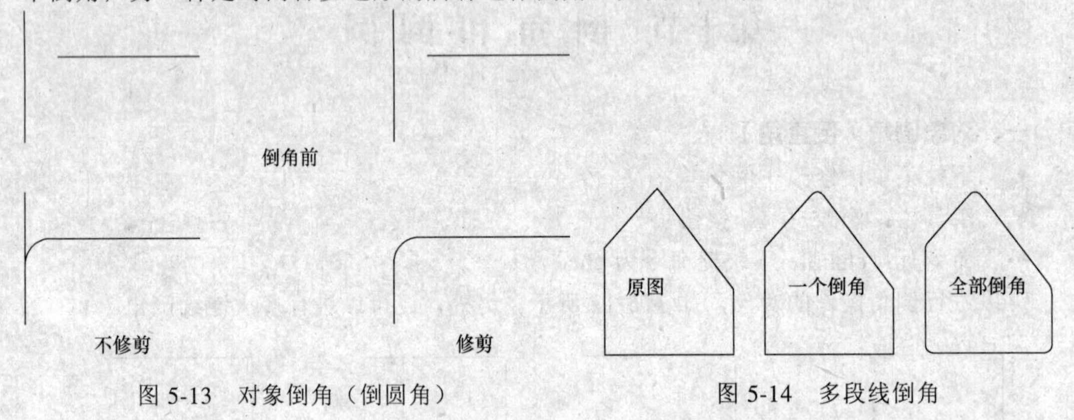

图 5-13　对象倒角（倒圆角）　　　　图 5-14　多段线倒角

第十一节　编 辑 多 段 线

多段线是 AutoCAD 中的特殊线条，是由首尾相接的多个线段组成的整体。若需要针对其中部分定点进行局部编辑或者整体进行拟合等操作，则需要通过编辑多段线命令实现。

- 下拉菜单：修改→对象→多段线
- 工具栏：修改 II → 按钮
- 命令行：pedit（快捷命令为 pe）

闭合（C）
合并（J）
宽度（W）
编辑顶点（E）
拟合（F）
样条曲线（S）
非曲线化（D）
线型生成（L）
放弃（U）

图 5-15　“编辑多线”菜单

pedit 命令提示：“选择多段线或［多条（M）］”

通过鼠标在绘图区域内点选多段线，随后弹出快捷菜单（图 5-15）：“闭合（C）/合并（J）/宽度（W）/编辑顶点（E）/拟合（F）/样条曲线（S）/非曲线化（D）/线型生成（L）/放弃（U）]”

比较常用的选项含义为：

（1）“闭合/打开”：将非闭合的多段线首尾相连/删除闭合多段线起点和终点重合的那个节点，使闭合多段线拆分开。

（2）“合并”：将多条多段线合并。

（3）“宽度”：修改多段线的宽度。

（4）“编辑顶点”：首先在系统的提示下选择目标顶点，然后再对其进行打断、插入、移动、拉直等操作。

第十二节　编 辑 样 条 曲 线

通过编辑样条曲线命令，可以删除样条曲线中某个拟合点、添加拟合点以提高精度，也可以移动拟合点而改变样条曲线的形状等。

- 下拉菜单：修改→对象→样条曲线
- 工具栏：修改Ⅱ→ 按钮
- 命令行：splinedit

在 splinedit 命令提示下，对样条曲线进行“拟合数据（F）/闭合（C）/移动顶点（M）/精度（R）/反转（E）”的设置。

第十三节　特性编辑与特性匹配

一、特性编辑

1. 对象特性的概念

在传统工程图纸中，有很多种不同类型的图线用来区分不同图线代表的不同功能，每一类图线都有线型和线宽等不同的特性。同样，在 AutoCAD 中，用户创建的图形对象也都具有不同的特性。除了传统工程图中的图线所具备的线型、线宽特性外，还包括颜色、图层、打印样式等特性。绘制的每个对象，都具有自己的特性。有些特性属于基本特性，适用于多数对象，例如图层、颜色、线型、线宽和打印样式等。有些特性则是专用于某一类对象的特性，例如圆的特性包括半径和面积、直线的特性则包括长度和角度等。

2. 设置新创建图形对象的特性

- 下拉菜单：修改→特性
- 工具栏：标准→ 按钮
- 命令行：properties（快捷命令为 Ctrl+i）

在绘图窗口通过鼠标选择一个或一组对象，通过打开的特性对话框（图 5-16）察看或修改对象的颜色、线型等基本数据。

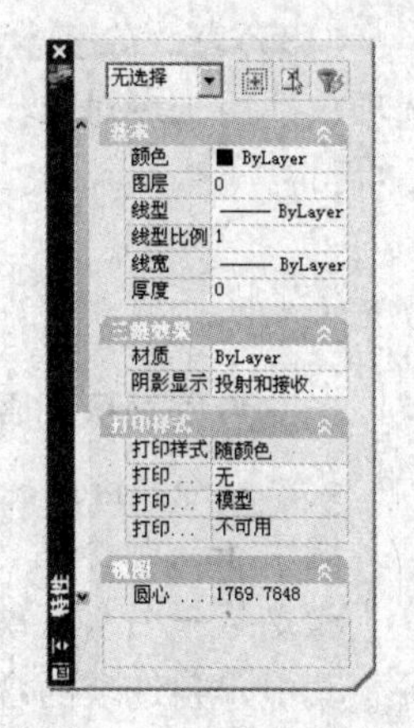

图 5-16　特性对话框

二、特性匹配

- 下拉菜单：修改→特性匹配
- 工具栏：标准→ 按钮
- 命令行：matchprop [或 painter（或'matchprop），用于透明使用）]

指定要复制到目标对象的源对象的基本特性和特殊特性有以下几种。

（1）颜色：将目标对象的颜色更改为源对象的颜色。此选项适用于所有对象。

（2）图层：将目标对象的图层更改为源对象的图层。此选项适用于所有对象。

（3）线型：将目标对象的线型更改为源对象的线型。此选项适用于除属性、图案填充、多行文字、点和视口之外的所有对象。

（4）线型比例：将目标对象的线型比例因子更改为源对象的线型比例因子。此选项适用于除属性、图案填充、多行文字、点和视口之外的所有对象。

（5）线宽：将目标对象的线宽更改为源对象的线宽。此选项适用于所有对象。

（6）厚度：将目标对象的厚度更改为源对象的厚度。此选项仅适用于圆弧、属性、圆、直线、点、二维多段线、面域、文字和宽线等。

（7）打印样式：将目标对象的打印样式更改为源对象的打印样式。此选项适用于所有对象。

（8）标注：除基本的对象特性之外，将目标对象的标注样式更改为源对象的标注样式。此选项仅适用于标注、引线和公差对象。

（9）多段线：除基本的对象特性之外，将目标多段线的宽度和线型生成特性更改为源多段线的宽度和线型生成特性。源多段线的拟合/平滑特性和标高，不会传递到目标多段线；如果源多段线具有不同的宽度，则其宽度特性也不会传递到目标多段线。

（10）文字：除基本的对象特性之外，将目标对象的文字样式更改为源对象的文字样式。此选项仅适用于单行文字和多行文字对象。

（11）视口：除对象的基本特性外，还可更改以下目标图纸空间视口的特性，以匹配源视口的相应特性：开/关、显示锁定、标准或自定义比例、着色打印、捕捉、栅格以及 UCS 图标等的可见性和位置。剪裁设置和每个视口的 UCS 设置，图层的冻结/解冻状态不会传递到目标对象。

（12）填充图案：除基本的对象特性之外，将目标对象的图案填充特性更改为源对象的图案填充特性。如要与图案填充原点相匹配，请使用 hatch 或 hatchedit 命令中的“继承特性”。此选项仅适用于填充对象。

（13）表：除基本的对象特性之外，将目标对象的表样式更改为源对象的表样式。此选项仅适用于表对象。

第十四节　查 询 图 形 信 息

一、查询面积和周长

- 命令：area

调用 area 命令后，系统提示：

指定第一个角点或［对象（O）/添加（A）/减（S）]：指定点（1）或输入选项

其中，各选项的含义分别如下：

（1）第一角点：用来计算由指定点定义的面积和周长（图 5-17）。所有点必须都在与当前用户坐标系（UCS）XY 平面平行的平面上。

指定下一个角点或按回车键全选：指定点（2）

继续指定点以定义多边形，然后按回车键，完成周长定义。

如果不闭合这个多边形，将假设从最后一点到第一点绘制了一条直线，然后计算所围区域中的面积。计算周长时，该直线的长度也会计算在内。

（2）对象：用来计算选定对象的面积和周长。可以计算圆、椭圆、样条曲线、多段线、多边形、面域和实体的面积。但注意：二维实体（使用 solid 命令创建）不报告面积。

（3）选择对象：如果选择开放的多段线，将假设从最后一点到第一点绘制了一条直线，然后计算所围区域中的面积。计算周长时，将忽略该直线的长度。

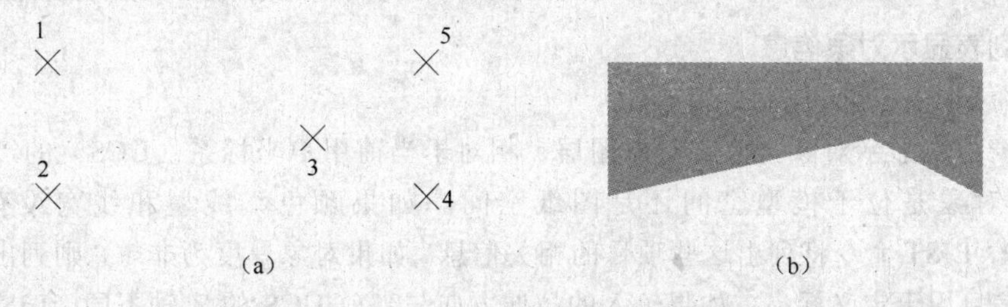

图 5-17　area 命令查看面积和周长图示

（a）定义面积和周长；（b）定义的面积

（4）添加：打开“加”模式后，继续定义新区域时应保持总面积平衡。“加”选项，是用来计算各个定义区域和对象的面积、周长，也计算所有定义区域和对象的总面积。可以使用“减”选项，从总面积中减去指定面积。

（5）减：与“加”选项类似，但为减去面积和周长。

二、查询两点间的距离和角度

- 命令：dist（'dist 用于透明使用，快捷命令为 di）

调用命令后，系统提示：

指定第一个点：指定点

指定第二个点：指定点

距离=计算出的距离，XY 平面中的倾角=角度，与 XY 平面的夹角=角度

增量 X=X 坐标变化，增量 Y=Y 坐标变化，增量 Z=Z 坐标变化

将报告点之间的实际三维距离，如图 5-18 所示。XY 平面中的倾角相对于当前 X 轴。与 XY 平面的夹角相对于当前 XY 平面。如果忽略 Z 坐标值，dist 计算距离时将采用第一点或第二点的当前标高。用当前单位格式显示距离。

三、查询点的坐标

- 命令：id（'id 用于透明使用）

此位置的 UCS 坐标将显示在命令行中。id 列出了指定点的 X、Y 和 Z 值，并将指定点的坐标存储为最后一点。可以通过在要求输入点的下一个提示中输入 @ 来引用最后一点。如果在三维空间中捕捉对象，则 Z 坐标值与此对象选定特征的值相同。

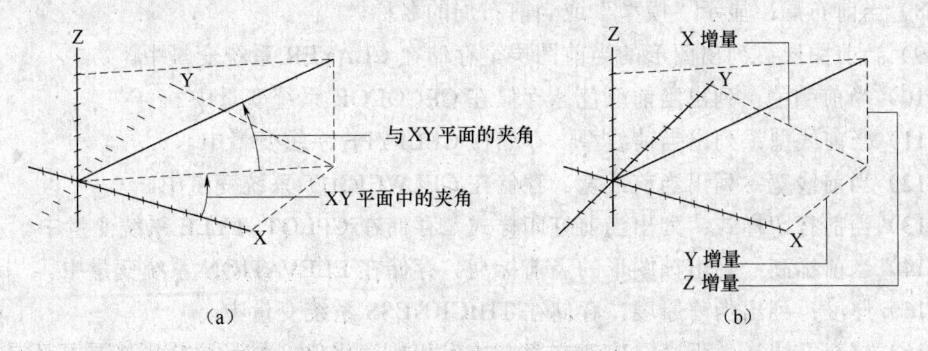

图 5-18　dist 命令查询两点间的距离和角度

四、列表显示对象信息

- 命令：list（快捷命令为 li）

文本窗口将显示对象类型、对象图层、相对于当前用户坐标系（UCS）的 X、Y、Z 位置以及对象是位于模型空间还是图纸空间。如果颜色、线型和线宽没有设置为 BYLAYER，LIST 命令将列出这些项目的相关信息。如果对象厚度为非零，则列出其厚度。Z 坐标的信息用于定义标高，如果输入的拉伸方向与当前 UCS 的 Z 轴不同，LIST 命令也会以 UCS 坐标报告拉伸方向。LIST 命令还报告与特定的选定对象相关的附加信息。

五、状态显示

- 命令：status（或'status，用于透明使用）

所有坐标和距离，都由 status 以 units 命令指定的格式显示。status 报告当前图形中对象的数目。包括图形对象（例如圆弧和多段线）、非图形对象（例如图层和线型）和块定义等。在 dim 提示下使用时，status 将报告所有标注系统变量的值和说明。另外，status 还显示下列信息：

（1）模型空间或图纸空间的图形界限：显示由 LIMITS 定义的栅格界限。第一行显示界限左下角的 XY 坐标，存储在 LIMMIN 系统变量中；第二行显示界限右上角的 XY 坐标，存储在 LIMMAX 系统变量中。Y 坐标值右边的"关"注释，表示界限检查设置为 0。

（2）模型空间或图纸空间的使用：显示图形范围（包括数据库中的所有对象），可以超出栅格界限。第一行显示该范围左下角的 XY 坐标；第二行显示右上角的 XY 坐标。Y 坐标值右边的"超过"注释，表明该图形的范围超出了栅格界限。

（3）显示范围：列出当前视口中可见的图形范围部分。第一行显示左下角的 XY 坐标；第二行显示右上角的 XY 坐标。

（4）插入基点：显示图形的插入点。它存储在 INSBASE 系统变量中，且表示为 X、Y、Z 坐标。

（5）捕捉分辨率：显示 X 和 Y 方向上的捕捉间距。存储在 SNAPUNIT 系统变量中。

（6）栅格间距：显示 X 和 Y 方向上的栅格间距。存储在 GRIDUNIT 系统变量中。

（7）当前空间：显示当前激活的是模型空间还是图纸空间。

（8）当前布局：显示"模型"或当前布局的名称。

（9）当前图层：列出图形的当前图层。存储在 CLAYER 系统变量中。

（10）当前颜色：列出当前颜色。存储在 CECOLOR 系统变量中。

（11）当前线型：列出当前线型。存储在 CELTYPE 系统变量中。

（12）当前线宽：列出当前线宽。存储在 CELWEIGHT 系统变量中。

（13）当前打印样式：列出当前打印样式。存储在 CPLOTSTYLE 系统变量中。

（14）当前标高：列出该图形的当前标高。存储在 ELEVATION 系统变量中。

（15）厚度：列出当前厚度，存储在 THICKNESS 系统变量中。

（16）填充、栅格、正交、快速文字、捕捉和数字化仪：显示这些模式是开还是关。

（17）对象捕捉模式：列出由 OSNAP 指定的执行对象捕捉模式。

（18）可用图形磁盘：列出驱动器上为该程序的临时文件指定的可用磁盘空间量。

（19）可用临时磁盘空间：列出驱动器上为临时文件指定的可用磁盘空间的量。

（20）可用物理内存：列出系统中的可用安装内存。

（21）可用交换文件空间：列出交换文件中的可用空间。

思 考 题 与 习 题

（1）如何查询一幅地图的面积？

（2）用哪种方法能绘制出过已知线上一点并与该线垂直的直线？

第六章　图案填充及编辑

图案，一般由点、线和几何图形组成。AutoCAD 系统为用户提供了一些常用的标准图案，它们存放在图案库 Acad.pat 或 Acadiso.pat 文件中。图案填充，是指对图形中某个区域填充特定的图案剖面线，用于表达剖切面和不同类型物体对象的外观纹理，使图样简明清晰。

第一节　图案填充命令

一、命令行方式

在图案填充过程中，遇到一些没有明确边界的区域填充问题时，一是采取绘制边界，使之成为一个封闭区域，然后再进行填充的方法；二是采用在填充过程中指定区域的方法，先加绘直线或曲线，使之成为封闭区域，然后按封闭区域的图案填充方法进行操作，完成后再删除加绘的直线或曲线。但这种方法比较繁琐，这时可以通过在命令行输入 hatch 命令来完成图案填充的方法。

- 命令：-hatch

激活命令后，命令提示：

指定内部点或 [特性（P）/选择对象（S）/绘图边界（W）/删除边界（B）/高级（A）/绘图次序（DR）/原点（O）/注释性（AN）]:

各选项含义如下。

（1）“内部点”：根据围绕指定点构成封闭区域的现有对象确定边界。如果打开了“孤岛检测”，最外层边界内的封闭区域对象将被检测为孤岛。hatch 使用此选项检测对象的方式，取决于指定的孤岛检测方法。

（2）“特性”：指定要应用的新填充图案特性。输入图案名或［实体（S）/用户定义（U）］<当前图案名>：输入预定义或自定义的图案名，指定“acad.pat”或“acadiso.pat”文件中的预定义图案或指定其自身的 PAT 文件中的自定义图案。输入图案名，其后跟随可选图案填充样式代码。如果图案名前有星号（*），则使用独立直线而非图案填充对象来填充区域。还可以指定图案缩放比例和图案角度。指定实体填充，重新显示第一个 hatch 命令行提示，在此提示下可以定义边界。

（3）“选择对象”：根据构成封闭区域的选定对象确定边界。向边界定义中添加对象。

（4）“绘图边界”：使用指定点定义图案填充或填充的边界。

（5）“删除边界”：从边界定义中删除以前添加的任何对象。

（6）“高级”：设置用于创建图案填充边界的方法。

（7）“绘图次序”：为图案填充或填充指定绘图次序。图案填充，可以放在所有其他对象之后、所有其他对象之前、图案填充边界之后或图案填充边界之前。（HPDRAWORDER

系统变量）

（8）“原点”：控制填充图案生成的起始位置。某些图案填充（例如砖块图案），需要与图案填充边界上的一点对齐。默认情况下，所有图案填充原点都对应于当前的 UCS 原点。

（9）“注释性”：是否创建注释性图案填充。

【例 6-1】 创建如图 6-1 所示的图案填充。

- 命令：-hatch

指定内部点或［特性（P）/选择对象（S）/绘图边界（W）/删除边界（B）/高级（A）/绘图次序（DR）/原点（O）/注释性（AN）]：p（输入特性选项）

输入图案名或［?/实体（S）/用户定义（U）］<ANS131>：earth

指定图案比例<100>：600（根据图形比例和填充需要确定）

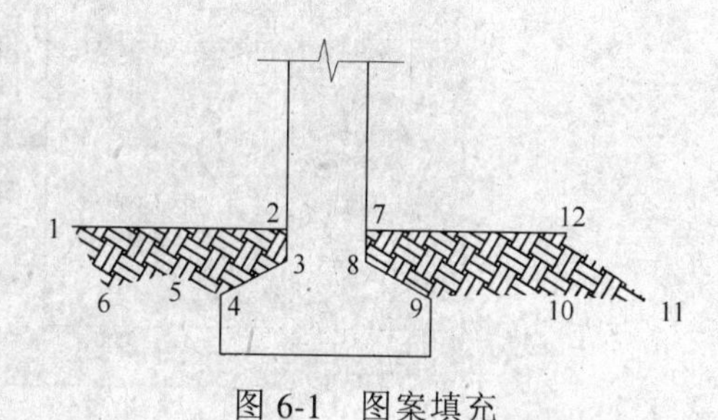

图 6-1　图案填充

指定图案角度<0>：45（根据图形填充需要确定）

指定内部点或［特性（P）/选择对象（S）/绘图边界（W）/删除边界（B）/高级（A）/绘图次序（DR）/原点（O）]：w

是否保留多段线边界？［是（Y）/否（N）］<N>：

指定起点：（在图 6-1 中拾取 1、2、3、4、5、6 点）

指定下一点或［圆弧（A）/闭合（C）/长度（L）/放弃（U）]：c（根据需要选择闭合）

指定新边界的起点或<应用图案填充>：（在图 6-1 中拾取 7、8、9、10、11、12 点）

指定下一点或［圆弧（A）/闭合（C）/长度（L）/放弃（U）]：c

指定新边界的起点或<应用图案填充>：（填充结果如图 6-1 所示）

说明：

（1）指定图案比例和角度在不清楚的情况下可以进行多次试验，直到满意为止。

（2）如果有多个需要填充的非封闭图形区域，则可多次重复指定新边界直到全部选中。

（3）此方法用于设计大样图中。对一些没有明显界限的层面，如地面、楼面、屋面、墙面粉刷和装饰面层等进行图案填充比较适宜，也可以用在平面表现中的局部图案填充。

二、对话框方式

- 下拉菜单：绘图→图案填充
- 工具栏：绘图→ 按钮
- 命令行：hatch 或 bhatch（快捷命令为 h 或 bh）

用任意一种方式启动命令后，系统打开“图案填充和渐变色”对话框（图 6-2）。“图案填充和渐变色”对话框中，包括“图案填充”选项卡和“渐变色”选项卡。各选项卡含义如下。

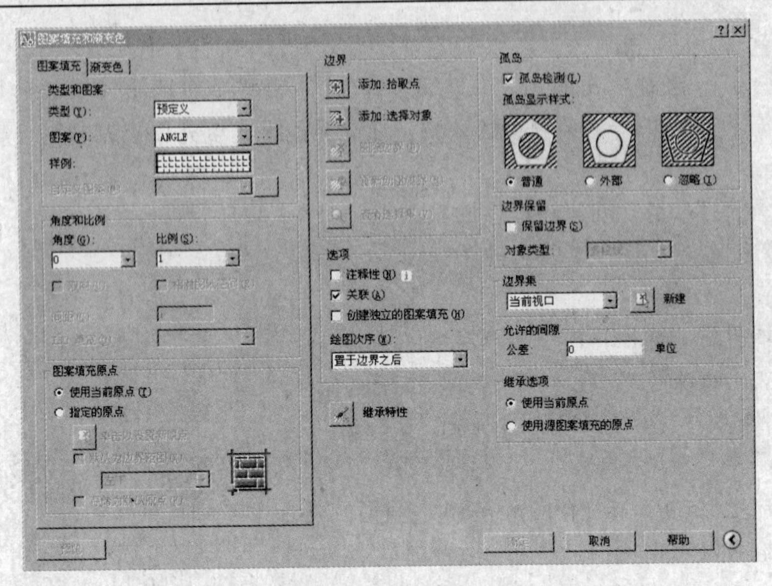

图 6-2 “图案填充和渐变色”对话框

(一)“图案填充”选项卡

可以设置图案填充时的类型和图案、角度和比例等特性。

1.“类型和图案”选项组

在“类型和图案”选项组中，可以设置图案填充的类型和图案，主要选项的功能如下。

(1)“类型”下拉列表框：设置填充的图案类型，包括“预定义”、“用户定义”和“自定义”3 个选项。其中，选择“预定义”选项，可以使用 AutoCAD 提供的图案，这些图案保存在图案库 Acad.pat 或 Acadiso.pat 文件中；选择“用户定义”选项，可使用当前线型定义一种新的简单图案；选择“自定义”选项，是定义在 AutoCAD 填充图案以外的其他文件中的图案。

(2)“图案”下拉列表框：只有选择了“预定义”类型，该项才能使用。在下拉列表中，列出了可用的预定义图案；也可以单击其后的按钮，在打开的“填充图案选项板”对话框（图 6-3）中进行选择。如图所示“填充图案选项板”有 ANSI 标准图案、ISO 标准图案、其他预定义、自定义等 4 个选项卡。在这些图案中，比较常用的有用于绘制剖面线的 ANSI 样式和用于单色填充的 SOLID 样式等。

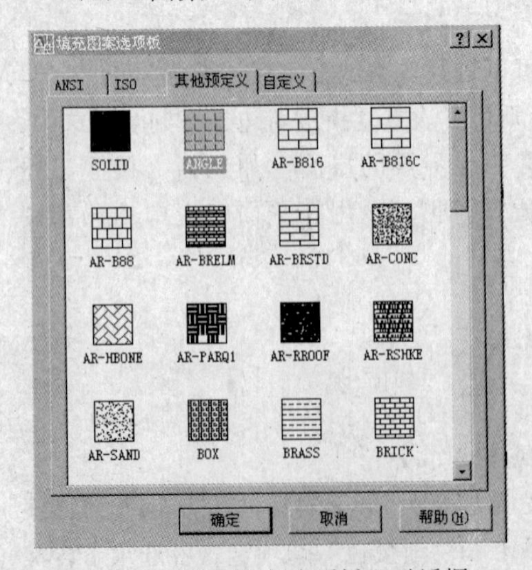

图 6-3 “填充图案选项板”对话框

AutoCAD，提供了实体填充以及 50 多种行业标准填充图案；可以使用它们来区分对象的部件或表现对象的材质；还提供了 14 种符合 ISO（国际标准化组织）标准的填充图案，当选择 ISO 图案时可以指定笔宽，笔宽确定图案中的线宽。

（3）“样例”预览窗口：显示当前选中的图案样例。单击所选的样例图案，也可打开“填充图案选项板”对话框选择图案。

（4）“自定义图案”下拉列表框：选择自定义图案。在“类型”下拉列表框中选择“自定义”类型时该选项可用。

2.“角度和比例”选项组

（1）“角度”下拉列表框：用于设置当前填充图案的旋转角度，默认的旋转角度为零。可以通过下拉列表选择，也可以直接输入。

注意：系统是按逆时针方向测量角度的，若要沿顺时针方向旋转角度，则需要输入一个负值。若选用图案“ANSI”，剖面线倾角为45°时，应设置该值为0°；若倾角为135°时，应设置该值为90°。

（2）“比例”下拉列表框：用于设置当前填充图案的缩放比例因子。每种图案在定义时的缺省缩放比例为1.0，可以根据需要放大或缩小。若比例值大于1.0，则放大填充图案的间距；若比例值小于1.0，则缩小填充图案的间距。只有选择了“预定义”或“自定义”类型，该项才能启用。可以通过下拉列表选择，也可以直接输入。

（3）“双向”复选框：当在“图案填充”选项卡中的“类型”下拉列表框中选择“用户定义”选项时，选中该复选框，可以使用相互垂直的两组平行线填充图形；否则为一组平行线。对于文本、尺寸标注等特殊对象，在确定填充区域时，可以将它们作为填充边界的一部分。AutoCAD在填充时，就会把这些对象作为孤岛而断开。

（4）“相对图纸空间”复选框：设置比例因子是否为相对于图纸空间的比例。

（5）“间距”文本框：用于设置图案中平行线之间的距离。当“类型”下拉列表框选用“自定义”的填充图案类型时，该选项有效。

注意：如果比例因子或间距数值太小，则整个填充区域就会像实心填充图案一样进行填充；如果比例因子或间距数值太大，则图案中的图元之间的距离太远，可能会导致在图形中不显示填充图案。

（6）“ISO笔宽”下拉列表框：当选择ISO图案时，可以指定笔宽。笔宽确定图案中的线宽。

3.“图案填充原点”选项组

在“图案填充原点”选项组中，可以设置图案的原点，即确定图案填充的基准点。因为许多图案填充需要对齐填充边界上的某一个点。主要选项的含义如下：

（1）“使用当前原点”单选按钮：使用当前UCS的原点（0，0）作为图案填充原点。

（2）“指定的原点”单选按钮：通过指定点作为图案填充原点。其中，单击“以设置新原点”按钮，可以从绘图窗口中选择某一点作为图案填充原点；选择“默认为边界范围”复选框，以填充边界的左下角、右下角、右上角、左上角或圆心作为图案填充原点；选择“存储为默认原点”复选框，可以将指定的点存储为默认的图案填充原点。

4.“边界”选项组

“边界”选项组用于确定填充区域。包含“拾取点”、“选择对象”等按钮，其功能如下：

（1）“拾取点”按钮：以拾取点的形式来指定填充区域的边界。单击“拾取点”按钮，对话框关闭。在绘图区中每一个需要填充的区域内单击，然后回车，需要填充的区域即可确定。

用“拾取点”确定填充边界，要求其边界必须是封闭的。否则 AutoCAD 将提示出错信息，显示未找到有效的图案填充边界。

（2）“选择对象”按钮：用选择集的方式确定填充区域的边界。图案填充边界，可以是形成封闭区域的任意对象的组合，如直线、圆、圆弧和多段线。单击该按钮将切换到绘图窗口，可以通过选择对象的方式来定义填充区域的边界。通过“选择对象”的方法确定填充区域，不要求边界完全封闭。

（3）“删除边界”按钮：单击该按钮，可以取消系统自动计算或用户指定的边界。

（4）“重新创建边界”按钮：重新创建图案填充边界。该按钮只是在编辑时才处于可用状态。

（5）“查看选择集”按钮：查看已定义的填充边界。单击该按钮，切换到绘图窗口，已定义的填充边界将亮显，按回车键后返回原对话框。

5.“选项”选项组

（1）“关联”：选中此选项，填充图案与图案边界相关联。“关联”，是指一旦区域填充边界被修改，该填充图案也随之被更新。“不关联”，则是填充图案将独立于它的边界，不会随着边界的改变而更新。

（2）“注释性”：选中此选项，图案填充是按照图纸尺寸进行定义的。可以创建单独的注释性填充对象，也可以创建注释性填充图案。使用注释性图案填充，可象征性地表示材质（例如沙子、混凝土、钢铁、泥土等）。

（3）“创建独立的图案填充”复选框：用于创建独立的图案填充。当指定了多个独立的闭合边界时，若选中此选项，创建的多个填充图案彼此是各自独立的。否则，统属一个填充图案。

（4）“绘图次序”下拉列表框：用于指定图案填充的绘图顺序。图案填充，可以放在图案填充边界及所有其他对象之后或之前。

6.“继承特性”按钮

单击“继承特性”按钮，可以将现有图案填充或填充对象的特性，应用到其他图案填充或填充对象。

7.“预览”按钮

单击“预览”按钮，可以使用当前图案填充设置显示当前定义的边界。单击图形或按 Esc 键，可返回对话框；单击、右击或按 Enter 键，为接受图案填充。

8. 设置孤岛和边界集

在进行图案填充时，通常将位于一个已定义好的填充区域内的封闭区域称为孤岛。单击“图案填充和渐变色”对话框右下角的按钮，将显示更多选项，可以对孤岛和边界集进行设置。

（1）“孤岛”选项组：用于设置孤岛的填充方式。选中“孤岛检测”复选框，则三种“孤岛显示样式”可用。选中如图 6-4（a）所示的“普通”单选按钮表示从选取点所在的外部边界向内填充，当遇到内部封闭区域时，系统将停止填充，直到遇到下一个封闭区域时再继续填充；选中如图 6-4（b）所示的“外部”单选按钮表示从选取点所在的外部边界向内填充，当遇到封闭区域时，将不再继续填充；选中如图 6-4（c）所示的“忽略”单选按钮表示从选取点所在的外部边界向内进行所有封闭区域的填充，内部所有封闭区域将被忽略。

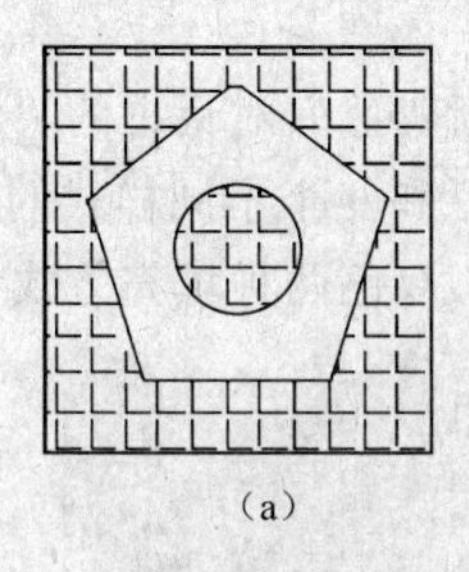
（a）

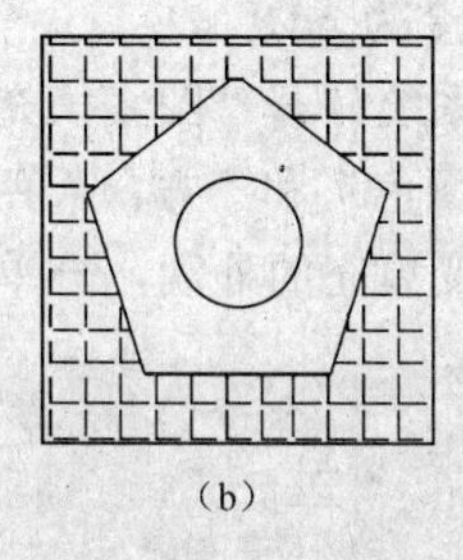
（b）

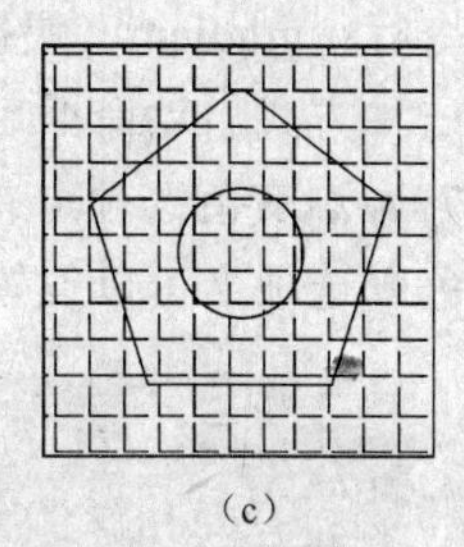
（c）

图 6-4　孤岛显示样式

（a）普通；（b）外部；（c）忽略

注意：以“普通”样式填充时，如果填充区域内有文字一类的特殊对象，并且在选择填充边界时也选择了它们，则在填充时图案会在这类对象处自动断开，使得这些对象更加清晰（图 6-5）。

（2）“边界保留”选项组：选中其中的“保留边界”复选框，系统将填充边界以对象的形式保留，并可从“对象类型”下拉列表框中选择保留对象的类型是多段线或面域。

（3）“边界集”选项组：用于定义填充边界的对象集。默认时，系统是根据当前可视窗口中的可见对象来确定填充边界的。单击“新建”按钮，切换到绘图区，然后通过指定对象来定义边界集，此时“边界集”下拉列表框中将显示为“现有集合”。

（4）“允许的间隙”选项组：设置将对象用作图案填充边界时可以忽略的最大间隙，默认值为 0。如果在“允许的间隙”编辑框中指定了值，当通过“拾取点”按钮指定的填充边界为非封闭边界、且边界间隙小于或等于设定的值时，AutoCAD 会弹出如图 6-6 所示的“开放边界警告”对话框。此时如果单击“是（Y）”按钮，AutoCAD 会将填充边界按封闭边界处理。

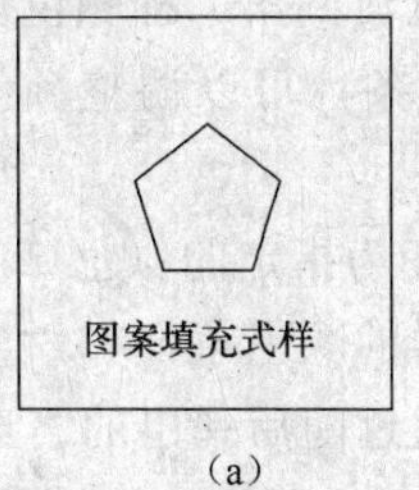

（a）

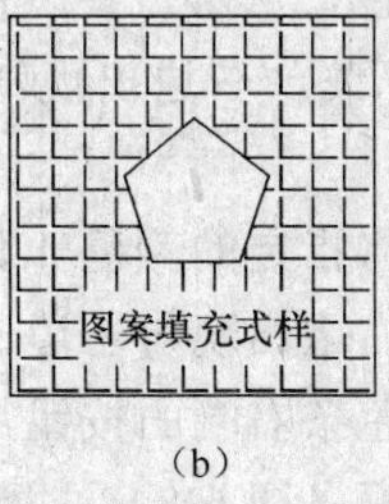

（b）

图 6-5　“普通”样式填充遇到文字断开

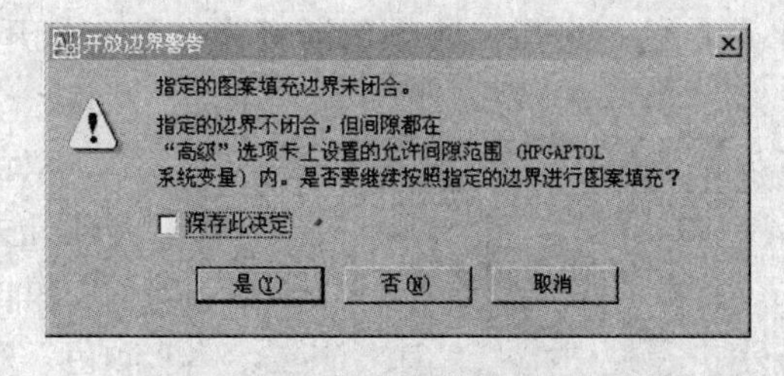

图 6-6　“开放边界警告”对话框

（5）“继承”选项组：控制图案填充原点的位置。

（二）“渐变色”选项卡

使用“图案填充和渐变色”对话框的“渐变色”选项卡，可以创建单色或双色渐变色，对选定的区域（包括已填充的图案）进行图案填充。渐变填充是实体图案填充，能够体现出光照在平面上而产生的过渡颜色效果。可以使用渐变填充在二维图形中表示实体。

调用命令方式：

- 下拉菜单：绘图→渐变色
- 工具栏：绘图→ 按钮
- 命令行：gradient（快捷命令为 gd）

用任意一种方式启动命令后，系统打开“图案填充和渐变色”对话框的“渐变色”选项卡（图 6-7）。渐变色选项卡有“颜色”和“方向”两个栏和 9 个不同样式的图像按钮。使用“渐变色”选项卡可以设置渐变填充的外观，分单色、双色两种填充方式。

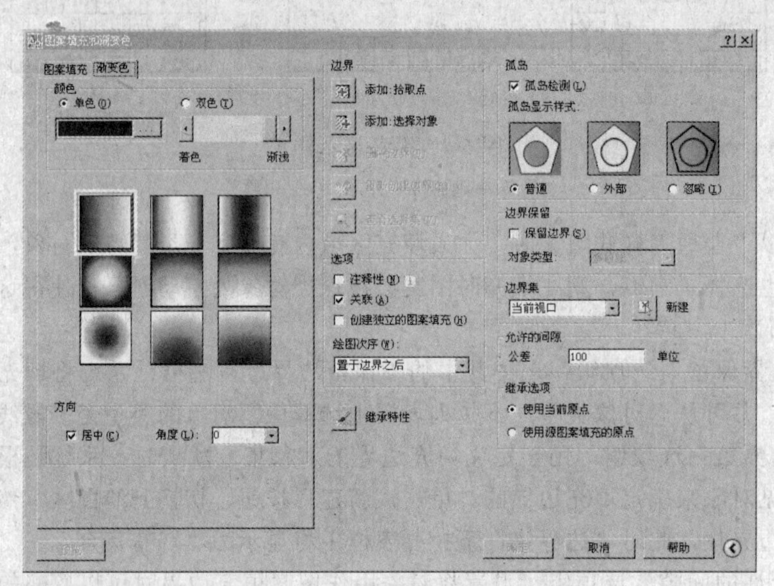

图 6-7 “渐变色”选项卡

1. 颜色栏

使用渐变填充中的颜色，可以从浅色到深色再到浅色，或者从深色到浅色再到深色平滑过渡。选择预定义的图案（例如线性扫掠、球状扫掠或径向扫掠）并为图案指定角度。在两种颜色的渐变填充中，都是从浅色过渡到深色，从第一种颜色过渡到第二种颜色。

单色：将指定的颜色渐变为白色。打开此开关，右边出现滑动条，可以调整颜色的深浅。

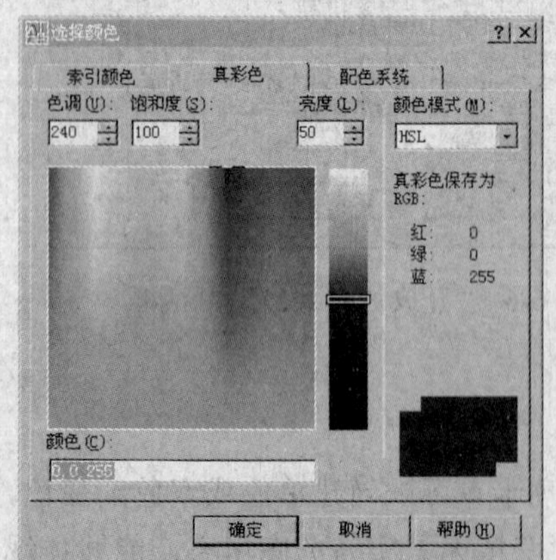

图 6-8 “选择颜色”对话框

双色：将指定的颜色 1 渐变为指定的颜色 2。打开此开关，右边出现与左边一样的颜色条。

单击颜色条右端的按钮，通过随后弹出的“选择颜色”对话框（图 6-8）选择渐变的颜色。

“着色”表示从内到外填充颜色由浅到深，“渐浅”表示填充颜色由深到浅。

2. 方向栏

用于调整颜色的分布和方向。

（1）“居中”选项：表示渐变色的渐变方式，表示填充颜色是由边界向中心渐变，否则默认的渐变填充将朝左上方变化。

（2）“角度”选项：表示渐变色的渐变方向。

在“渐变色”选项卡中，单击“添加：拾取点”按钮或“添加：选择对象”按钮，选择需要填充的图形区域，然后单击“确定”按钮，完成渐变色填充。

除了上述几种通过“图案填充和渐变色”对话框进行图案填充之外，还可以使用“工具选项面板”进行填充，首先在“工具选项面板”中单击使用的填充图案，然后在希望填充图案的区域单击。这种方法的优点是使用简单，缺点是无法设置填充图案的相关参数（如图案比例、角度等）。

第二节 图案填充编辑

创建图案填充后可对其进行编辑，修改图案填充的外观及类型，如改变图案的角度、比例或使用其他样式的图案填充图形等。

可通过以下方式调用“编辑图案填充”命令：

- 下拉菜单：修改→对象→图案填充
- 工具栏：绘图→ 按钮
- 命令行：hatchedit（快捷命令为 he）

激活 hatchedit 命令后，命令提示：

选择关联填充对象：

在该提示下选择已有的填充图案，AutoCAD 弹出“图案填充编辑”对话框。

“图案填充编辑”对话框与“图案填充和渐变色”对话框的内容完全相同。只是定义填充边界和对孤岛操作的某些按钮不再可用。通过“图案填充编辑”对话框修改图案填充或渐变色对象的图案样式、比例、角度等数据后，单击确定按钮即可。

双击已有的图案填充或渐变色，也可以弹出“图案填充编辑”对话框，完成对图案填充或渐变色的修改。选中已有的图案填充或渐变色，通过特性选项板也可以修改图案填充或渐变色。

利用夹点功能也可以编辑填充的图案。当填充的图案是关联填充时，通过夹点功能改变填充边界后，AutoCAD 会根据边界的新位置重新生成填充图案。

图案是一种特殊的块，被称为“匿名”块，无论形状多复杂，它都是一个单独的对象。可以使用“修改”→“分解”命令来分解一个已存在的关联图案。图案被分解后，它将不再是一个单一对象，而是一组组成图案的线条。同时，分解后的图案也失去了与图形的关联性，因此，将无法使用“修改→对象→图案填充”命令来编辑。

第三节 自定义图案填充

在“图案填充和渐变色”对话框的“图案填充”选项卡上的“类型”下拉列表框中，有“预定义”、“用户定义”和“自定义”三种用于选择填充图案的类型。若选择“自定义”，则表示将用预先创建的图案进行填充。

自定义：选用 ACAD.PAT 图案文件或其他图案中的图案文件进行填充。

思 考 题 与 习 题

（1）有哪些方式可以创建图案填充？

（2）图案填充中图案角度如何确定方向？

（3）图案填充中图案是否可以被分解？

第七章 块与外部参照

块也称为图块，是 AutoCAD 图形设计中的一个重要概念。在工程制图中经常会遇到一些需要反复使用的图形和符号，如门窗、楼梯、家具、建筑用标高和标题栏，或者图形中有大量相同或相似的内容等。在 AutoCAD 中，可以把这些需要重复绘制的图形定义为图块，以便随时插入到图形中而不必重新绘制，从而达到重复利用、增加绘图的准确性和提高绘图速度的目的；而且还可以根据需要为块创建属性，用来指定块的名称、用途及设计者等信息。

外部参照，是指一幅图形对另一幅图形的引用，即把已有的图形文件以参照的形式插入到当前图形中。当作为外部参照的图形文件被修改后，所有引用该图形文件的图形文件将被自动更新，且主图中仅存储外部参照图形文件的路径。与使用图块相比，可以节约磁盘空间。

第一节 块的创建

AutoCAD 中的块，分为内部块（Block 或 Bmake）和外部块（Wblock）两种。使用 block 命令创建的内部块只能由块所在的图形使用，而不能由其他图形使用；如果希望在其他图形中也能够使用该块，则需要使用 wblock 命令创建外部块。

一、创建内部块

可通过以下方式调用该命令：

- 下拉菜单：绘图→块→创建
- 工具栏：绘图→ 按钮
- 命令行：block（快捷命令为 b）

激活命令后，系统将打开“块定义”对话框（图 7-1）。在对话框中，用户对块进行定义后，单击“确定”按钮完成内部块的创建。

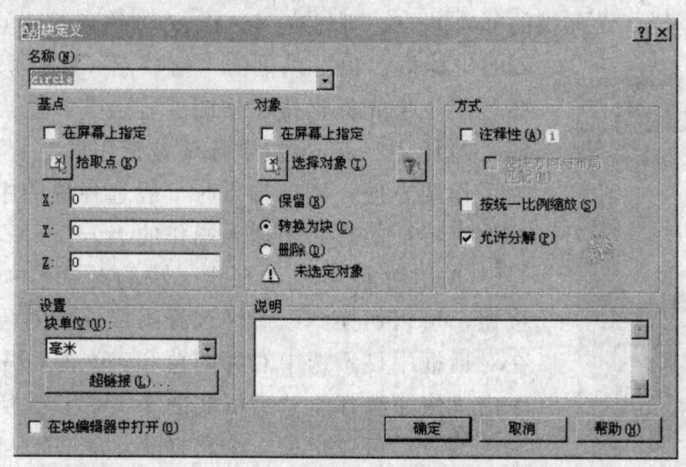

图 7-1 “块定义”对话框

二、创建外部块

- 命令行：wblock

激活命令后，系统将打开“写块”对话框（图 7-2）。在对话框中，用户对块进行定义后，单击“确定”按钮完成外部块的创建。

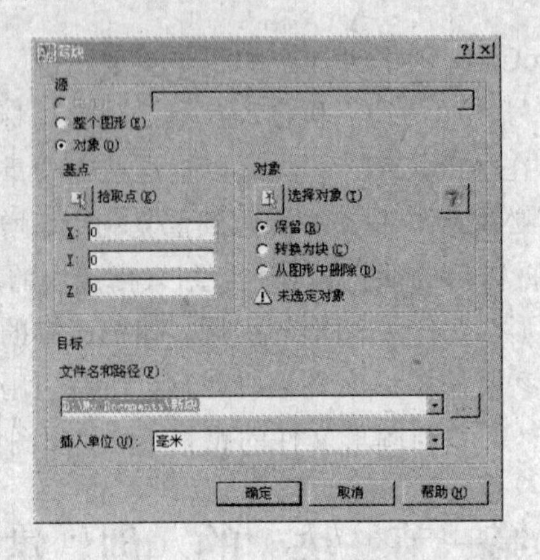

图 7-2 “写块”对话框

第二节 定 义 块

定义块时，必须指定块名、块中对象和块插入基点。使用时，可以按不同的比例和旋转角度插入，还可以将块分解成为其组成对象，并对这些对象进行编辑操作，然后重新定义块。

一、定义内部块

创建内部块命令激活后，系统将打开如图 7-1 所示的“块定义”对话框。在对话框中，用户可以对内部块进行定义。对话框中各参数说明如下。

（1）“名称”编辑框：定义块的名称，可以直接在文本框中输入块的名称。输入块的名称时，应尽量表达清楚块的具体用处，以方便使用。

（2）“基点”栏：设置块的插入基点。可以在 X、Y、Z 的输入框中直接输入 X、Y、Z 的坐标值；也可以单击“拾取点（K）”按钮，切换到绘图区用十字光标直接在作图屏幕上选择基点。基点可以是图上的任意一点，但由于该块被调用时它将与插入点重合，为了作图方便，指定基点时一般选择块的中心、左下角或其他有特征的有利于插入操作的点。

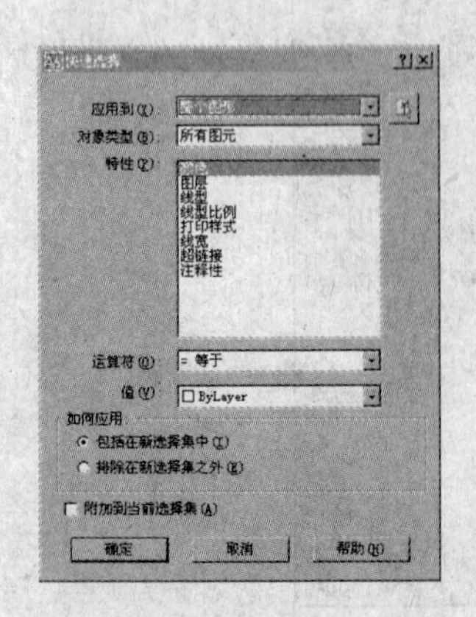

图 7-3 “快速选择”对话框

（3）“对象”：选取要定义块的对象。单击“选择对象”按钮，可以切换到绘图区选择组成块的对象，选择完毕，在对话框中显示选中对象的总和。单击“快速选择”按钮，弹出“快速选择”对话框（图 7-3）。设置所选择对象的过滤条件时，可以定义一个选择集。

“对象”选项组中的单选按钮功能说明如下：

1)“保留”：表示创建块后在所选对象当前的位置上，仍将所选对象保留为单独的对象。

2)“转换为块”：表示创建块后将所选对象转化为块。

3)“删除”：表示创建块后，从当前图形中删除所选取的图形对象。

(4)“设置”选项组中各选项说明如下：

1)“块单位”：用于设计从 AutoCAD 设计中心、工具选项板中拖动插入图块到当前图形文件时对块进行缩放使用的单位。

2)“超链接”：将超链接与块定义相关联。

(5)“方式”选项组中各选项说明如下：

1)“按统一比例缩放”：指定插入块时不允许沿 X、Y、Z 方向使用不同的比例。

2)“允许分解”：指定块是否可以被分解。

(6)“说明”：可在文本框中输入当前块的说明部分，在 AutoCAD 设计中心可以看到。

(7)“在块编辑器中打开”：指定块是否在块编辑器中打开。

单击对话框中的“确定”按钮，完成块的定义。

二、定义外部块

创建外部块命令后激活，系统将打开如图 7-2 所示的“写块”对话框。在对话框中用户可以对外部块进行定义。对话框中各参数说明如下。

(1)“源”选项组：确定组成块的对象来源。其中定义写入块来源的有三个单选按钮，含义如下：

1)“块”：选取某个用“block”命令创建的块作为写入块的来源。所有用“block”命令创建的块都会列在其后的下拉列表框中。

2)“整个图形”：选取当前的全部图形作为写入块的来源。选中后，系统自动选取全部图形，且将自动删除原文件中未用的层定义、线型定义等。

3)“对象”：选取当前图形中的某些对象作为写入块的来源。此时要求指定块的基点，并选择块所包含的对象。

(2)“基点”选项组：确定块的插入基点位置。只有在“源”选项组中选中“对象”单选按钮后才有效。

(3)“对象”选项组：确定组成块的对象。只有在“源”选项组中选中“对象”单选按钮后才有效。其“对象”选项组中的单选按钮含义如下：

1)“保留”：表示定义外部块后，在所选对象当前的位置上仍将所选对象保留为单独的对象。

2)“转换为块”：定义外部块后，在当前的图形中会生成相应的内部块。

3)“从图形中删除”：表示创建块后，从当前图形中删除所选取的图形对象。

(4)“目标”选项组：设定写入块的保存路径和文件名。

1) 在“文件名和路径（F)”下拉列表框中，输入块文件的保存路径和名称；也可以单击下拉列表框后面的按钮，在弹出的“浏览图形文件”对话框中设定写入块的保存路径和文件名。

2) 在“插入单位”下拉列表框中，选择从 AutoCAD 设计中心拖动块时的缩放单位。

单击对话框中的“确定”按钮，完成外部块的定义。

第三节 块的插入与编辑

创建图块后，在需要时就可以将它插入到当前的图形中。在插入一个块时，可以根据需要指定插入点、调整缩放比例和旋转角度。可以使用块编辑器对块进行编辑，或将块分解后，对组成块的对象进行修改编辑。

一、块的插入

1. 使用 insert 命令插入块

可通过以下方式调用该命令：

- 下拉菜单：插入→块
- 工具栏：绘图→ 按钮
- 命令行：ddinsert 或 insert（快捷命令为 i）。

执行命令后，利用弹出的“插入”对话框（图 7-4）插入已定义的块。

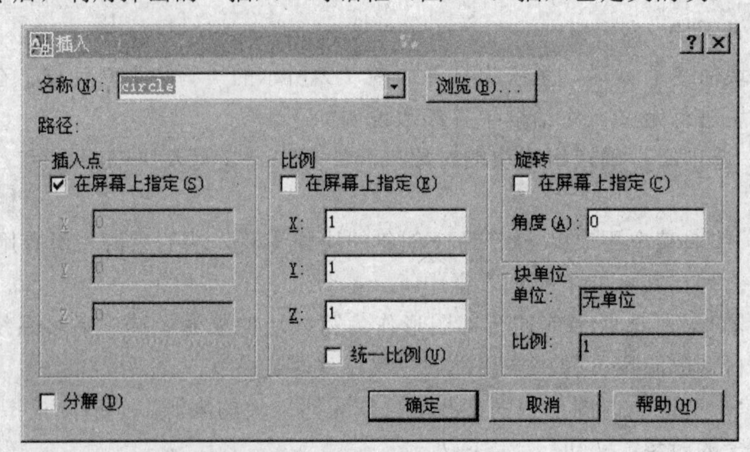

图 7-4 “插入”对话框

对话框中各参数含义如下：

(1)“名称”输入框：用于输入要插入块的名称。如果要插入当前图形中含有的块，应直接在“名称”输入框中输入块名或从“名称”下拉列表框中选取，当前图形中所有的块都会在该列表中列出；如果要插入保存在磁盘上的块，可单击“浏览”按钮在磁盘上选取。插入到当前图形中的内部块或外部块，将包含于当前图形中，如果需要再次插入该块，就可以从“名称”下拉列表框中选取。

(2)“插入点”选项组：用于确定块的插入基点，默认坐标为（0，0，0）。可直接在 X、Y、Z 文本框中输入三个方向上的坐标；也可以通过选中“在屏幕上指定”复选框，在屏幕上指定。

(3)“缩放比例”选项组：用于确定插入块时在 X、Y、Z 轴三个方向的比例因子，默认值为 1。可直接在 X、Y、Z 文本框中输入所插入的块在此三个方向上的缩放比例值；也可以通过选中“在屏幕上指定”复选框，在屏幕上指定。如果插入块的比例系数被定义为负数，则系统将插入它的镜像图。选中“统一比例”复选框时表示比例相同，这时只需在

X 文本框中输入比例值即可。

（4）“旋转”选项组：用于确定插入块时的旋转角，默认值为 0。可在“角度”文本框中输入插入块的旋转角度值；也可以选中“在屏幕上指定”复选框，在屏幕上指定旋转角度。

（5）“分解块”复选框：该复选框决定是否将插入的块分解为单独的基本对象，默认为不分解。如果设置为分解，则 X、Y、Z 比例因子必须相同，即选择“统一比例”复选框。

单击“确定”按钮，完成块的插入操作。

2. 使用 minsert 命令插入多个块

AutoCAD 中还可以生成块的矩形阵列。该命令实际上是将阵列命令和块插入命令合二为一的命令。但是，尽管表面上 MINSERT 的效果同 ARRAY 命令一样，但它们本质上是不同的。ARRAY 命令产生的每一个目标都是图形文件中的单一对象，而使用 MINSERT 产生的多个块则是一个整体，用户不能单独编辑其中一个组或块。

命令操作如下：

- 命令：minsert

输入块名或 [?] <>:（输入多重插入的图块名称）

指定插入点或{[比例(S)/X/Y/Z/旋转(R)/预览比例/(PS)/PX/PY/PZ/预览旋转(PR)]:（指定多重插入块的插入点）

输入 X 比例因子，指定对角点，或 [角点（C）/XYZ] <1>:（输入 X 向的缩放比例或输入一个选项）

输入 Y 比例因子或<使用 X 比例因子>:（输入 Y 向的缩放比例）

指定旋转角度<0>:（给定块的旋转角度）

输入行数（---）<1>:（输入多重插入行数）

输入列数（|||）<1>:（输入多重插入列数）

输入行间距或指定单位单元:（输入行间距或单位单元）

指定列间距:（输入列间距）

说明：

（1）“预览比例”和“预览旋转”：确定图块插入之前的预览比例系数和预览旋转角度。当输入预览比例系数和预览旋转角度后，绘图区会出现图块的预览图形。

（2）“PX”、“PY”、“PZ”：分别确定图块在 X、Y、Z 轴向上的预览比例系数。

（3）“比例”：确定图块的插入比例。

（4）“minsert”命令只能以矩形阵列方式插入图块，不能以环形阵列方式插入图块。

（5）不能使用“分解”命令分解“minsert”命令插入的图块。

整个阵列就是一个块，用户不可能编辑其中单独的项目。用 Explode 命令不能把块分解为单独实体。如果原始块插入时发生了旋转，则整个阵列将围绕原始块的插入点旋转。

3. 利用 divide 和 measure 命令设置块

divide 和 measure 命令，除了可以在所选对象上间隔放置点之外，还可以间隔放置块。

二、块的分解

块本身是一个整体对象，要修改块中的某个元素，必须将块分解。分解块有两种方法，一种是在插入时指定插入的块为分解模式，另一种是在插入后用分解命令将块分解成若干个单独的图形对象。

可通过以下方式调用分解命令：

- 下拉菜单：修改→分解
- 工具栏：修改→ 按钮
- 命令行：explode（快捷命令为 x）

激活 explode 命令后，命令提示：

选择对象：

选择要分解的图块，并按 Enter 键结束“选择对象”的提示。分解插入后的图块得到的结果是创建该块时的那些图形对象。

在定义块时所选择的对象本身也可以是一个块，并且在选择的块对象中还可以嵌套其他的块，即块的定义可包括多层嵌套。当用户分解一个嵌套图块时，嵌套在图块中的那个图块并未被分解开，它还是一个单独的整体。要使它分解开，还必须用“分解”命令再次将它分解。

三、块的重定义

如果要在同一个图形插入很多相同的块，逐个地进行编辑操作既费时又费力，这时可以使用 AutoCAD 提供的块重新定义技术。重定义技术，就是以相同名字重新创建块的内容。其操作步骤如下：

（1）在图形中插入要编辑的块，并将其进行分解，使其还原为各自独立的对象。

（2）对组成块的对象进行编辑。

（3）将编辑后的对象重新定义为块，并输入与修改前相同的块名。当屏幕出现“警告”提示对话框时，选择“是”表示确认，此时即完成了块的重定义。当前图形中所有已插入的同名块都将自动更新为新定义的块。

在对图块进行重新定义时，新图块的插入基点要与原图块的插入基点相对应，其尺寸也要与原图块的尺寸保持一致。否则，插入图块后难与相邻的图形实体衔接好，达不到预期的效果。

四、块编辑器

在块编辑器中打开块定义，可以对其进行修改。

可通过以下方式调用该命令：

- 下拉菜单：工具→块编辑器
- 工具栏：标准→ 按钮
- 命令行：bedit

执行命令后，AutoCAD 弹出“编辑块定义”对话框（图 7-5）。

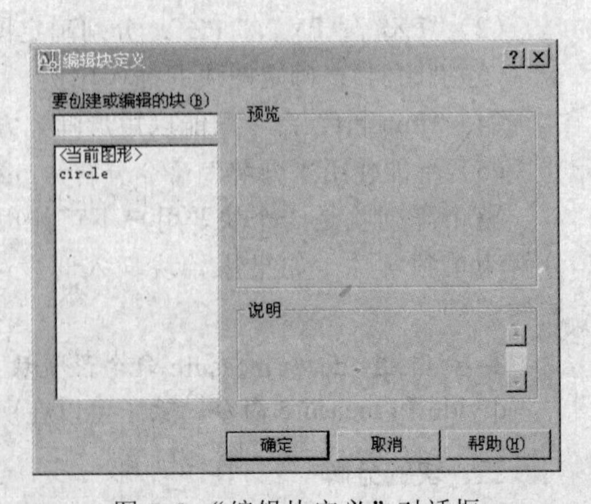

图 7-5 “编辑块定义”对话框

从对话框左侧的列表中选择要编辑的块，然后单击“确定”按钮，AutoCAD 进入块编辑模式（图 7-6）。

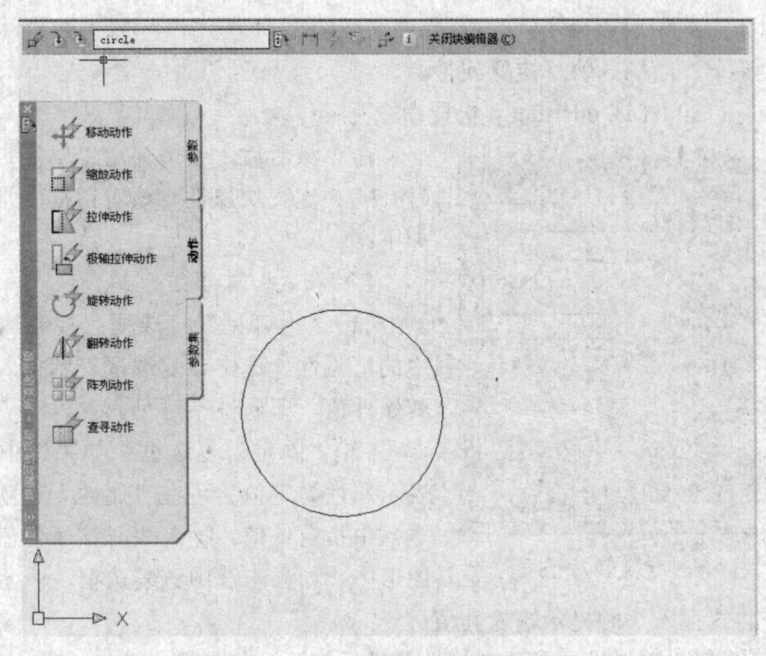

图 7-6 块编辑模式

块编辑器，是专门用于创建块定义并添加动态行为的编写区域。即可以使用块编辑器向当前图形中存在的块定义中添加动态行为或编辑其中的动态行为，为几何图形增添灵活性和智能性，也可以使用块编辑器创建新的块定义。块编辑器，提供了专门的“块编写选项板”，通过这些选项板可以快速访问块编写工具。除了“块编写选项板”之外，块编辑器还提供了绘图区域，可以根据需要在程序的主绘图区域中绘制和编辑几何图形；还可以指定块编辑器绘图区域的背景色。绘图区域上方会显示一个专门的工具栏，该工具栏将显示当前正在编辑的块定义的名称，并提供执行相关操作所需的工具。

在绘图区域上会显示出要编辑的块，用户可直接对其进行编辑。编辑块后，单击对应工具栏上的“关闭块编辑器”按钮，AutoCAD 显示“是否将修改保存”的对话框，如果用“是”响应，则会关闭块编辑器，并确认对块定义的修改。一旦利用块编辑器修改了块，当前图形中插入的对应块均自动进行对应的修改。

第四节 块 的 属 性

块属性是附属于块的、用户所需要的非图形信息，是附加在块对象上的各种文本数据，是块的组成部分。块属性包含了图块所不能表达的其他文字信息（材料、规格型号、标准代号等）存储在属性中的信息称为属性值。通常属性用于在块的插入过程中进行自动注释。

一、定义属性

定义带有属性的块的过程，是先绘制组成块的图形元素，然后定义希望作为块元素的属性，最后同时选中图形及属性，将其统一定义为块或保存为块文件。因此，属性必须预先定义而后被选定。

可通过以下方式调用该命令：

- 下拉菜单：绘图→块→定义属性
- 命令行：attdef 或 ddattdef（快捷命令为 att）。

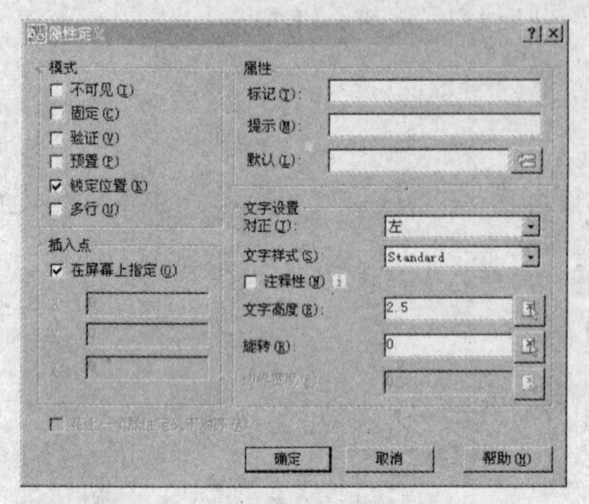

图 7-7　块“属性定义”对话框

命令激活后，使用弹出“属性定义”对话框（图 7-7）定义块属性。该对话框中常用选项含义如下：

1.“模式”选项组

（1）“不可见”复选框：控制属性值在图形中的可见性。选中该复选框表示插入块后不显示其属性值，即属性不可见。

（2）“固定”复选框：如果选中该复选框，表示属性为定值。可在“属性”选项组“值”文本框中指定该值，插入块时该属性值随块添加到图形中。如果未选中该复选框，表示该属性值是可变的，系统将在插入块时提示输入其值。

（3）“验证”复选框：设置是否对属性值进行校验。如果选中该复选框，当插入块时，系统将显示提示信息，让用户验证所输入的属性值是否正确。

（4）“预置”复选框：设置是否将实际属性值设为默认值。选中该复选框，则在插入块时，系统将把“属性”选项组“值”文本框中输入的默认值，自动设置成实际属性值。但是与属性的固定值不同，预置的属性值在插入后还可以进行编辑。

2.“属性”选项组

（1）“标记”文本框：输入属性的标记（必须指定标记）。属性标记，实际上是属性定义的标识符，并显示在属性的插入位置处。它描述文本尺寸、文字样式和旋转角度。在属性标记中不能包含空格；两个名称相同的属性标记不能出现在同一个块定义中；属性标记仅在块定义前出现，在块被插入后不再显示该标记。但是，当块参照被分解后，属性标记将重新显示。如果需要在块中定义多个属性，那么块中的每一个属性标记必须是唯一的。在用 block 命令将属性和其他对象定义成块之前，属性的标记就是属性的标记符。

（2）“提示”文本框：输入插入块时系统显示的提示信息。如果未输入提示，属性标记将用作提示。

“值”文本框输入属性的值。属性值，实际上是一些显示的字符串文本（如果属性的可见性模式设置为开）。无论可见与否，属性值都是直接附着于属性上的，并与块参照关联。正是这个属性值，将来可被写入到数据库文件中。单击“值”文本框后的按钮，系统弹出“字段”对话框（图 7-8），可将属性值设置为某一字段的值。这项功能可为设计的自动化提供极大的帮助。

（3）“默认值”：在定义属性时可以指定一个属性的默认值。在插入块参照时，该默认值出现在提示后面的括号中，例如，<默认值>。如果按 Enter 键响应提示，该值就会自动成为该提示的属性值。

3.“插入点”选项组

确定属性值的插入点，即属性文字排列的参考点。可直接在 X、Y、Z 文本框中输入点的坐标；也可以选中“在屏幕上指定”复选框，在绘图区中拾取一点作为插入点。确定插入点后，系统将以该点为参照点，按照在“文字选项”选项组中设定的文字特征来放置属性值。

4.“文字选项”选项组

设置属性文字的字体、对齐方式、字高及旋转角度等。“文字选项”选项组中各选项意义如下：

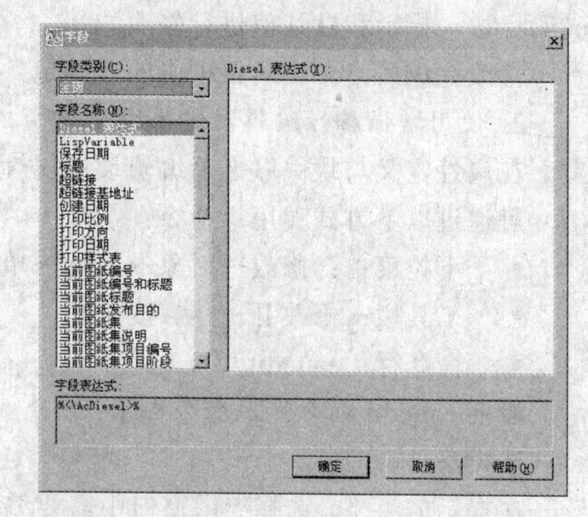

图 7-8 “字段”对话框

（1）“对正”：设置属性文字相对于参照点的排列形式。

（2）“文字样式”：设置属性文字的样式。

（3）“高度”：设置属性文字的高度。可以直接在文本框中输入高度值；也可以单击该按钮，然后在绘图区中指定高度。

（4）“旋转”：用于设置属性文本的旋转角度。可以直接在文本框中输入旋转角度值；也可以单击该按钮，然后在绘图区中指定两点以确定角度。

5.“在上一个属性定义下对齐”复选框

如果选中该复选框表示当前属性将采用上一个属性的文字样式、字高及旋转角度，且另起一行按上一个属性的对正方式排列。

确定了“属性定义”对话框中的各项内容后，单击对话框中的“确定”按钮，AutoCAD 完成一次属性定义，并在图形中按指定的文字样式、对齐方式显示出属性标记。

二、属性的编辑

对于块属性，与插入到块中的其他对象不同，属性可以独立于块而单独进行编辑。

在 AutoCAD 中对块属性编辑，即可以在属性定义与块关联之前编辑块属性定义，也可以在属性定义与块关联之后编辑块中的某个属性。

1. 编辑属性定义

在属性定义与块关联之前编辑属性定义中的属性标记、提示及默认值。

可通过以下方式调用该命令：

- 下拉菜单：修改→对象→文字→编辑
- 命令行：ddedit

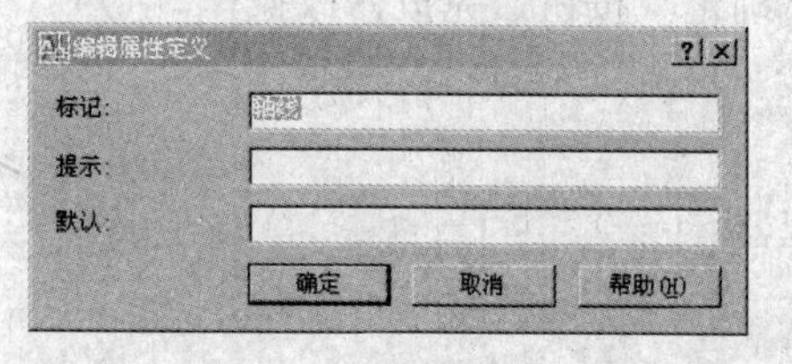

图 7-9 “编辑属性定义”对话框

激活 ddedit 命令后，命令提示：

选择注释对象或 [放弃（U）]:

在提示信息下，选择绘图窗口中属性标记，系统弹出“编辑属性定义”对话框（双击块属性标记也弹出该对话框）（图 7-9）。在对话框中，对属性定义的标记、提示和默认值进行修改。

修改完成后，单击对话框中的“确定”按钮。

2. 使用增强属性编辑器编辑块属性

在属性定义与块关联之后编辑块的属性。

可通过以下方式调用该命令：

- 下拉菜单：修改→对象→属性→单个
- 工具栏：修改Ⅱ→ 按钮
- 命令行：eattedit

激活 eattedit 命令后，命令提示：

选择块：

在提示信息下，选择绘图窗口中需要编辑的块对象后，系统将打开“增强属性编辑器”对话框（在绘图窗口双击有属性的块，也会弹出此对话框），如图 7-10 所示。对话框中有“属性”、“文字选项”和“特性”三个选项卡和其他一些项。各选项卡含义如下：

（1）“属性”选项卡：在列表框中显示了块中每个属性的标记、提示和值，并允许用户修改值。在列表框中选择需修改的属性，“值”文本框中将显示出该属性对应的属性值，单击该值进行修改。

（2）“文字选项”选项卡（图 7-11）：用于修改属性文字的格式。在选项卡界面中可分别设定属性文字的样式、对齐方式、高度值、旋转角度值、宽度系数、倾斜角度值。如果要使文字行反向显示则选中“反向”复选框，如果要使文字上下颠倒显示则选中“颠倒”复选框。

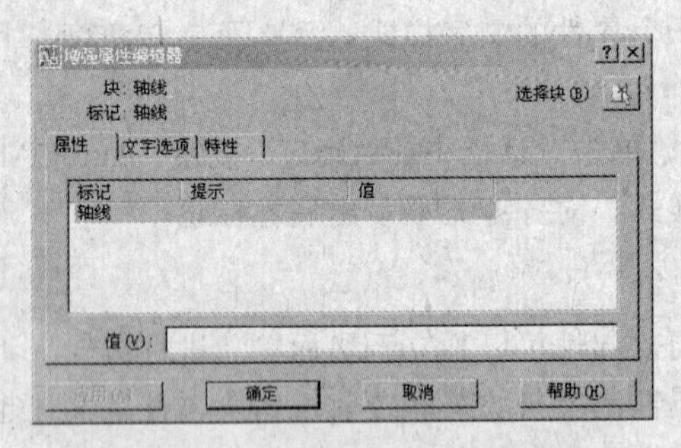

图 7-10 “增强属性编辑器”对话框

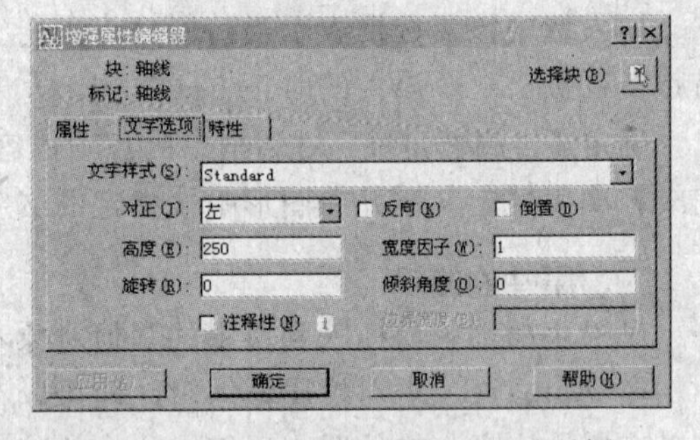

图 7-11 “增强属性编辑器”对话框中“文字选项”选项卡

（3）“特性”选项卡（图 7-12）：用于分别设定和修改属性文字的图层以及它的线宽、线型、颜色及打印样式等。

单击“应用”按钮，确认已进行的修改。单击“确定”按钮，完成修改操作。

3. 使用块属性管理器编辑块属性

可通过以下方式调用该命令：

- 下拉菜单：修改→对象→属性→块属性管理器
- 工具栏：修改Ⅱ→ 按钮
- 命令行：battman

命令激活后打开如图 7-13 所示的“块属性管理器”对话框，可编辑、移动、删除所选块的属性。

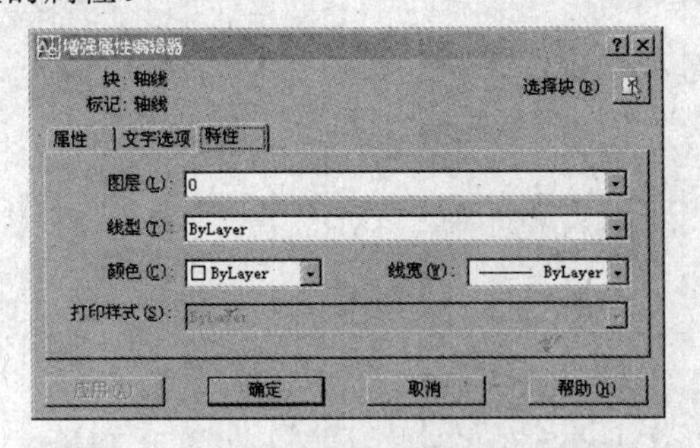

图 7-12 “增强属性编辑器”对话框中“特性”选项卡

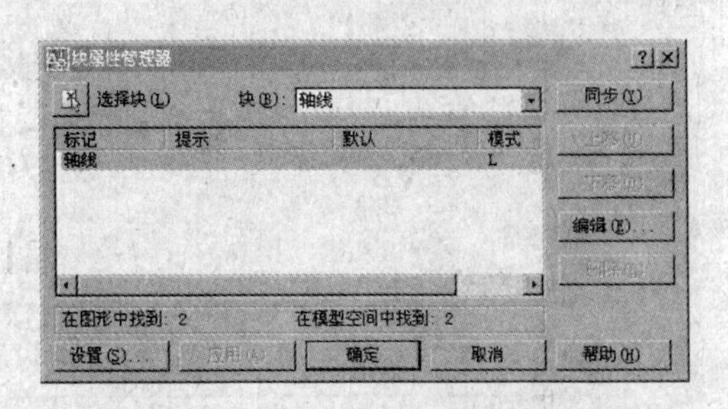

图 7-13 “块属性管理器”对话框

对话框中各选项含义如下：

（1）“块”下拉列表框：在此下拉列表框中，可以选择希望编辑的块。

（2）“同步”按钮：修改某一属性定义后，单击“同步”按钮，可更新块中的属性定义。

（3）“上移”或“下移”按钮：选中属性列表中的属性后，单击“上移”或“下移”按钮，可以移动属性在列表中的位置。

（4）“编辑”按钮：在属性列表中选中属性后，单击“编辑”按钮可以编辑属性特性，系统将打开“编辑属性”对话框（图 7-14）。用该对话框可修改属性模式、标记、提示与默认值，属性的文字选项，属性所在图层，以及属性的线型、颜色和线宽等。

（5）“删除”按钮：在属性列表中选中属性后，单击“删除”按钮，可以删除属性。

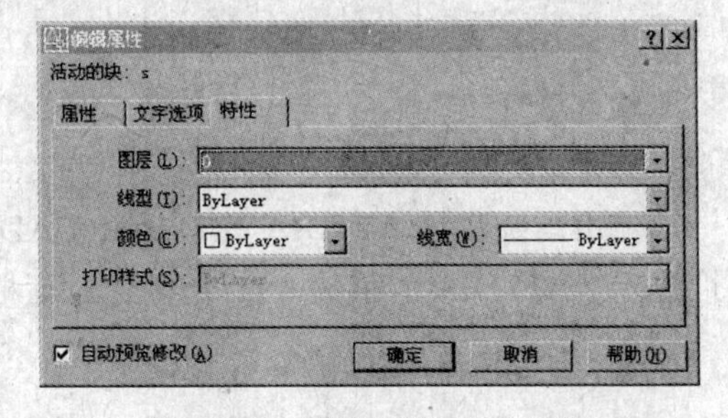

图 7-14 “编辑属性”对话框

三、属性的提取

对于带有属性的块，其属性中含有大量的数据。可以根据需要将这些数据提取出来，并将提取的属性数据列表打印或者用于数据库管理系统、电子表格和字处理程序，以便进行数据分析。例如可利用它来快速生成如材料明细表等内容。

可通过以下方式调用该命令：

- 下拉菜单：工具→数据提取
- 命令行：eattext

命令激活后，打开“数据提取”向导（图 7-15），按提示进行操作即可。

四、插入带属性的图块

在创建带有属性的块时，需要同时选择块属性作为块的组成对象。块属性，由属性标记名和属性值两部分组成。其中，属性值即可以是变化的，也可以是固定的。带有属性的块创建完成后，就可以使用前面介绍的方法插入带属性的块（图 7-16）。插入带有属性的块时，其提示和插入一个不带属性的块完全相似，只是在提示的后面增加了属性输入提示

（AutoCAD 将把固定的属性值随块添加到图形中，并提示输入那些可变的属性值），用户可在各种属性提示下输入属性值或接受默认值。

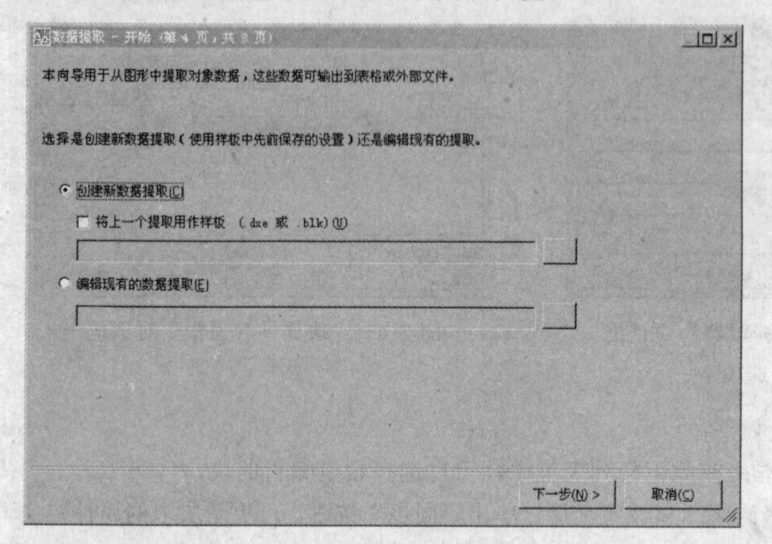

图 7-15　“数据提取”向导对话框

图 7-16　插入的属性块

- 命令：insert

指定插入点或 [基点（B）/比例（S）/X/Y/Z/旋转（R）]:

输入属性值：

轴线：1

使用系统变量 ATTDIA 控制 AutoCAD 输入属性时会提示用户：是在命令行上显示属性提示（ATTDIA 的值为 0），还是在对话框中发出属性提示（ATTDIA 的值为 1）。

五、块插入时对象的属性变化

在 AutoCAD 中，每个对象都具有诸如颜色、线型、线宽和层等特性。当生成块时，可把处于不同图层上的具有不同颜色、线型和线宽的对象定义为块，使块中的对象仍保持原来的图层和特性信息。如果该块被插入其他图形中，这些特性便会跟随着块被插入。

在插入一个块时，组成块的原始对象的图层、颜色、线型和线宽等特性，将采用其创建时的定义。例如，如果组成块的原始对象是在 0 层上绘制的，并且颜色、线型和线宽均配置成 bylayer（随层）的，则当块放置在当前图层——0 层上时，这些对象的相关特性将与当前图层的特性相同；而如果块的原始对象是在其他图层上绘制的，并且颜色、线型和线宽的设置都是指定的，则当块放置在当前图层——0 层上时，块将保留原来的设置。

如果要控制块插入时的颜色、线型和线宽，则在创建块中的原始对象时，需把它们的颜色、线型和线宽设置成为 byblock（随块）。并在插入块时，将“对象特性”工具栏中的颜色、线型和线宽设置成为 bylayer（随层）。

1. 随层（bylayer）

如果颜色和线型的默认设置为“随层”。那么，当被插入块的图中有同名层时，则块中各对象的颜色和线型均被图中同名层的颜色和线型所代替；当被插入块的图中没有同名层时，则不管当前层设置如何，块的颜色和线型总是保持原层的设置，并为当前图形新增相应层。

2. 随块（byblock）

如果块中对象颜色和线型特性被设置为“随块”。那么，这些对象在它们被插入前没有确定的颜色和线型。插入后，若当前图中没有同名层，则块中对象的颜色和线型均采用当前层的颜色和线型；若当前图中有同名层，则块中对象的颜色和线型均采用相应层（即同名层）的颜色和线型。

第五节 外 部 参 照

外部参照，是指在一幅图形中对另一幅外部图形的引用。通过外部参照，参照图形中所作的修改将反映在当前图形中。附着的外部参照链接至另一图形，并不真正插入。因此，使用外部参照可以生成图形而不会显著增加图形文件的大小。

外部参照与块有相似的地方，它在当前图形中以单个对象的形式存在。但是，必须首先绑定外部参照才能将其分解。它们的主要区别，是一旦插入了块，该块就永久性地插入到当前图形中，成为当前图形的一部分；而以外部参照方式将图形插入到某一图形（称之为主图形）后，被插入图形文件的信息并不直接加入到主图形中，主图形只是记录参照的关系。例如，参照图形文件的路径等信息。另外，对主图形的操作不会改变外部参照图形文件的内容。当打开具有外部参照的图形时，系统会自动把各外部参照图形文件重新调入内存并在当前图形中显示出来。

通过使用外部参照，用户可以达到以下目的：

（1）通过在图形中参照其他用户的图形，协调用户之间的工作，从而与其他用户所做的修改保持同步。

（2）确保显示参照图形的最新版本。打开图形时，将自动重载每个外部参照，及时反映参照图形文件的最新状态。

（3）勿在图形中使用参照图形中已存在的图层名、标注样式、文字样式和其他命名元素。

（4）可以将附着的外部参照和用户图形永久合并（绑定）到一起。

一、创建外部参照

创建外部参照，就是把其他图形链接到当前图形中。

可通过以下方式调用该命令：

- 下拉菜单：插入→dwg 参照
- 工具栏：插入点→ 按钮
- 命令行：xattach（快捷命令为 xa）

命令激活后弹出“选择参照文件”对话框（图 7-17）。

在对话框中选择所需文件后，单击“确定”按钮，弹出“外部参照”对话框（图 7-18）。通过该对话框，可将外部文件插入到当前图形中。该对话框中常用选项含义如下：

（1）“名称”：该下拉列表显示了当前图形中包含的外部参照文件名称。可在列表中直接选取文件，也可以单击“浏览...”按钮查找其他参照文件。

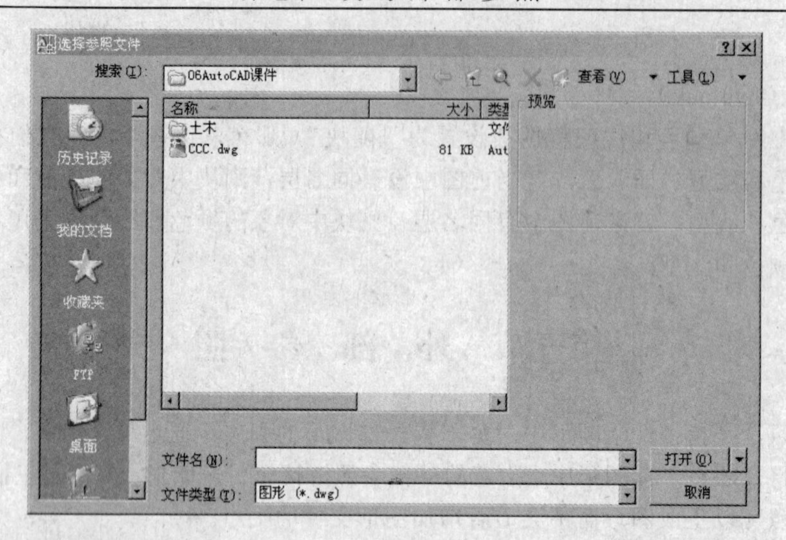

图 7-17 “选择参照文件”对话框

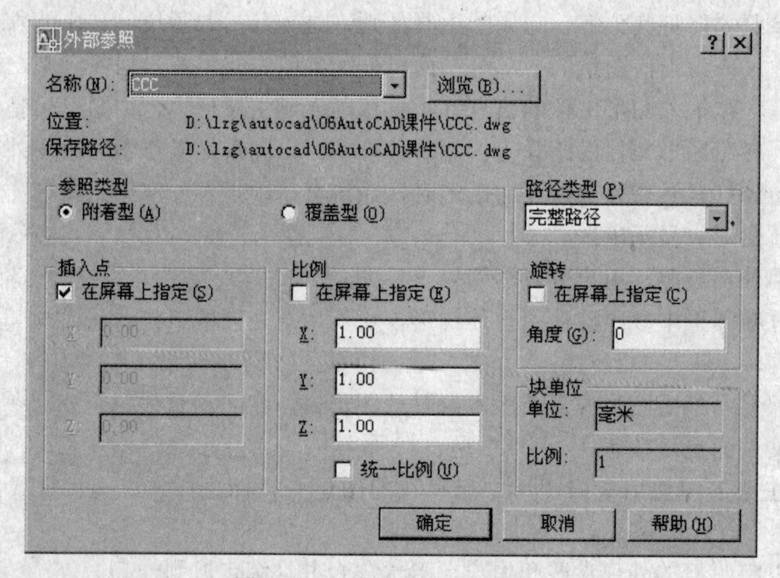

图 7-18 “外部参照”对话框

（2）“附着型”：以附着方式引用，但不能循环嵌套。

（3）“覆盖型”：以覆盖方式引用，可以循环引用。

（4）“插入点”：指定外部参照的插入基点。可直接在 X、Y、Z 文本框中输入插入点坐标，也可以选中“在屏幕上指定”复选框，然后在屏幕上指定。

（5）“比例”：指定外部参照文件的缩放比例。可直接在 X、Y、Z 文本框中输入沿这 3 个方向的比例因子，也可以选中“在屏幕上指定”复选框，然后在屏幕上指定。

（6）“旋转”：指定外部参照文件的旋转角度。可直接在“角度”文本框中输入角度值，也可以选中“在屏幕上指定”复选框，然后在屏幕上指定。

二、管理外部参照

外部参照与图块类似，但外部参照的任何部分均不在图形数据库中驻留，它与当前图形的关系仅是一种链接关系。当外部参照的图形作了修改后，可以通过“外部参照管理器”对话框（图 7-19）随时进行更新。

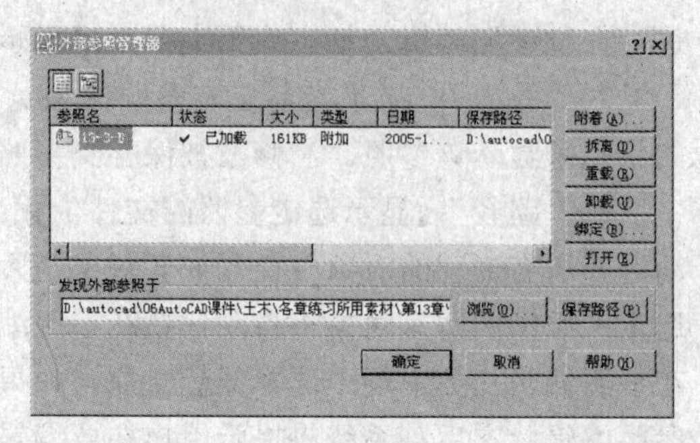

图 7-19 “外部参照管理器”对话框

可通过以下方式调用该命令：

- 下拉菜单：插入→外部参照管理器
- 工具栏：参照→ 按钮
- 命令行：xref（快捷命令为 xr）

命令激活后，弹出“外部参照管理器”对话框。该对话框中常用选项含义如下：

（1）“附着...”：单击此按钮，系统将弹出“外部参照”对话框，可通过此对话框选择要插入的图形文件。

（2）“拆离”：将某个外部参照文件去除。去除的外部参照文件与当前文件完全没有关系。

（3）“重载”：在不退出当前图形文件的情况下，更新外部参照文件。

（4）“卸载”：暂时移走当前图形中的某个外部参照文件，但在列表框中仍保留该文件的路径，当再次使用此文件时，单击此按钮即可。

（5）“绑定...”：此选项将外部参照文件转换成块，永久地插入当前图形中，成为当前图形文件的一部分。

（6）“打开”：在新建窗口中打开外部参照图形。

三、在位编辑外部参照和块

编辑外部参照，有两种方法。即可以打开参照图形，也可以从当前图形中在位编辑外部参照。可以从任何选定的块参照直接编辑块定义。

1. 命令调用

可通过以下方式调用命令：

- 下拉菜单：工具→外部参照和块在位编辑→在位编辑参照
- 工具栏：参照编辑→ 按钮
- 命令行：refedit

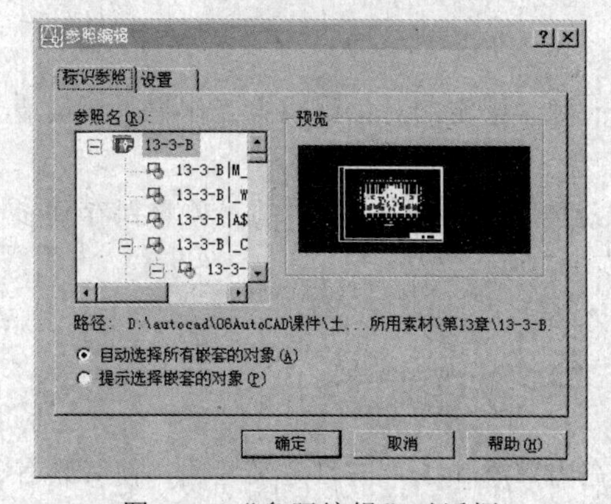

图 7-20 “参照编辑”对话框

2. 对话框各选项含义

命令激活后弹出“参照编辑”对话框（图 7-20）。该对话框中常用选项含义如下：

（1）“标识参照”选项卡：为标识要编辑的参照提供视觉帮助，并控制选择参照的方式。

1）“参照名”：显示选定要进行在位编辑的参照以及选定参照中嵌套的所有参照。只有选定对象是嵌套参照的一部分时，才会显示嵌套参照。如果显示了多个参照，可从中选择要修改的特定外部参照或块。一次只能在位编辑一个参照。使用 minsert 命令插入到图形中的参照，不能选定进行在位参照编辑。动态块不在列表中显示，并且不可通过此对话框进行编辑。

2）“预览”：显示当前选定参照的预览图像。预览图像，将按参照最后保存在图形中的状态来显示该参照。当修改被保存到参照时，参照的预览图像并不会更新。

3）“路径”：显示选定参照的文件位置。如果选定参照是一个块，则不显示路径。“自动选择所有嵌套的对象”：控制嵌套对象是否自动包含在参照编辑任务中。如果选中此选项，选定参照中的所有对象将自动包括在参照编辑任务中。“提示选择嵌套的对象”：控制是否在参照编辑任务中逐个选择嵌套对象。如果选中此选项，关闭“参照编辑”对话框并进入参照编辑状态后，系统将提示用户在要编辑的参照中选择特定的对象。

（2）“设置”选项卡：为编辑参照提供选项。

1）“创建唯一图层、样式和块名”：控制从参照中提取的图层和其他命名对象是否是唯一可修改的。如果选择此选项，外部参照中的命名对象将改变（名称加前缀$#$），与绑定外部参照时的方式类似。如果不选择此选项，图层和其他命名对象的名称与参照图形中的一致。未改变的命名对象将唯一继承当前宿主图形中有相同名称对象的属性。

2）“显示编辑的属性定义”：控制编辑参照期间是否提取和显示块参照中所有可变的属性定义。如果选择了“显示编辑的属性定义”，则属性（固定属性除外）变得不可见；同时，属性定义可与选定的参照几何图形一起被编辑。若修改保存回块参照时，原参照的属性保持不变。新的或改动过的属性定义，只对后来插入的块有效，而现有块引用中的属性不受影响。此选项对外部参照和没有定义的块参照不起作用。

3）“锁定不在工作集中的对象”：锁定所有不在工作集中的对象。从而避免用户在参照编辑状态时，意外地选择和编辑宿主图形中的对象。锁定对象的行为，与锁定图层上的对象类似。如果试图编辑锁定的对象，它们将从选择集中过滤。

3. 在位编辑外部参照或块参照的步骤

（1）依次单击“工具”菜单→“在位编辑外部参照和块”→“在位编辑参照”。

（2）在当前图形中选择要编辑的参照。如果在参照中选择的对象属于任何嵌套参照，则所有可供选择的参照都将显示在“参照编辑”对话框中。

（3）在“参照编辑”对话框中，选择要进行编辑的特定参照。锁定该参照文件，以防止多个用户同时打开该文件。如果另一个用户正在使用参照所在的图形文件，则不能在位编辑参照。

（4）单击“确定”。

（5）在参照中选择要编辑的对象，并按 Enter 键。选定的对象将成为工作集。默认情况下，所有其他对象都将锁定和褪色。

（6）编辑工作集中的对象。单击“将修改保存到参照”，工作集中的对象将保存到参照，外部参照或块将被更新。

第六节　动　态　块

动态块属于特殊的块。与普通块不同处是它在内部添加了一些自定义特性，使其具有一定的灵活性和智能性。用户使用时，可以轻松地更改图形中的动态块参照，可以通过自定义夹点或自定义特性来操作几何图形。使用户可按需要方便地调整块参照，而不用搜索另一个块以插入或重定义现有的块。

一、动态块的使用

如前介绍，块是由一组对象构成的单一对象。故插入块时，可通过输入缩放比例因子及旋转角度设定块的大小和方向；对于已插入的块，则可利用 scale 和 properties 命令改变缩放比例因子及旋转角度。

动态块，可以具有自定义夹点和自定义特性。如果块是动态的，并且定义为可调整大小，那么只需拖动自定义夹点就可以修改块的大小。动态块，包含有尺寸参数及与参数关联的动作，常用的参数有长度、角度等，与这些参数相关联的动作有拉伸、旋转等。

二、创建动态块的步骤

块编辑器（图 7-5），是专门用于创建块定义并添加动态行为的编写区域。可以使用块编辑器向当前图形存在的块定义中添加动态行为或编辑其中的动态行为，为几何图形增添灵活性和智能性。创建动态块步骤如下。

（1）在创建动态块之前规划动态块的内容：在创建动态块之前，应当了解其外观以及在图形中的使用方式。在命令行输入确定当操作动态块参照时，块中的哪些对象会更改或移动。另外，还要确定这些对象将如何更改。例如，用户可以创建一个可调整大小的动态块。另外，调整块参照的大小时，可能会显示其他几何图形。这些因素决定了添加到块定义中的参数和动作的类型，以及如何使参数、动作和几何图形共同作用。

（2）绘制几何图形：可以在绘图区域或块编辑器中绘制动态块中的几何图形，也可以使用图形中的现有几何图形或现有的块定义。

注意：如果用户要使用可见性状态更改几何图形在动态块参照中的显示方式，可能不希望在此包括全部几何图形。

（3）了解块元素如何共同作用：在向块定义中添加参数和动作之前，应了解它们相互之间以及它们与块中的几何图形之间的相关性。在向块定义添加动作时，需要将动作与参数以及几何图形的选择集相关联。此操作将创建相关性。向动态块参照添加多个参数和动作时，需要设置正确的相关性，以便块参照在图形中正常工作。

例如，用户要创建一个包含若干对象的动态块。其中一些对象关联了拉伸动作，同时用户还希望所有对象围绕同一基点旋转。在这种情况下，应当在添加其他所有参数和动作之后，添加旋转动作。如果旋转动作，并非与块定义中的其他所有对象（几何图形、参数和动作）相关联，那么块参照的某些部分可能不会旋转，或者操作该块参照时可能会造成意外结果。

（4）添加参数：按照命令提示上的提示，向动态块定义中添加适当的参数。

注意：使用块编写选项板的“参数集”选项卡，可以同时添加参数和关联动作。

（5）添加动作：向动态块定义中添加适当的动作。按照命令提示上的提示进行操作，确保动作与正确的参数和几何图形相关联。有关使用动作的详细信息，请参见在动态块中使用动作的概述。

（6）定义动态块参照的操作方式：用户可以指定在图形中操作动态块参照的方式，也可以通过自定义夹点和自定义特性来操作动态块参照。在创建动态块定义时，用户将定义显示哪些夹点以及如何通过这些夹点来编辑动态块参照。另外，还指定了是否在“特性”选项板中显示出块的自定义特性，以及是否可以通过该选项板或自定义夹点来更改这些特性。

（7）保存块，然后在图形中进行测试：保存动态块定义并退出块编辑器。然后将动态块参照插入到一个图形中，并测试该块的功能。

思考题与习题

（1）如何定义块和插入块？

（2）如何定义块属性？块属性的特点是什么？有何用途？

（3）外部参照与块有何相同点和区别？

（4）创建动态块的步骤？

第八章　文本与表格

文字，是工程图样中不可缺少的一部分。为了完整地表达设计思想，除了正确地用图形表达物体的形状、结构外，还要在图样中包含一些文字注释来标注图样的一些非图形信息，如设计说明、材料说明、施工要求、填写标题栏等，对图形进行说明或使图形便于阅读。另外，在 AutoCAD 中的表格使用功能，可以创建不同类型的表格，还可以在其他软件中复制表格，以简化制图操作。

第一节　设置文字样式

在图形中书写文字时，首先要确定采用字体的文字样式。文字样式是用来控制文字基本形状的一组设置，主要用于定义文字的"字体"、"字形"、"高度"、"宽度系数"、"倾斜角"、"反向"、"倒置"以及"垂直"等参数。在 AutoCAD 系统中，默认的文字样式为"Standard"；也可以根据国家制图标准及用户的具体要求，重新设置文字样式或创建新的样式，以控制注写文本的外观。在一幅图形中，可以定义多种文字样式，但只能选择其中一个为当前样式（汉字和字符，应分别建立文字样式和字体）。如果在输入文字时使用不同的文字样式，就会得到不同的字体效果。

系统选项设置，采用以下几种方式调用：

- 下拉菜单：格式→文字样式
- 工具栏：格式→ A 按钮
- 命令行：style（快捷命令为 st）

采用上述任何一种方法后，系统弹出"文字样式"对话框（图 8-1）。该对话框各选项含义如下。

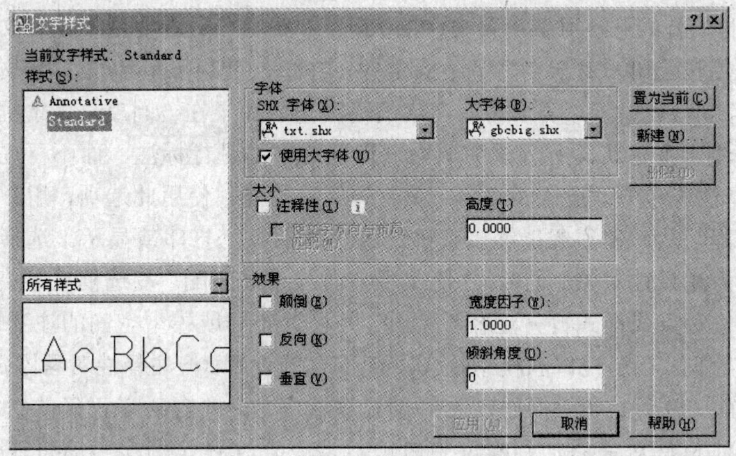

图 8-1　"文字样式"对话框

（1）“样式”列表框：用于设置文字样式名。“样式”列表框列出了当前可以使用的文字样式，默认文字样式为 Standard（不能删除及重命名）。在该列表框中选择一种样式，单击“置为当前”按钮，可以将选定的样式设置为当前样式；单击“删除”按钮，可以删除所选择的文字样式（Standard 样式除外）。在列表框中右击某种样式，在弹出的快捷菜单选择“重命名”命令，可以重新命名文字样式（Standard 样式除外）；单击“新建”按钮，打开“新建文字样式”对话框（图 8-2），可以根据图样设计需要在“样式名”文本框中输入新建文字样式名称后，单击“确定”按钮，创建新的文字样式。新建文字样式，将显示在“样式名”下拉列表框中。

图 8-2 “新建文字样式”对话框

（2）“字体”选项组：用于设置文字样式使用的字体和字高等属性。该栏有“SHX 字体名（F）/字体（X）”下拉列表框、“大字体（B）/字体样式（Y）”下拉列表框和“使用大字体（U）”复选框。“SHX 字体名（F）/字体（X）”下拉列表和“大字体（B）/字体样式（Y）”下拉列表的名称随“使用大字体（U）”复选框的开、闭而变化。若使用大字体（U）的状态为打开时，左边的下拉列表的名字为 SHX 字体（X），只显示 AutoCAD 的普通形文件；右边的下拉列表的名字为大字体（B），用于选择大字体文件。当其为关闭状态时，表示不用大字型文件，左边的下拉列表的名字改为字体名（F），增加了 Windows 的字体文件；右边的下拉列表的名字改为字体样式（Y），可设置斜体、粗体和常规字体等。

AutoCAD 提供了符合标注要求的字体文件：gbenor.shx 文件、gbeitc.shx 文件和 gbcbig.shx 文件。其中，gbenor.shx 文件和 gbeitc.shx 文件分别用于标注直体和斜体字母与数字；gbcbig.shx 文件则用于标注中文。

选择正确的汉字字体，方能输入汉字。其中，“字体名”下拉列表框用于选择字体，下拉列表中有几十种字体，选择合适的字体名称（建议采用“gbeitc.shx”形文件字体），且选中“使用大字体”复选框，以适合工程图的字样。“字体样式”下拉列表框用于选择字体格式，如斜体、粗体和常规字体等；选中“使用大字体”复选框，“字体样式”下拉列表框变为“大字体”下拉列表框，用于选择大字体文件，这里可以选择“gbcbig.shx”或“bigfont.shx”。

（3）“大小”选项组：用于设置文字的大小。“高度”文本框用于设置文字的高度，如果将文字的高度设为 0，表示字高是不固定的，在每次使用 text 命令标注文字时，命令行将显示“指定高度:”提示，要求输入文字的高度值。如果在“高度”文本框中设置了文字高度，则在标注文本时默认所有该字形均以设置的字高进行标注，而不再提示指定高度。

（4）“注释性”选项：是 AutoCAD 2008 的新增功能。使用此选项，用户可以自动完成缩放注释的过程，从而使注释能够以正确的大小在图纸上打印或显示。选择“注释性”复选框指定文字为注释性对象。同时，“使文字方向与布局匹配”复选框呈显亮显示，选择该复选框就可以按对象或样式打开注释性特性，并设置布局或模型空间的注释比例。“注释比例”：是与模型空间、布局视口和模型视图一起保存的设置。将注释性对象添加到图形中时，它们将支持当前的注释比例，根据该比例设置进行缩放，并自动以正确的大小显示在模型空间中。在将注释性对象添加到模型中之前，请设置注释比例。考虑将在其中显示注释的视口的最终比例设置，注释比例（或从模型空间打印时的打印比例）应设置为与布局中的视口（在该视口中将显示注释性对象）比例相同。例如，如果注释性对象将在比例为 1:2 的视口中显示，请将注释比例设置为 1:2。使用模型选项卡时，或选定某个视口后，当前注释比例将显示在应用程序状态栏或图形状态栏上。用户可以使用状态栏来更改注释比例。

（5）“效果”选项组：在“文字样式”对话框中，使用“效果”选项组中的选项，可以设置文字的颠倒、反向、垂直等显示效果（图 8-3)。“颠倒”复选框表示文字是否上下颠倒写；“反向”复选框表示文字是否反写；“垂直”复选框表示文字是否沿垂直方向书写，但对 TrueType 字体，该选项不可用；在“宽度比例”文本框中可以设置文字字符的高度和宽度之比，默认值为 1，将按系统定义的高宽比书写文字；当“宽度比例”小于 1 时，则文本变窄；否则，文本变宽；在“倾斜角度”文本框中可以设置文字的倾斜角度，注意是相对于 90°方向的倾斜角，角度为 0°时不倾斜；角度为正值时向右倾斜；为负值时向左倾斜。

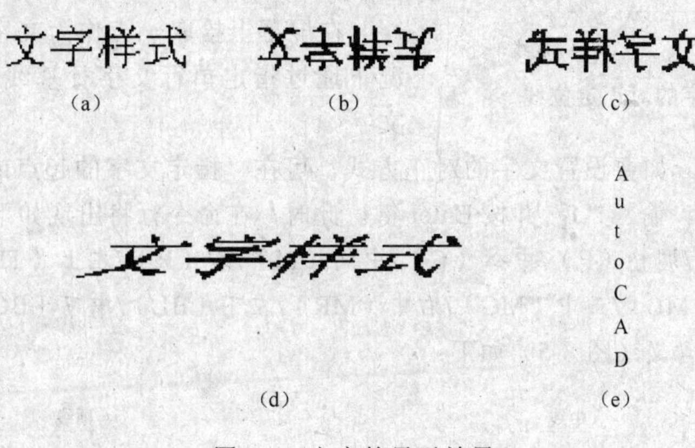

图 8-3 文字的显示效果

（a）正常效果；（b）颠倒效果；（c）反向效果；（d）倾斜效果；（e）垂直效果

（6）“预览”窗口：可以预览所选择或所设置的文字样式效果。设置完文字样式后，单击“应用”按钮即可应用文字样式。然后单击“关闭”按钮，关闭“文字样式”对话框，完成文字样式的设置。

第二节 创 建 文 字

在 AutoCAD 中创建文字，可以采用以下两种输入方式：一种是利用 text 或 dtext 命令向图中输入单行文字；另一种是利用 mtext 命令（即多行文字）向图中输入多行文字。

一、单行文本输入

AutoCAD 提供的单行文字以单行方式输入，对于一些简单、不需要复杂字体的部分，可以用 text 命令来放置单行文本。输入过程中，即可以使用回车键换行，也可以在另外的位置单击鼠标左键，以确定一个新的起始位置。无论是换行还是重新确定起始位置，AutoCAD 都会将每一行作为一个实体对象，可对每行文字重新定位、调整格式或进行其他修改操作等，适合于在工程设计图中对指定点进行文字标注。

可以通过以下方式调用该命令：

- 下拉菜单：绘图→文字→单行文字
- 工具栏：文字→ AI 按钮
- 命令行：text 或 dtext（快捷命令为 dt）。

激活 text 或 dtext 命令后，命令提示：

当前文字样式："Standard" 文字高度：2.5000 注释性：是/否

指定文字的起点或 [对正（J）/样式（S）]:

各选项含义如下：

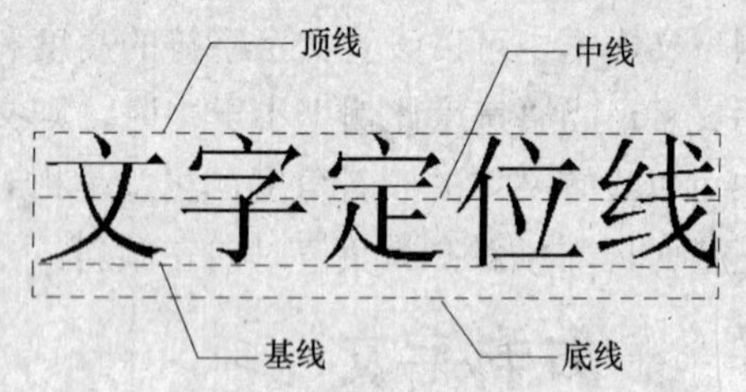

图 8-4 文字的对正定位线

（1）指定文字的起点。AutoCAD 为文字行定义了 4 条定位线：顶线、中线、基线、底线。文字的对正就是参照这些定位线来进行的如图 8-4 所示。

在屏幕上拾取一点作为文字起点。在默认情况下通过指定单行文字行基线的起点位置创建文字。

（2）对正（J）。如要设置文字的对正方式，可在"指定文字的起点或 [对正（J）/样式（S）]:"提示下，输入"J"并按 Enter 键。此时，在命令行将出现如下提示信息：

[对齐（A）/调整（F）/中心（C）/中间（M）/右（R）/左上（TL）/中上（TC）/右上（TR）/左中（ML）/正中（MC）/右中（MR）/左下（BL）/中下（BC）/右下（BR）]:

其主要选项的含义（图 8-5）如下：

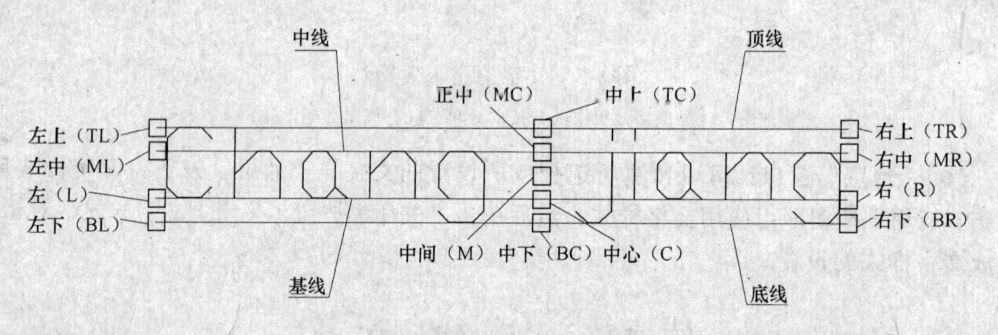

图 8-5 文字对齐效果

1）对齐（A）：指定输入文本基线的起点和终点。不要求输入文字的旋转角度。AutoCAD 根据两定位点距离和字符数量自动调整文字高度，以使文字适于放在两点之间。

2）调整（F）：指定输入文本基线的起点和终点。文本高度保持不变，不要求输入文字的旋转角度。AutoCAD 调整宽度系数，以使文字适于放在两点间，因此需要输入文字的高度。

3）中心（C）：用来确定输入文本基线的水平中点。

4）中间（M）：用来确定输入文本基线的水平和竖直中点。

5）右（R）：用来确定输入文本基线的右端点。

6）左上（TL）：文字对齐在文字单元左上角的第一个字符。

7）中上（TC）：文字对齐在文字单元串的顶部，文字串向中间对齐。

8）右上（TR）：文字对齐在文字串最后一个文字单元的右上角。

9）左中（ML）：文字对齐在第一个文字单元左侧的垂直中点。

（3）样式（S）。在"指定文字的起点或［对正（J）/样式（S）］："提示下输入 S，可以设置当前使用的文字样式。选择该选项时，命令行显示如下提示信息：

输入样式名或［?］<Standard>:

即可直接输入文字样式的名称，也可输入"?"后按两次 Enter 键，在"AutoCAD 文本窗口"中显示当前图形已有的文字样式；若直接按 Enter 键，则使用默认文字样式。

（4）指定高度<2.5000>。设置好文字的对正方式及文字样式后，单击某点可以确定单行文字的起点。系统将给出如下提示：

指定高度<2.5000>:

如果当前文字样式的高度设置为 0，系统将显示"指定高度："提示信息，要求指定文字高度。可通过单击一点，利用该点与文字起点之间的距离作为文字高度；也可直接输入一个数值，指定文字高度。如果在"文字样式"对话框中已设置文字高度，则不显示该提示信息。

（5）指定文字的旋转角度<0>。然后系统显示"指定文字的旋转角度<0>："提示信息，要求指定文字的旋转角度。文字旋转角度是指文字行排列方向与水平线的夹角，默认角度为 0°。可在此提示下直接输入文字行的旋转角度，或单击某点，以该点与前面所设文字起点之间的连线角度（与 X 轴的夹角）作为旋转角度。

（6）输入文字。输入文字旋转角度或按 Enter 键使用默认角度 0°后，屏幕在指定的位置上出现一个指定高度和角度的、很窄的、矩形和工字形的光标。此时可键入文字，输入的文字会即时出现在绘图窗口中。如果要输入另一行文字，可在行尾按 Enter 键；如果希望退出文字输入，可在新起一行时不输入任何内容按 Enter 键，命令结束。

二、多行文本输入

使用多行文本，可在图形中以段落的方式添加文本。输入的文本为一个对象，可以统一地进行编辑和修改。在工程制图中，常使用多行文本创建较为复杂的文字说明（如图样中的技术要求）及输入内部格式比较复杂的文字组（如含有分式、上下角标、字体形状不同、字体大小不一）。

可以通过以下方式调用该命令：

- 下拉菜单：绘图→文字→多行文字
- 工具栏：文字→ A 按钮
- 命令行：mtext（快捷命令为 t 或 mt）。

激活 mtext 命令后，命令提示：

mtext 当前文字样式："Standard" 当前文字高度：2.5

指定第一角点：

指定对角点或［高度（H）/对正（J）/行距（L）/旋转（R）/样式（S）/宽度（W）］:

其中，各选项意义为：①"指定对角点"为默认项，确定另一角点后，即形成多行文字的边界并进入文字输入窗口，在此可以对文字的样式、字体、字高等进行设定；②"高度"用于指定新的文字高度；③"对正"用于指定文字的对齐方式，同时决定了段落的书写方向；④“行距”用于指定行与行之间的距离；⑤“旋转”用于指定文字边框的旋转角度；⑥“样式”用于指定多行文字对象所使用的文字样式；⑦“宽度”通过键盘输入或拾取图形中的点，指定多行文字对象的宽度。

命令激活后，在绘图窗口中指定一个用来放置多行文字的文本边框，将打开“多行文字编辑器”（图 8-6），“多行文字编辑器”由“文字格式”工具栏和文字输入窗口组成。利用它们可以设置多行文字的样式、字体及大小等属性。

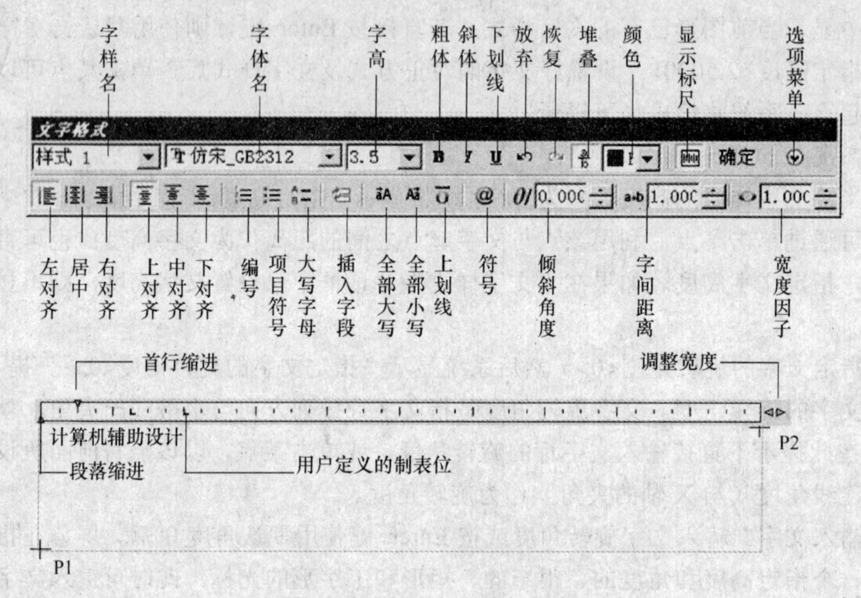

图 8-6 “多行文字编辑器”

（1）使用“文字格式”工具栏。使用该工具栏，可设置文字样式、文字字体、文字高度、加粗、倾斜或加下划线效果。

单击“堆叠/非堆叠”按钮，可以创建堆叠文字（堆叠文字是一种垂直对齐的文字或分数）。在使用时，需要分别输入分子和分母，其间使用 / 、# 或 ^ 分隔，然后选择这一部分文字，单击“堆叠/非堆叠”按钮即可。

（2）设置缩进、制表位和多行文字宽度。在“文字格式”工具栏中单击“段落”命令或在文字输入窗口的标尺上右击，打开“段落”对话框，用户可以从中设置缩进和制表位位置。其中，在“制表位”选项组中可以设置制表位的位置；在“左缩进”选项组的“第一行”文本框和“悬挂”文本框中，可以设置首行和段落的左缩进位置；在“右缩进”选项组的“右”文本框中，可以设置段落右缩进的位置。

在标尺上右击，从弹出的快捷菜单中选择“设置多行文字宽度”命令，可打开“设置多行文字宽度”对话框，在“宽度”文本框中可以设置多行文字的宽度。

（3）使用“选项”菜单。在“文字格式”工具栏中单击“选项”按钮，打开多行文字的选项菜单，可以对多行文本进行更多的设置。

（4）输入文字。在多行文字的文字输入窗口中，即可以直接输入多行文字，也可以在文字输入窗口中右击，从弹出的快捷菜单中选择“输入文字”命令，将已经在其他文字编辑器中创建的文字内容直接导入到当前图形中。

三、特殊文字的书写

在使用 AutoCAD 进行实际绘图过程中，某些特殊符号不能用标准键盘直接输入（例如，在文字上方或下方添加划线、角度符号（°）、直径符号“ϕ”等），以满足特殊需要。为此，AutoCAD 系统提供了各种控制码，用来实现这些要求。这些控制码，由两个百分号（%%）以及在后面紧接的一个字符构成，用这种方法可以表示特殊字符。

1. 利用单行文字命令输入特殊符号

单行文字的特殊字符，可以通过输入控制码来实现。常用的控制码见表 8-1。

表 8-1　AutoCAD 特殊符号控制码及含义

控制码	符号意义	控制码	符号意义
%%O	上划线	%%P	公差（±）
%%U	下划线	%%C	圆直径“ϕ”
%%D	角度（°）	%%%	单个百分比符号“%”

例如，要生成字符串“AutoCAD 2008”，可在命令行输入如下文字：%%UAutoCAD%%U 2008。

2. 利用多行文字命令输入特殊符号

利用多行文字命令输入特殊符号，除了可以通过输入控制码来实现外，还具有更大的灵活性。因为它本身就具有一些格式化选项。例如，利用“文字格式”工具栏上的“上（下）划线”及“符号”按钮，可直接实现特殊符号输入；另外，在文字编辑区中右击，显示出编辑文字快捷菜单（图 8-7），选择编辑文字快捷菜单中的“符号”→“其他”选项，打开“字符映射表”对话框（图 8-8），在“字体”下拉列表中选择字体名，在“符号”选区中选择需要的特殊符号，按下“选择”按钮后，单击“复制”按钮，返回文字编辑区，点击右键，在快捷菜单中选择“粘贴”选项，也可实现特殊符号输入。

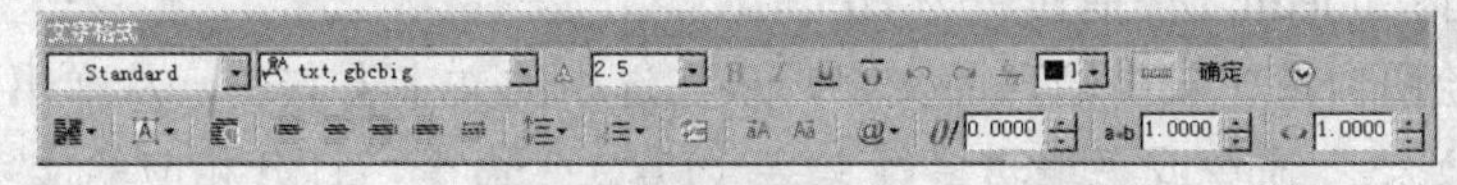

图 8-7　利用快捷菜单输入符号

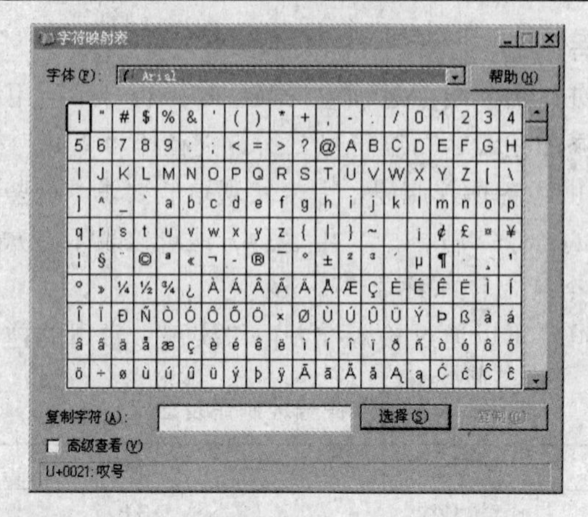

图 8-8 “字符映射表”对话框

第三节　文本编辑命令

已经写好的文字，可以进行修改内容、改变文字大小和对正方式等编辑。可以采用文字编辑的 3 种方式来完成：第一种是采用编辑命令；第二种是利用对象特性进行编辑；第三种是在文字上双击。

单行文字和多行文字的修改过程基本相同。只是单行文字不能使用 explode 命令来分解，而该命令可以将多行文字变为单行文字对象。

一、使用 ddedit 命令编辑文字

- 下拉菜单：修改→对象→文字→编辑
- 工具栏：文字→ 按钮
- 命令行：ddedit（快捷命令为 ed）

也可以在绘图窗口中双击输入的文字，或在选中的文字上右击，从弹出的快捷菜单中选择“编辑（I）...”命令或“编辑多行文字（I）...”命令，打开相应的文字编辑窗口。

激活该命令后，如果选择的是单行文本，即进入文字编辑状态，在此可以对文字内容进行修改，修改完确定。

如果选择的是多行文本，则回到文本编辑器进行修改。系统将显示与创建多行文字时相同的窗口界面，参照多行文字的设置方法，修改并编辑文字。但是如果要修改文字的大小和字体的属性，需先选中要修改的文字，然后选取新的字体或输入新的字体高度值。

二、使用“对象特性”选项板编辑文字

- 下拉菜单：修改→特性
- 工具栏：标准→ 按钮
- 命令行：properties

激活该命令后，打开“特性”对话框，根据所选对象的不同，对象的特性也不相同。如果是单行文本，可以对文本的内容、样式、高度、比例等特性进行修改；如果是多行文本，还可以对行距、比例等进行修改，且修改文字对象的文字内容时，必须先单击“文字”

选项区的“内容”，然后单击“内容”右侧的按钮，在文本编辑器中编辑文字。图 8-9 和图 8-10，分别显示了单行文字和多行文字的“特性”窗口。

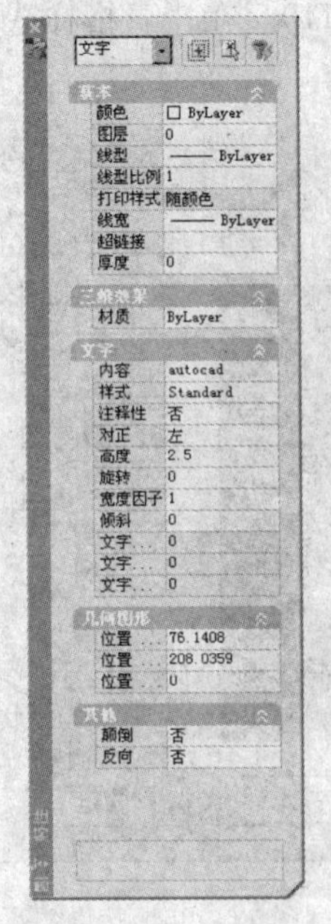

图 8-9　单行文字的“特性”窗口

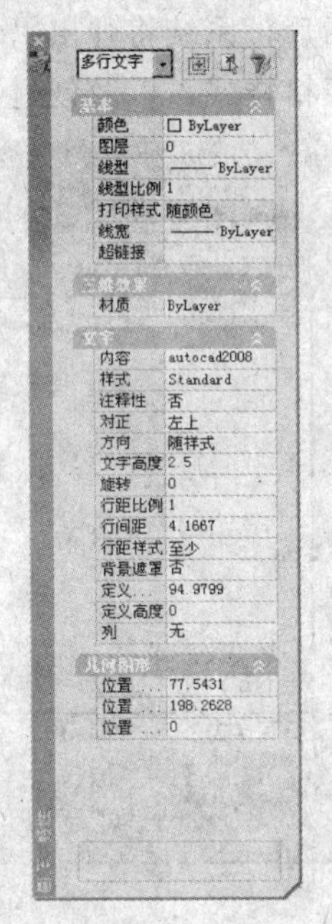

图 8-10　多行文字的“特性”窗口

另外，还可以用一般编辑图形对象命令，对文本进行操作（如复制、移动、旋转、删除和镜像等）；也可以利用夹点编辑技术，对文本进行操作。

第四节　表　　格

表格，是在行和列中包含数据的对象，是一种简洁清晰的信息表达方式。利用 AutoCAD 提供的自动创建表格的功能，可方便地在设计图形中创建诸如图纸目录、门窗表、材料表、零件明细表等表格。

在 AutoCAD 2008 中，可以使用创建表格命令创建表格，还可以从 Microsoft Excel 中直接复制表格，并将其作为 AutoCAD 表格对象粘贴到图形中，也可以从外部直接导入表格对象。此外，还可以输出来自 AutoCAD 的表格数据，以供在 Microsoft Excel 或其他应用程序中使用。

一、创建表格样式

表格样式，主要用于定义表格的外观，控制表格中的字体、颜色和文本的高度、行距等特性。在创建表格时，用户即可以使用默认的表格样式，也可以根据需要自定义表格样式。在表格样式中，用户即可设定文字的样式、字高、对齐方式及表格单元的填充颜色，还可设定单元边框的线宽和颜色以及控制是否显示边框。

1. 命令调用

- 下拉菜单：格式→表格样式

- 工具栏：样式→ 按钮
- 命令行：tablestyle（快捷命令为 ts）

命令激活后，系统将弹出“表格样式”对话框（图 8-11）。在“表格样式”对话框中，可设置当前表格样式，以及创建、修改和删除表格样式。

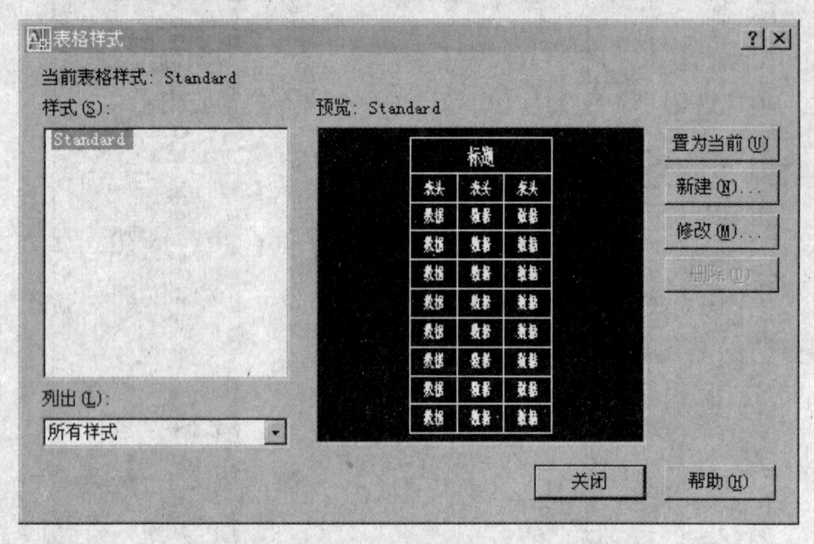

图 8-11　“表格样式”对话框

2.“表格样式”对话框各选项组说明

（1）“当前表格样式”：显示当前使用的表格样式（默认为 Standard）。

（2）“样式”列表：显示当前图形所包含的表格样式。

（3）“预览”窗口：显示选中表格的样式。

（4）“列出”下拉列表：选择“样式”列表，是显示图形中的所有样式，还是正在使用的样式。

（5）“置为当前”按钮：将选中的表格样式设置为当前。

（6）“修改”按钮：单击该按钮，打开“修改表格样式”对话框，可对选中的表格样式进行修改。

（7）“删除”按钮：单击该按钮，删除选中的表格样式。

（8）“新建”按钮：单击该按钮，打开“创建新的表格样式”对话框（图 8-12），可创建新表格样式。在对话框“新样式名”文本框中输入新的表格样式名，在“基础样式”下拉列表框中选择一种基础样式作为模板，新样式将在该样式基础上进行修改。然后单击“继续”按钮，打开“新建表格样式”对话框（图 8-13）。

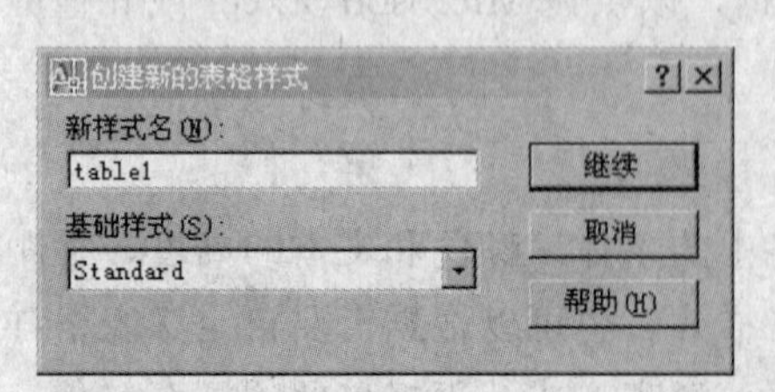

图 8-12　“创建新的表格样式”对话框

3.“新建表格样式”对话框各选项组说明

（1）“起始表格”选项组：用户可在图形中指定一个表格作为样例，来设置此表格样式的格式。选择表格后，可以指定要从该表格复制到表格样式的结构和内容。

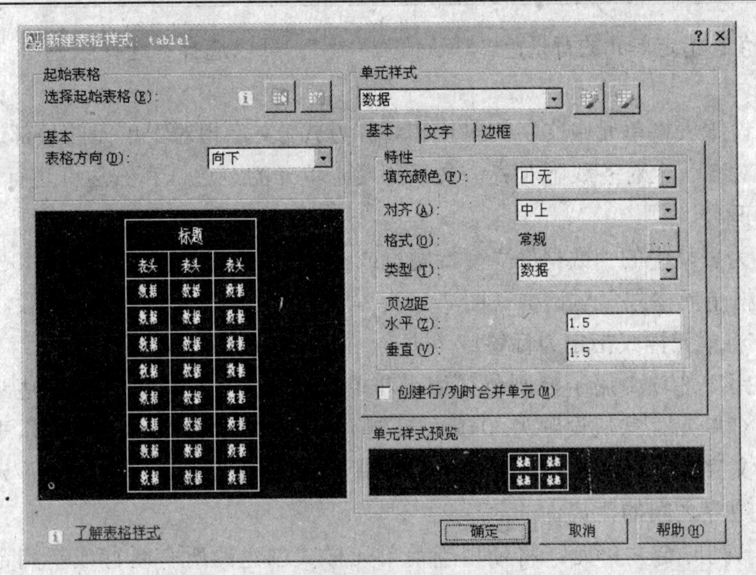

图 8-13 “新建表格样式”对话框

（2）“基本”选项组：设置表格方向。该选项组中，“表格方向”下拉列表框可选择表格的生成方向是向上或向下。“向下”将创建由上而下读取的表格，标题行和列标题行位于表格的顶部，单击“插入行”并单击“下”时，将在当前行的下面插入新行。“向上”将创建由下而上读取的表格，标题行和列标题行位于表格的底部，单击“插入行”并单击“上”时，将在当前行的上面插入新行。

（3）“单元样式”下拉列表框选项组：定义新的单元样式或修改现有单元样式。可以创建任意数量的单元样式。

1）“单元样式”菜单显示表格中的单元样式；单击“创建单元样式”按钮启动“创建新单元样式”对话框（图 8-14）；单击“管理单元样式”按钮启动“管理单元样式”对话框（图 8-15）。

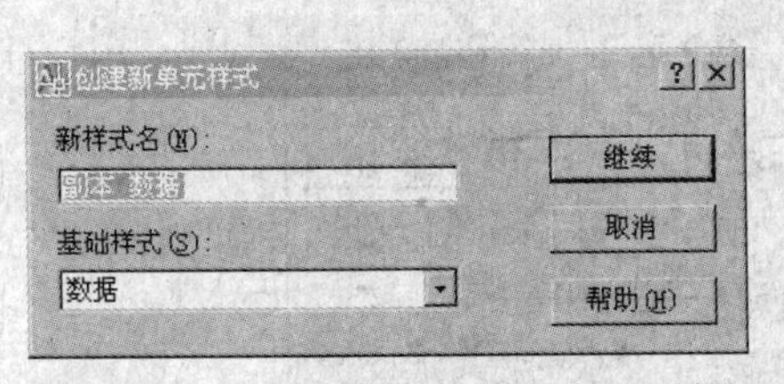

图 8-14 “创建新单元样式”对话框

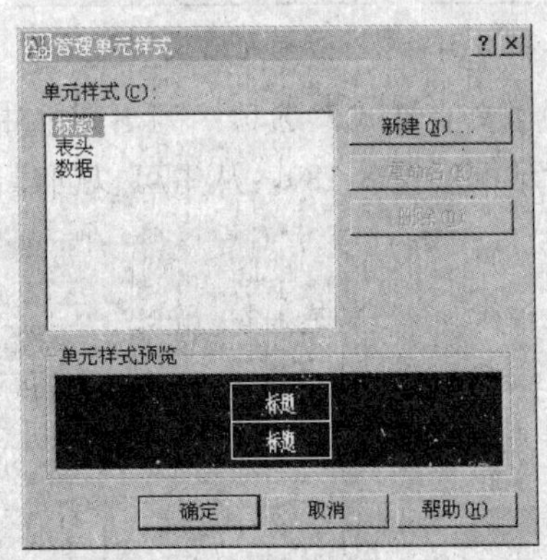

图 8-15 “管理单元样式”对话框

2）“单元样式”选项卡：设置数据单元、单元文字和单元边界的外观，取决于处于活动状态的选项卡：“基本”选项卡、“文字”选项卡或“边界”选项卡。

（4）“基本”选项卡。

1）“特性”选项中各部分含义如下：

a. 填充颜色：指定单元的背景色。默认值为“无”；可以选择“选择颜色”，以显示“选择颜色”对话框。

b. 对齐：设置表格单元中文字的对正和对齐方式。文字相对于单元的顶部边框和底部边框，进行居中对齐、上对齐或下对齐。文字相对于单元的左边框和右边框进行居中，对正、左对正或右对正。

c. 格式：为表格中的“数据”、“列标题”或“标题”行设置数据类型和格式。单击该按钮将显示“表格单元格式”对话框（图 8-16），从中可以进一步定义格式选项。

d. 类型：将单元样式指定为标签或数据。

2）“页边距”选项中用于控制单元边界和单元内容之间的间距。单元边距设置，应用于表格中的所有单元。默认设置为 0.06（英制）和 1.5（公制）。其中，“水平”选项用来设置单元中的文字或块与左右单元边界之间的距离，“垂直”选项用来设置单元中的文字或块与上下单元边界之间的距离。

3）创建行/列时合并单元：将使用当前单元样式创建的所有新行或新列合并为一个单元。可以使用此选项在表格的顶部创建标题行。

（5）“文字”选项卡（图 8-17）。

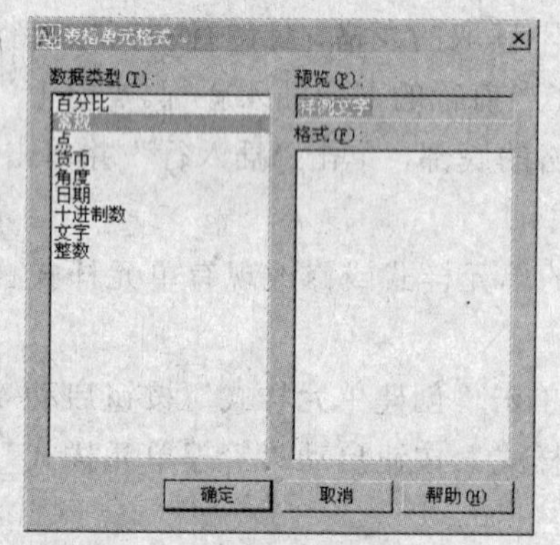

图 8-16 “表格单元格式”对话框

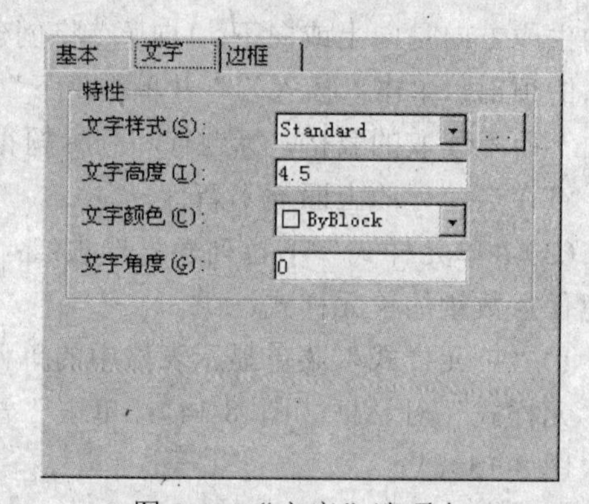

图 8-17 “文字”选项卡

1）“文字样式”选项：列出图形中的所有文字样式。单击“...”按钮将显示“文字样式”对话框（图 8-18），从中可以创建新的文字样式。

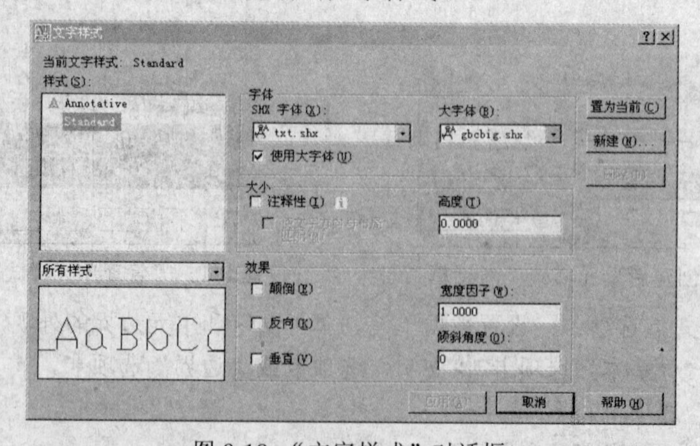

图 8-18 “文字样式”对话框

2)“文字高度”：设置文字高度。数据和列标题单元的默认文字高度为 0.1800；表标题的默认文字高度为 0.25。

3)“文字颜色”：指定文字颜色。选择列表底部的“选择颜色”可显示“选择颜色”对话框。

4)“文字角度”：设置文字角度。默认的文字角度为 0°可以输入-359°～+359°之间的任意角度。

(6)“边框”选项卡（图 8-19）。

1)“线宽”：通过单击边界按钮，设置将要应用于指定边界的线宽。如果使用粗线宽，可能必须增加单元边距。

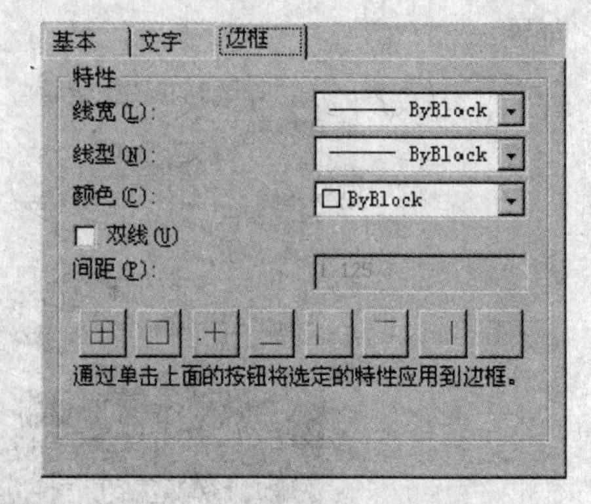

图 8-19 “边框”选项卡

2)“线型”：通过单击边界按钮，设置将要应用于指定边界的线型。将显示标准线型随块、随层和连续，或者可以选择“其他”加载自定义线型。

3)“颜色”：通过单击边界按钮，设置将要应用于指定边界的颜色。选择“选择颜色”可显示“选择颜色”对话框。

4)“双线”：将表格边界显示为双线。

5)“间距”：确定双线边界的间距。默认间距为 0.1800。

6)边界按钮：控制单元边界的外观。外观边框特性包括栅格线的线宽和颜色。将边界特性设置应用到指定单元样式的位置有“所有边界”、“外部边界”、“内部边界”、“底部边界”、“左边界”、“上边界”“右边界”等 7 类。还有一个“无边界”，表示隐藏指定单元样式的边界。

(7)“单元样式预览”显示当前表格样式设置效果的样例。设置完新的样式后，单击“确定”按钮，然后再在“表格样式”对话框中单击“置为当前”按钮，新的样式将成为今后的默认样式。

二、插入和编辑表格

(一) 插入表格

1. 命令调用

- 下拉菜单：绘图→表格
- 工具栏：绘图→ 按钮
- 命令行：table（快捷命令为 tb）

命令激活后，系统将弹出“插入表格”对话框（图 8-20）。在该对话框中用户可以设置表格的样式、列宽、行高以及表的插入方式等。

2. “插入表格”对话框各选项组说明

(1)“表格样式”选项组：可以从“表格样式”下拉列表框中选择表格样式；或单击其后的按钮，打开“表格样式”对话框，创建新的表格样式。

(2)“插入选项”选项组：指定插入表格的方式。选择“从空表格开始”单选按钮，创建可以手动填充数据的空表格；选择“自数据链接”单选按钮，可利用外部电子表格中的数据创建表格；选择“自图形中的对象数据（数据提取）”单选按钮，启动“数据提取”

向导。

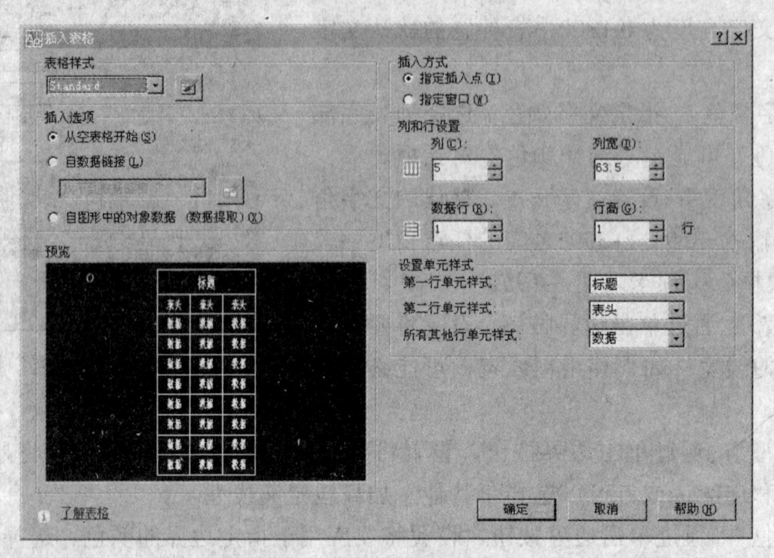

图 8-20 “插入表格”对话框

使用“数据提取”向导，可以从图形中的对象提取特性信息（包括块及其属性以及图形特性），以创建清单、零件列表或明细表。假设用户有一个住宅建设项目，需要创建门的安装清单以放置在图形中。通过使用数据提取向导，用户可以仅选择门对象（设为块）并提取属性数据（由于数据提取向导也可以从对象提取特性信息，因此更具有灵活性）。选择门的特性后，提取的数据将在向导中以列的形式显示，用户可以组织和优化这些列中的信息。数据经过组织后，可以通过指定表格样式或使用现有表格作为样板设置数据的格式。用户得到满意的表格后，可以将其插入到图形中，即完成了提取过程。如果需要与项目中的其他人共享提取的信息，则可以将相同的提取数据输出到外部文件。如果提取的数据不再与图形同步，可以通知用户及时更新表格。例如，如果图形中的某些门被调整尺寸或删除，则可以选择通知用户需要更新数据提取处理表。在一些重要时刻（例如打印或发布时），知道表格中的数据是否为最新很重要，此时通知特别有用。

调用“数据提取”向导还有以下几种方式：

- 下拉菜单：工具→数据提取（X）…
- 工具栏：修改 II→ 按钮
- 命令行：dataextraction

激活命令后，系统将打开“数据提取”向导。数据提取向导，包含“开始”、“定义数据源”、“选择对象”、“选择特性”、“优化数据”、“选择输出”、“表格样式”和“完成”等 8 个页面：

1）“开始”页面（图 8-21）：启动数据提取过程。选项包括创建新的数据提取、使用样板或编辑现有的数据提取。

a.“创建新的数据提取”：是创建新的数据提取并将其保存到 .DXE 文件中。并使“将上一个提取用作样板”按钮可用，以便可以选择数据提取样板（DXE）文件或属性提取（BLK）文件。

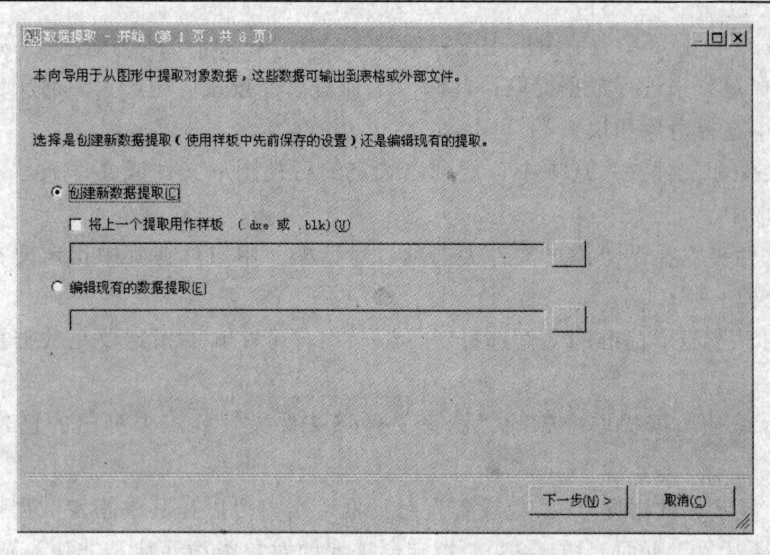

图 8-21 “数据提取”向导“开始”页面

b.“将上一个提取用作样板”：是使用以前保存在数据提取（DXE）文件或属性提取样板（BLK）文件中的设置。按照向导进行时，每一页都填充了样板文件中的设置。也可以更改这些设置，通过单击“...”按钮，在标准的文件选择对话框中选择文件。

c.“编辑现有的数据提取”：可让用户修改现有的数据提取（DXE）文件。单击“...”按钮，可在标准的文件选择对话框中选择数据提取文件。

2）“定义数据源”页面（图 8-22）：指定图形文件，包括从中提取数据的文件夹。可让用户在要从中提取信息的当前图形中选择对象。

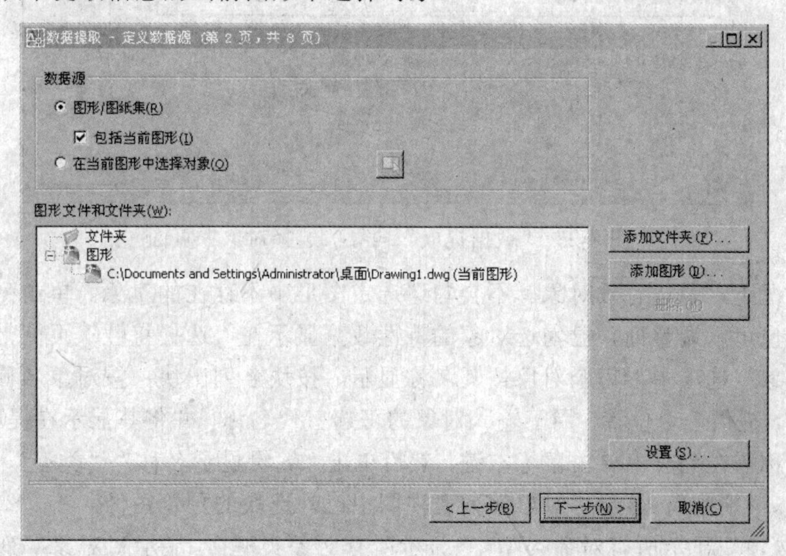

图 8-22 “数据提取”向导“定义数据源”页面

“数据源”选项中，“图形/图纸集”可使“添加文件夹”和“添加图形”按钮用于指定提取的图形和文件夹。提取的“图形和文件夹列”在“图形文件”视图中。选择“包括当前图形”，将当前图形包括在数据提取中。如果还选择提取其他图形，则当前图形可以为空

（不包含对象）。选择“在当前图形中选择对象”是使“在当前图形中选择对象”按钮可用，以便可以选择对象来进行数据提取；此时“选择对象”按钮可用，可暂时关闭向导，以便在当前图形中选择对象和块。

“图形文件和文件夹”选项中，能列出选定的可视图形文件或文件夹。勾选的文件夹将包括在提取中。

“添加文件夹”显示“添加文件夹选项”对话框，用户可在其中指定要在数据提取中包含的文件夹。

“添加图形”显示标准的文件选择对话框，用户可在其中指定要在数据提取中包含的图形。

“删除”是从数据提取中删除“图形文件和文件夹”列表中列出的已勾选图形或文件夹。

“设置”显示“数据提取-其他设置”对话框，用户可以在其中指定数据提取设置。

3)“选择对象”页面（图 8-23）：指定要提取的对象类型（块和非块）和图形信息。

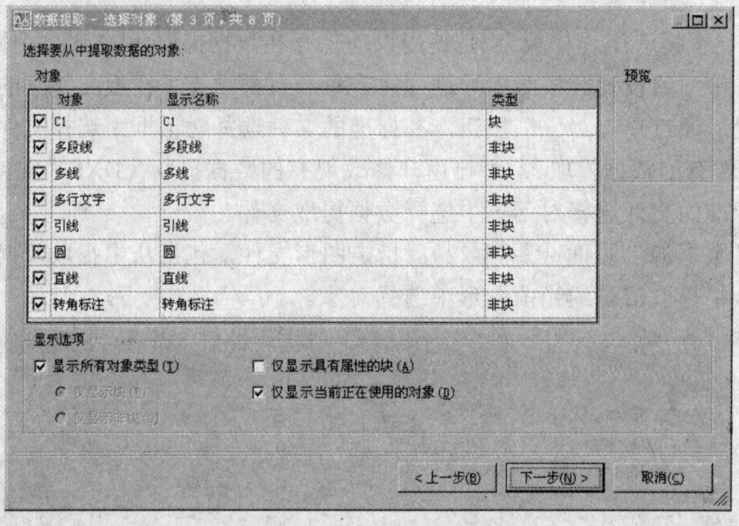

数据提取 - 选择对象（第 3 页，共 8 页）

选择要从中提取数据的对象：

对象

对象	显示名称	类型
☑ C1	C1	块
☑ 多段线	多段线	非块
☑ 多线	多线	非块
☑ 多行文字	多行文字	非块
☑ 引线	引线	非块
☑ 圆	圆	非块
☑ 直线	直线	非块
☑ 转角标注	转角标注	非块

预览

显示选项

☑ 显示所有对象类型(T)　　☐ 仅显示具有属性的块(A)

○ 仅显示块(B)　　☑ 仅显示当前正在使用的对象(D)

○ 仅显示非块(O)

< 上一步(B)　下一步(N) >　取消(C)

图 8-23 “数据提取”向导“选择对象”页面

默认情况下，勾选有效对象。不会勾选选定图形中不存在的对象。单击列表头可反转排列顺序，也可以调整列。已勾选对象的特性数据显示在“选择特性”页面上。

在“对象”选项中，每个对象按其名称显示。按块名列出块，按对象名称列出非块。“显示名称”，提供一个位置，用于输入对象的可选替代名称，并将其显示在提取的信息中；选择显示名称需在列表中单击鼠标右键，然后单击“编辑显示名称”。“类型”，显示对象是块还是非块。“预览”，显示“对象”列表视图中已勾选块的预览图像。

“显示选项”显示所有对象类型。“显示所有对象类型”，显示“对象”列表视图中所有对象类型（块和非块）的列表。默认情况下，选择该选项。“仅显示块”，仅显示“对象”列表视图中的块；“仅显示非块”，仅显示“对象”列表视图中不是块的对象。“仅显示具有属性的块”，仅显示“对象”列表视图中包含属性的块。如果动态块具有指定的特殊特性（例如动作和参数），则会列出这些动态块；“仅显示当前正在使用的对象”，显示“对象”列表视图中存在于选定图形中的对象。

4）“选择特性”页面（图 8-24）：控制要提取的对象、块和图形特性。每行显示一个特性名、显示名称和类别。

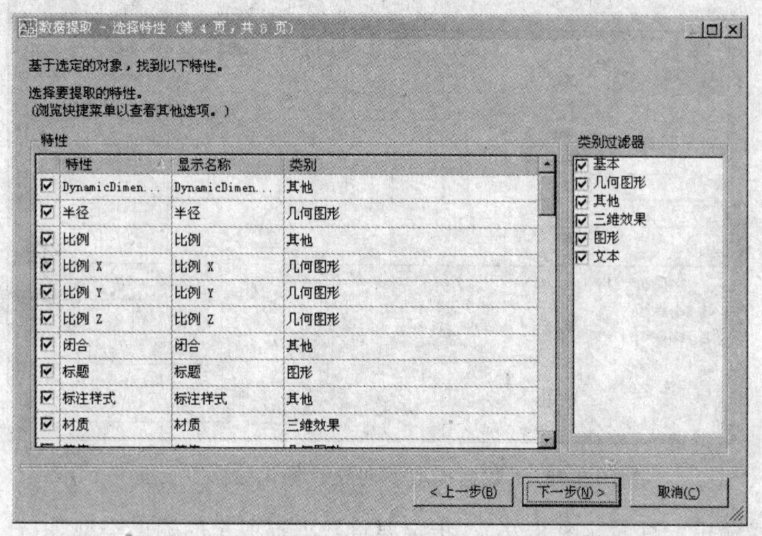

图 8-24 “数据提取”向导“选择特性”页面

在列表头上单击鼠标右键，并使用快捷菜单中的选项勾选或取消勾选所有项目，反转选择集，或编辑显示名称。单击列表头可反转排列顺序，可以调整列。

“特性”选项中的“特性”，显示选择对象的对象特性。根据选定的过滤类别过滤特性列表，特性与“特性”选项板中列出的特性相同。“显示名称”，提供一个位置，用于输入特性的可选替代名称，并将显示在提取的信息中。选择特性显示名称，在列表中单击鼠标右键，然后单击“编辑显示名称”；“类别”显示每个特性的类别。例如，“常规”指定一般对象特性（例如颜色或图层）；“属性”指定用户定义的属性；“动态”指定动态块的、用户定义的特性数据。类别与“特性”选项板中列出的类别相同。

“类别过滤器”选项显示从特性列表中提取的类别列表。取消勾选的类别过滤“特性”列表。类别包括“三维效果”、“属性”、“图形”、“动态块”、“常规”、“几何体”、“其他”、“图案”、“表格”和“文字”。

5）“优化数据”页面（图 8-25）：修改数据提取处理表的结构。用户可以对列进行重排序、过滤结果、添加公式列和脚注行，以及创建 Microsoft Excel 电子表格中数据的链接。

以列格式显示在“选择特性”页面中指定的特性。在任何列表头上单击鼠标右键可显示选项快捷菜单。默认情况下，显示计数列和名称列。图标显示在插入的公式列和从 Microsoft Excel 电子表格中提取的列的列表头中。

“合并相同的行”在表格中按行编组相同的记录。使用所有聚集对象的总和更新计数列；“显示计数列”显示栅格中的计数列；“显示名称列”显示栅格中的名称列；“链接外部数据”显示“链接外部数据”对话框，用户可以在其中创建提取的图形数据和 Excel 电子表格中数据之间的链接；“列排序选项”显示“排序列”对话框，用户可以在其中对多个列中的数据排序；“完整预览”在文本窗口中显示最终输出的完整预览，包括已链接的外部数据。预览仅用于查看。

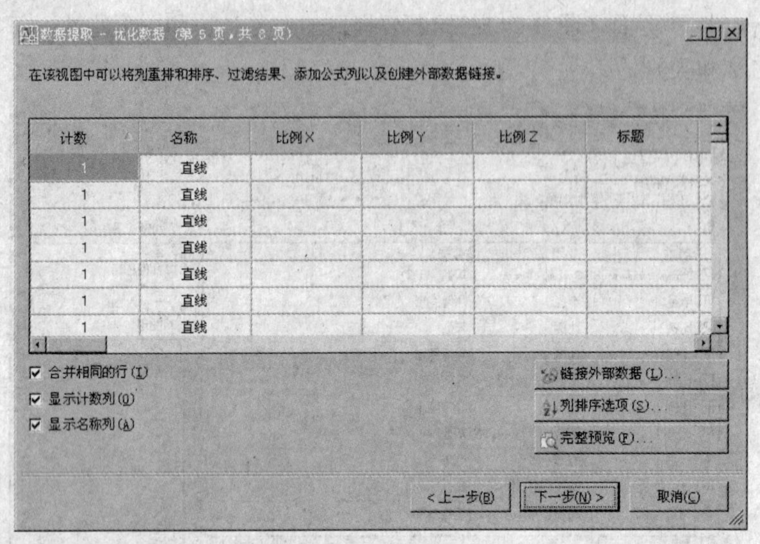

图 8-25 “数据提取”向导“优化数据”页面

6)“选择输出”页面（图 8-26）：指定要将数据提取至的输出类型。

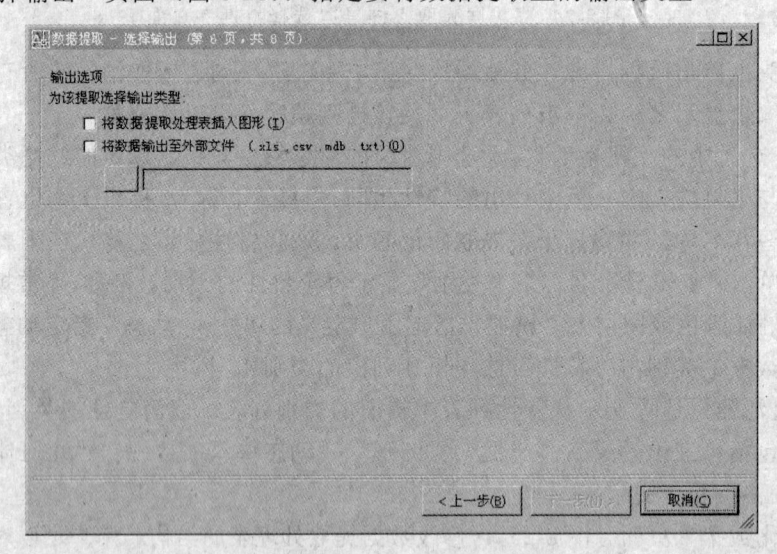

图 8-26 “数据提取”向导“选择输出”页面

“输出选项”选项中“将数据提取处理表插入图形”用于创建填充提取数据的表格。在“完成”页面上单击“完成”后，系统会提示用户将表格插入当前图形中；“将数据输出至外部文件”用于创建数据提取文件。单击“...”按钮，可在标准的文件选择对话框中选择文件格式。可用的文件格式，包括 Microsoft Excel（XLS）、逗号分隔的文件格式（CSV）、Microsoft Access（MDB）和 Tab 分隔的文件格式（TXT）。在“完成”页面上单击“完成”后，将创建外部文件。可以输出至 XLS 和 MDB 文件的最大列数是 255。

7)“表格样式”页面（图 8-27）：控制数据提取处理表的外观。只有选择了“选择输出”页面上的“AutoCAD 表”，才会显示此页面。

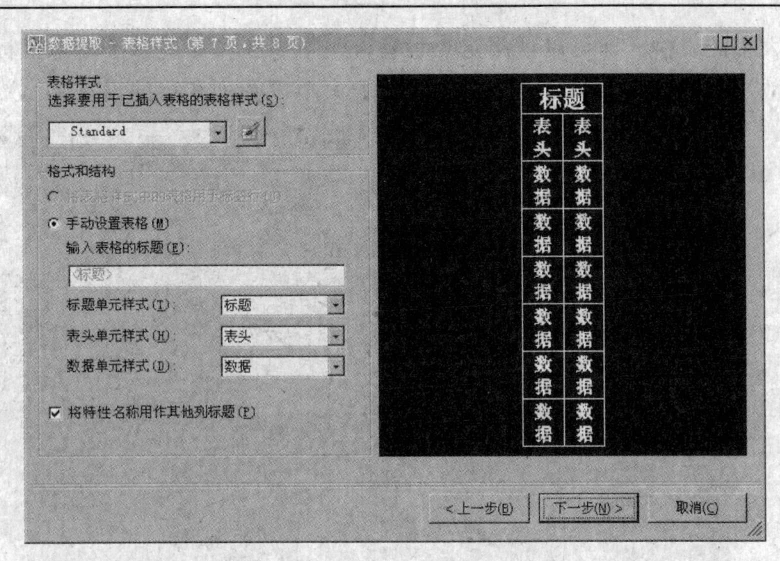

图 8-27 “数据提取”向导“表格样式”页面

“表格样式”选项，选择要用于插入表格的表格样式。单击“表格样式”按钮以显示“表格样式”对话框，或从下拉列表中选择图形中定义的表格样式。

“格式和结构”选项中，“将表格样式中的表格用于标签行”用于创建数据提取处理表，使其顶部一组行包含标签单元，底部一组标签行，包含表头和脚注单元。在顶部标签行和底部标签行之间插入提取的数据。仅在选定的表格样式包含样板表格时，此选项才可用。“手动设置表格”为手动输入标题和标题规范、表头以及数据单元样式作准备。“输入表的标题”指定表的标题。更新表时不会覆盖此行。默认表格样式 Standard 包含标题行。如果选定的表格样式不包含标题行，则此选项不可用。“标题单元样式”指定标题单元的样式。单击下拉列表，以选择在选定表格样式中定义的标题单元样式。“表头单元样式”指定表头行的样式。单击下拉列表，以选择在选定表格样式中定义的单元样式。“数据单元样式”指定数据单元的样式。单击下拉列表，以选择在选定表格样式中定义的单元样式。“将特性名称用作其他列表头”包括列表头并使用“显示名称”作为表头行。

8）“完成”页面（图 8-28）：完成向导中指定的提取对象特性数据过程，并创建在“选择输出”页面上指定的输出类型。如果在“链接外部数据”对话框中定义了链接至 Excel 电子表格的数据和与该电子表格匹配的列时，则也会提取电子表格中的选定数据。

如果在“选择输出”页面上选择了“将数据提取处理表插入图形”选项，则当用户单击“完成”时，系统将提示用户将表格插入图形中。

如果选择了“将数据输出至外部文件”选项，则提取的数据将被保存到指定的文件类型中。

（3）“预览”选项组，显示当前表格样式的样例。

（4）“插入方式”选项组，指定表格位置。选择“指定插入点”单选按钮，可以在绘图窗口中指定表格左上角的位置点插入固定大小的表格，即可以使用定点设备，也可以在命令提示下输入坐标值。如果表格样式将表格的方向设置为由下而上读取，则插入点位于表格的左下角；如果选择“指定窗口”单选按钮，则可以在绘图窗口中通过拖动表格边框来创建任意大小的表格。即可以使用定点设备，也可以在命令提示下输入坐标值。选定此选项时，行数、列数、列宽和行高取决于窗口的大小以及列和行的设置。

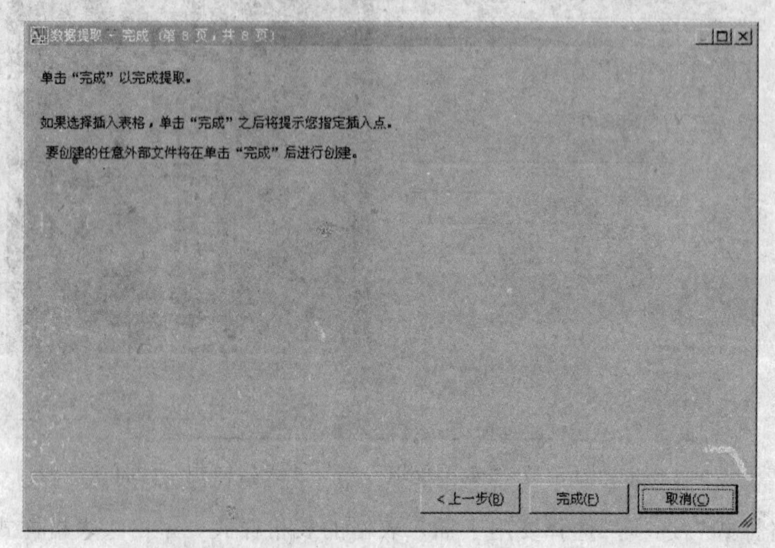

图 8-28 “数据提取”向导“完成”页面

（5）在“列和行设置”选项组中，可以通过设置“列”、“列宽”、“数据行”和“行高”文本框中的数值来调整表格的外观大小。

“行数”是指每页文字的行数。如果选择了“指定窗口”插入方式，用户只能确定列和行高，列宽和数据行数行高自动确定。如果选定“指定窗口”选项并指定列宽时，“自动”选项将被选定，且列数由表格的宽度控制。如果已指定包含起始表格的表格样式，则可以选择要添加到此起始表格的其他列的数量。选定“指定窗口”选项并指定列数时，则选定了“自动”选项，且列宽由表格的宽度控制。最小列宽为一个字符。

“数据行”指定行数。选定“指定窗口”选项并指定行高时，则选定了“自动”选项，且行数由表格的高度控制。带有标题行和表格头行的表格样式最少应有三行。最小行高为一个文字行。如果已指定包含起始表格的表格样式，则可以选择要添加到此起始表格的其他数据行的数量。

“行高”按照行数指定行高。文字行高基于文字高度和单元边距，这两项均在表格样式中设置。选定“指定窗口”选项并指定行数时，则选定了“自动”选项，且行高由表格的高度控制。

（6）“设置单元样式”选项组，是对于那些不包含起始表格的表格样式指定新表格中行的单元格式。“第一行单元样式”指定表格中第一行的单元样式。默认情况下，使用标题单元样式。“第二行单元样式”指定表格中第二行的单元样式。默认情况下，使用表头单元样式。“所有其他行单元样式”指定表格中所有其他行的单元样式。默认情况下，使用数据单元样式。

表格各项设置完毕，单击“确定”按钮。根据命令行提示，在设计图形中选择一点作为表格的放置位置，系统弹出“文字格式”工具栏，同时表格标题单元格变为虚线并有光标闪动。键盘输入“图纸目录”字样后，用键盘的方向键将光标移动到任意单元格后进行文字输入（按 Tab 键将光标横向移动到下一单元格，按 Enter 键将光标向下移动到下一单元格）。文字输入完成后，单击“确定”按钮完成表格的制作。

（二）编辑表格

对已经创建的表格进行编辑，主要是对尺寸、单元内容和单元格式的修改。

对表格进行编辑，需先选择表格或表格的单元格。若鼠标在单元内单击，则表格的这个单元被选中；如果按住 Shift 键并在另一个单元内单击，则可以同时选中这两个单元以及它们之间的所有单元。也可在单元内单击并拖动，只要与选择边框相交的单元均会被选中。若鼠标选择到表格的边框，则整个表格都将被选中。在一个单元内双击鼠标左键，便可对单元内容进行编辑。

（1）在需要修改的表格边线上，单击鼠标左键，表格变为虚线，表格的四周、标题行上将显示许多夹点，移动夹点可以修改表格的宽度和高度。若单击鼠标右键，弹出快捷菜单（图 8-29），可以对表格进行编辑。

（2）在需要修改的表格单元格上，单击鼠标左键，选中的单元格变为虚线，将显示夹点，移动夹点可以修改表格的宽度和高度；若单击鼠标右键，弹出快捷菜单（图 8-30），可以对表格进行编辑。

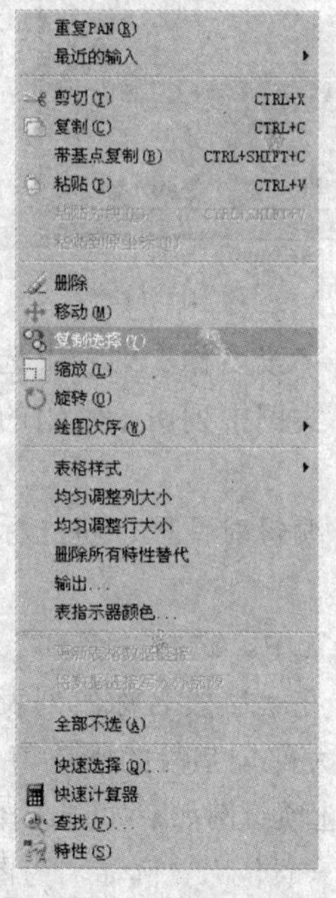

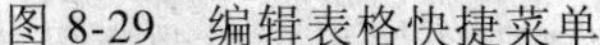

图 8-29　编辑表格快捷菜单

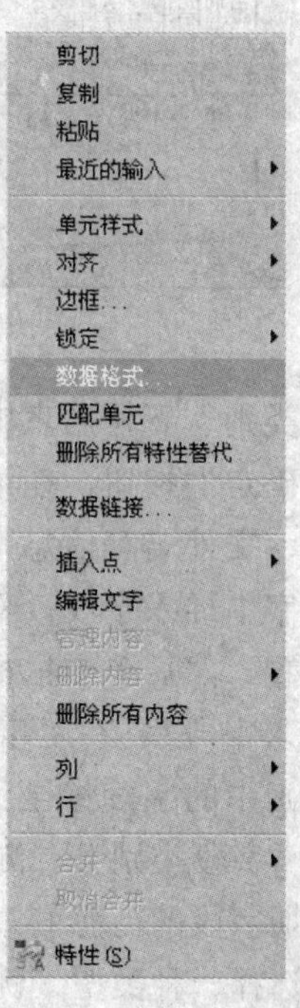

图 8-30　编辑表格单元格快捷菜单

（3）如果表格内的文字输入有错误，双击需要修改的单元格文字，出现“文字格式”对话框，单元格变为虚线，并有光标闪动，修改文字后，单击“确定”按钮即完成操作。

（三）插入和编辑字段

字段是一种可以更新的文字，用于设计中需要改变的文字信息，如图样的编号、日期、注释等。

1. 插入字段

命令输入可用以下方式：

- 下拉菜单：插入→字段

命令激活后，系统将打开插入“字段”对话框（图 8-31）。

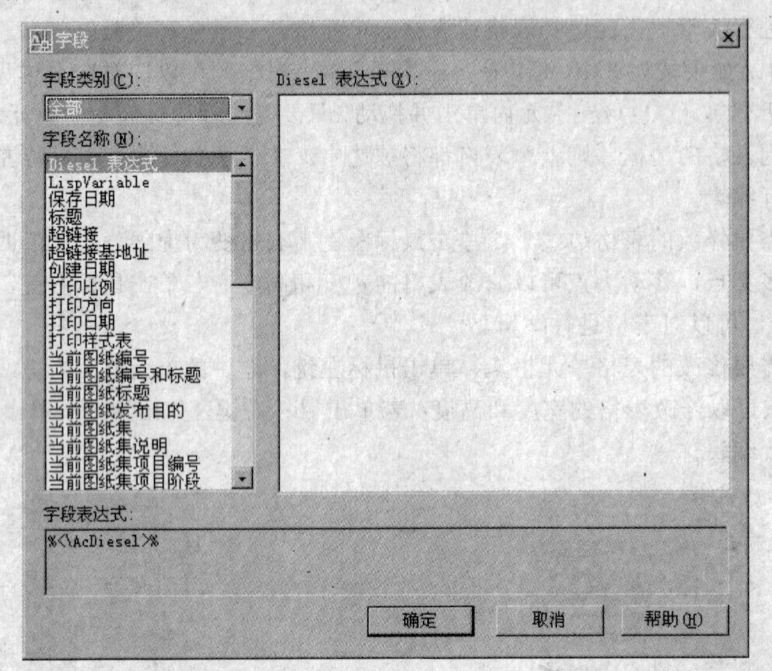

图 8-31　插入“字段”对话框

在“字段类别”下拉列表中选择所需字段种类，在“字段名称”列表中选择所需字段内容，单击“确定”按钮，在绘图区指定插入位置即可。实例中列出了常用的字段内容，如时间、日期、文件名等信息。

（1）在文字中插入字段。双击文字，显示相应的文字编辑对话框。将光标放在要显示字段文字的位置，然后单击鼠标右键。

单击“插入字段”。在“字段”对话框的“字段类别”中，选择“全部”或选择一个类别。选定类别中的字段将显示在“字段名称”列表中。在“字段名称”列表中，选择一个字段。将在“字段类别”右侧的一个着色文本框中显示大部分字段的当前值。在“样例”列表中显示日期字段的当前值。选择一种格式和任意其他选项。例如，如果选择了“命名对象”字段，并选择一种类型（例如，图层或文字样式）和一个名称（例如，为图层选择 0，或者为文字样式选择 Standard）。字段表达式，虽然只限于字段的显示说明字段的表达式，不能编辑修改，但是用户可以通过查看此部分了解字段的构造方式。单击“确定”插入字段。关闭“字段”对话框时，字段将在文字中显示其当前值。

（2）在表中插入字段。在表中的某一单元内双击，以选中它进行编辑。将光标放在要显示字段文字的位置，然后单击鼠标右键。单击“插入字段”。在“字段”对话框中，选择“全部”或选择一个类别。在“字段名称”列表中，选择一个字段。将在“字段类别”右侧的一个着色文本框中显示该字段的当前值。选择一种格式和任意其他选项。单击“确定”

插入字段。移动到下一个单元时，该字段将显示其当前值。

（3）插入图纸集占位符字段。在“属性定义”对话框的“模式”下，单击“预置”。指定任意文字选项。在“属性”下的“标记”框中，为字段输入一个名称。在“值”框的右侧，单击“插入字段”按钮。在“字段”对话框的“字段类别”下，选择“图纸集”。在“字段名称”列表中，选择“图纸集占位符”。在“占位符类型”中，选择所需字段类型。“临时值”用于预览占位符字段。在“格式”中，为占位符字段选择一个大小写样式。更新该字段后，将为字段值应用相同的样式。单击“确定”退出“字段”对话框。

关闭“字段”对话框时，占位符字段将显示其名称，例如图纸编号等。此后，在图纸集管理器中使用“视图列表”选项卡快捷菜单插入该块时，该字段将根据其拖入的图纸显示一个值，例如图纸编号等。

在“属性定义”对话框中，单击“确定”。指定字段文字的位置，使其显示在几何图形的附近。创建该几何图形是为了用作标注块或标签块，以便与图纸集管理器一起使用。

（4）设置字段值格式。双击文字对象，显示相应的文字编辑对话框。双击要格式化的字段，将显示“字段”对话框。如果可以设置该字段的格式，将显示“字段格式”按钮。单击“字段格式”按钮，在“其他格式”对话框中，将显示字段的当前值。选择某个选项后，结果将显示在“预览”中。可以输入任何要放置在字段值前后的文字。例如，输入 mm 表示毫米；选择小数分隔符，选择“无”或“逗点”以编组千位数。选择消零的选项含义如下：

1）前导：消去所有十进制字段值中的前导零。例如，0.5000 变成.5000。

2）后续：消去所有十进制字段值中的后续零。例如，12.5000 变成 12.5，30.0000 变成 30。

3）0 英尺：当距离小于一英尺时，消去英尺-英寸型字段值中的英尺部分。例如，0'-6 1/2"变成 6 1/2"。

4）0 英寸：当距离为整数英尺时，消去英尺-英寸型字段值中的英寸部分。例如，1'-0"变为 1'。

单击“确定”，在“字段”对话框中，字段值将以用户指定的格式显示在“预览”中。

2. 编辑字段

字段是文本对象的一部分，可以在文字编辑器中编辑字段。编辑字段最简单的方式，是双击包含该字段的文本对象，然后双击该字段显示“字段”对话框。这些操作在快捷菜单上也可用。如果不再希望更新字段，可以通过将字段转换为文字来保留当前显示的值。

思 考 题 与 习 题

（1）怎样定义文字样式？文字样式与文字字体有何不同？

（2）单行文字的对齐方式有哪些？其各自的含义是什么？

（3）如何按设计要求确定多行文字插入范围的宽度和行数？

（4）表格样式定义有哪些步骤？

（5）在表格中插入字段有哪些步骤？

第九章　尺　寸　标　注

对于一张完整的工程图，准确的尺寸标注是必不可少的。标注，可以让其他工程人员清楚地知道几何图形的严格数字关系和约束条件，方便加工、制造、检验和备案工作的进行。施工人员和工人是依靠工程图中的尺寸来进行施工和生产的。因此，准确的尺寸标注是工程图纸的关键所在，错误就意味着返工、经济损失甚至是事故。某种意义上讲，标注尺寸的正确性，甚至比图纸实际尺寸比例的正确性更为重要。

第一节　尺寸组成及标注方法

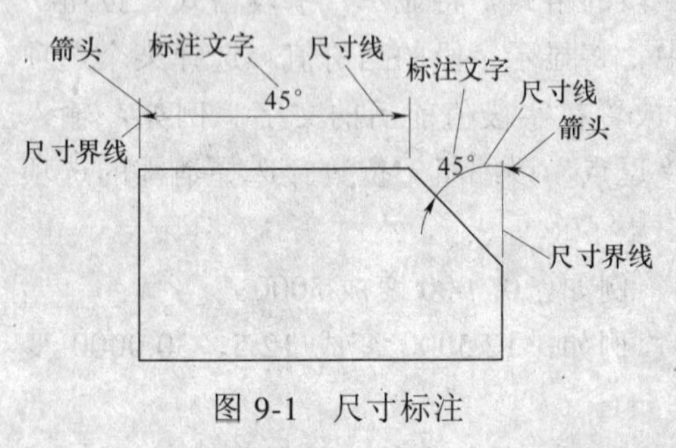

图 9-1　尺寸标注

一个典型的 AutoCAD 尺寸标注，通常由标注线、尺寸界线、箭头、尺寸文字等要素组成（图 9-1）。有些尺寸标注还有引线、圆心标记和公差等要素。

为了满足不同国家和地区的需要，AutoCAD 提供了一套尺寸标注系统变量，使用户可以按照自己的制图习惯和标准进行绘图。我国用户可以按照国标进行设置。

一、尺寸的组成和类型

尽管 AutoCAD 提供了多种类型的尺寸标注，但通常多是由以下基本元素所构成。

（1）标注文字：表明实际测量值。可以使用由 AutoCAD 自动计算出的测量值，并可附加公差、前缀和后缀等。用户也可以自行指定文字或取消文字。

（2）尺寸线：表明标注的范围。通常使用箭头来指出尺寸线的起点和终点。

（3）箭头：表明测量的开始和结束位置。AutoCAD 提供了多种符号可供选择，用户也可以根据不同需要创建自定义符号。

（4）尺寸界线：从被标注的对象延伸到尺寸线。尺寸界线，一般与尺寸线垂直，但在特殊情况下也可以将尺寸界线倾斜。

（5）圆心标记和中心线：标记圆或圆弧的圆心。

二、尺寸标注的关联性和非关联性

标注关联，用于定义几何对象和标注之间的关系。在 AutoCAD 2008 中，标注可具有真正的关联性。即一个关联标注，可以随着与其相关联几何对象的改变而自动调整其位置、方向和测量值等；而非关联标注，则不具备这样的特性。大多数的对象类型都可创建和使用关联的标注，但不支持多线（multiline）对象。此外，使用 qdim 命令创建的标注，也不具备关联性。不过，对于非关联性标注对象，用户可使用 dimreassociate 将其转换为关联标注，而使用 dimdisassociate 命令，则可将关联标注改为无关联标注。在 AutoCAD 中提供用以测量设计对象的标注如表 9-1 所示。

表 9-1　　AutoCAD 提供的 13 种用以测量设计对象的标注

序号	标注方法	序号	标注方法	序号	标注方法
1	线性标注	6	圆心标记	11	连续标注
2	坐标标注	7	折弯	12	公差标注
3	直径标注	8	对齐标注	13	弧长
4	基线标注	9	半径标注		
5	快速引线	10	角度标注		

第二节　标注的规则

一、基本步骤

一般来说，图形标注应遵循以下步骤：

（1）为尺寸标注创建一个独立的图层，使之与图形的其他信息分隔开。

（2）为尺寸标注文本建立专门的文本类型。

（3）打开“标注样式”对话框，然后设置尺寸线、尺寸界线、比例因子、尺寸格式、尺寸文本、尺寸单位、尺寸精度以及公差等，并保持所作的设置使其生效。

（4）利用目标捕捉方式快速拾取定义点。

二、标注工具

如图 9-2 所示，可通过在工具栏上右键单击并选择“标注”，调出标注工具栏；也可以使用标注菜单下的内容实现相同的功能。

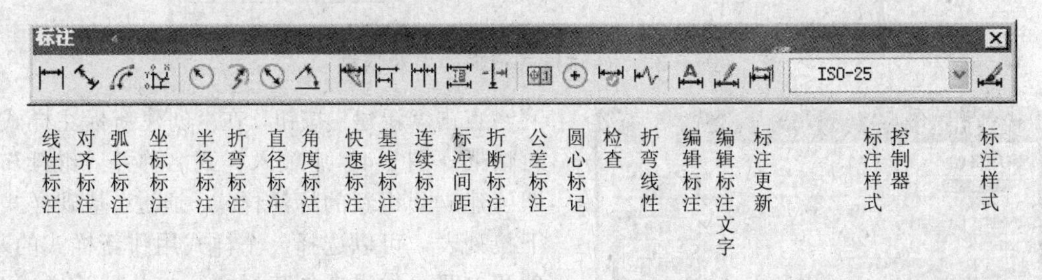

图 9-2　标注工具栏

第三节　尺寸标注的样式设置

在进行尺寸标注的时候，图形中任何一种标注都将使用当前的尺寸样式。即，任何时候系统只允许一个样式起作用。标注样式，用于定义标注尺寸线与界限、箭头、文字、对齐方法、标注比例等各种参数的设置。由于不同国家或不同行业对于尺寸标注的标准不尽相同，因此需要使用标注样式来定义不同的尺寸标注标准，所有已经存在的尺寸标注都将随新设定的尺寸样式进行更新。

一、创建尺寸标注

1. 调用命令

- 下拉菜单：格式→标注样式
- 工具栏：标注→ 按钮
- 命令行：ddim（快捷命令为 d）

2. 操作步骤

执行标注样式命令，弹出“标注样式管理器”对话框（图 9-3）。在对话框的左侧区域，列表显示当前图形中包含的所有样式名称。单击其中任一样式名称，在预览区域可查看其基本形式；也可通过右侧按钮对其进行修改或者替代。需要注意的是，AutoCAD 图形中“当前”标注样式是唯一的，所以当有若干样式时，需要将样式选中并且单击“置为当前”才能生效。

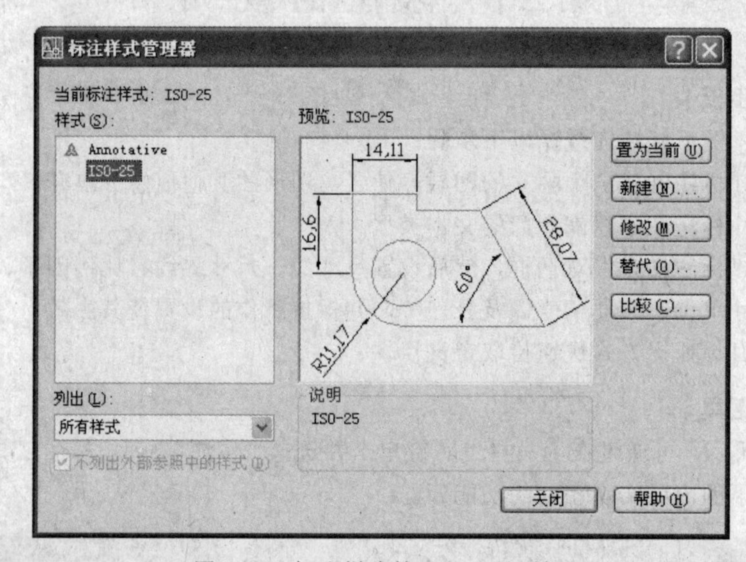

图 9-3 “标注样式管理器”对话框

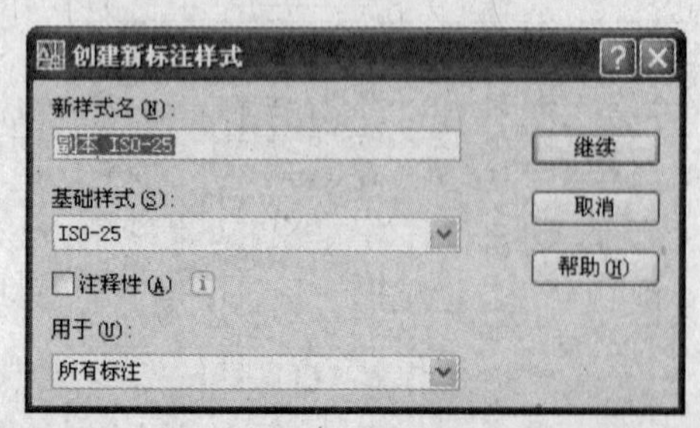

图 9-4 “创建新标注样式”对话框

点击“新建”按钮，在“创建新标注样式”对话框（图 9-4）中输入样式名称并“继续”，即可建立一组新的标注样式。通过“基础样式”下拉列表，可以选择一个样式用作新样式的基础和参照，如果未创建样式，将从默认样式开始。基础样式和新样式之间没有任何联系。“用于”列表框中指出要使用新样式的标注类型，缺省为所有标注。用户可以指定新样式仅应用于特定标注的设置，比如改变直径标注中的文字颜色等。

点击“继续”后，出现如图 9-5 所示的“新建标注样式”对话框。在此对话框中可以完成对尺寸标注样式所有参数的设定，具体体现在尺寸线、箭头、圆心、文字外观等内容上，下面将详细说明。

二、设置直线和箭头

在“线”与“符号和箭头”选项卡（图 9-5、图 9-6）中，用户可以对图形线条的尺寸和样式进行详细的设置。设置的结果，均会在对话框右上角的预览区域中实时观察效果。

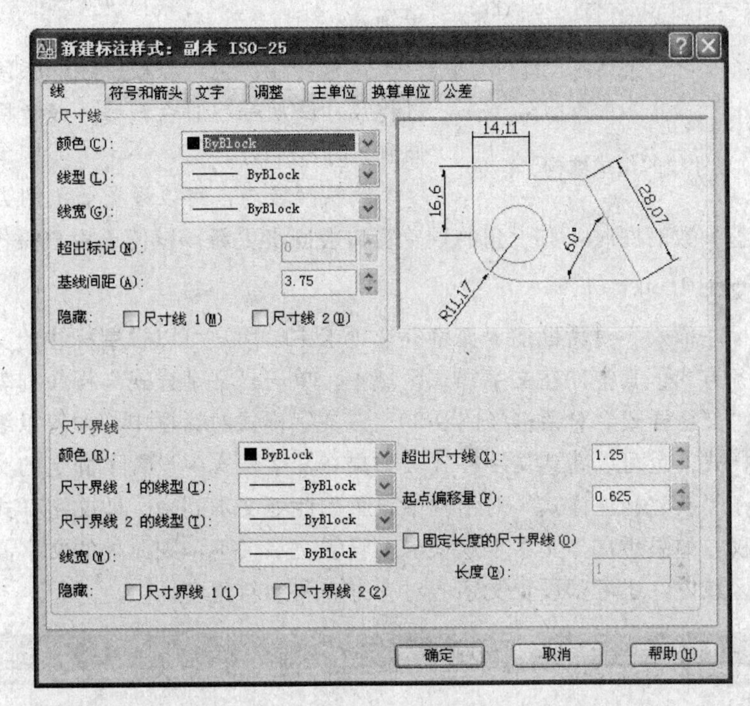

图 9-5 “新建标注样式”对话框中“线”的选项卡

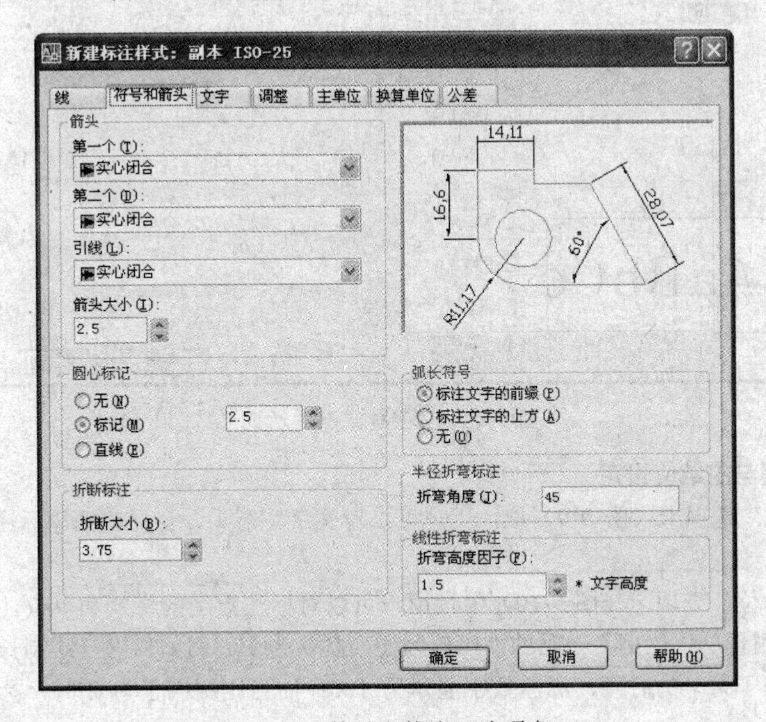

图 9-6 “符号和箭头”选项卡

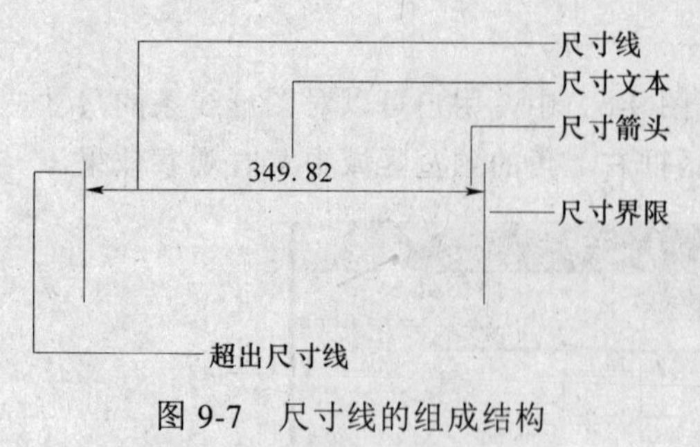

图 9-7　尺寸线的组成结构

尺寸线一栏中，可以设置线型和颜色。一般情况下是通过图层设置来实现的，而不是在标注样式中设置。关于尺寸线的组成，请参考图 9-7 来理解。

尺寸界线，也可以设置线的颜色和线型。可以将尺寸线从标注原点偏移，或者将尺寸界线延伸到尺寸线上方。

箭头区域内，可以设置箭头的类型和大小。在对话框中调整参数的同时，右上角的预览窗口会同步更新，以便于用户操作与选择。

三、设置文字

在“新建标注样式”对话框的“文字”选项卡中，用户可以设置标注的文字样式、文字位置以及对齐方式。其中，在文字样式区域中，单击“文字样式”下拉列表框右侧的按钮，则会打开“文字样式”对话框（图 9-8）。在文字样式对话框中，即可以编辑图形中已经存在的文字样式，也可以新建文字样式。如果在文字样式中设置了固定的文字高度，该高度值将替换在“新建标注样式”对话框中设置的此处文本高度，即文字样式中的设置拥有更高的优先权。如果想在“文字”选项卡中设置文字大小，则此处的文字高度应为 0。另外，在效果区域内，还可以设置文字的对齐方向和倾斜角度。

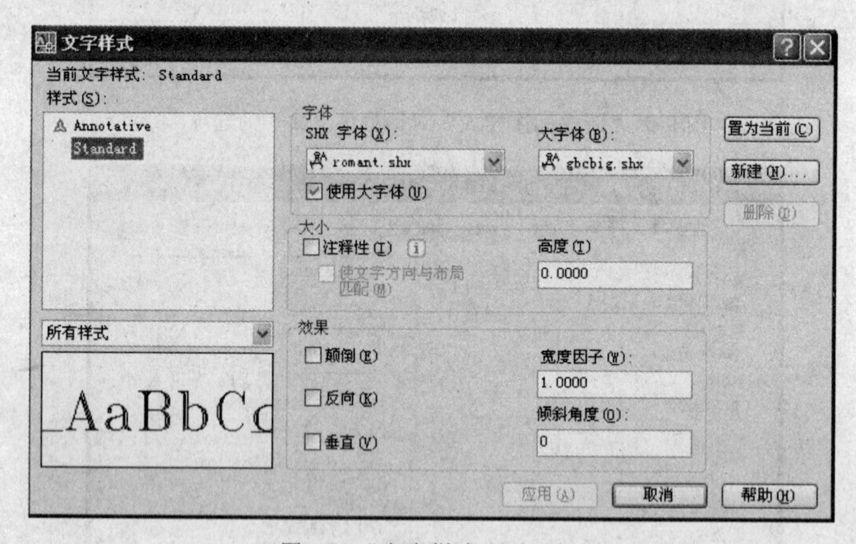

图 9-8　“文字样式”对话框

四、调整与主单位设定

在“调整”选项卡（图 9-9）中，用户可以对文字、箭头、全局比例等标注元素进行全局调整。

在“主单位”选项卡（图 9-10）中，用户可以对标注数字的格式和单位，进行详细设置。其中，“测量单位比例”一项的“比例因子”默认为 1 。例如，用户绘制长为 100 的直线，当比例因子为 1 的时候，标注数字显示为 100；而当比例因子为 2 时，标注数字显示为 200。

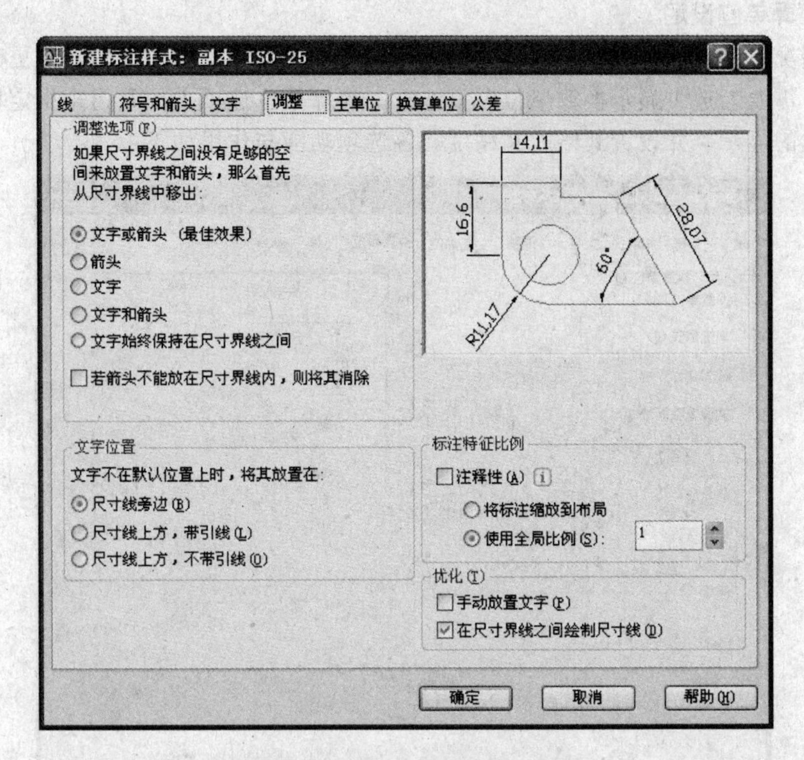

图 9-9 “调整”标注设定选项卡

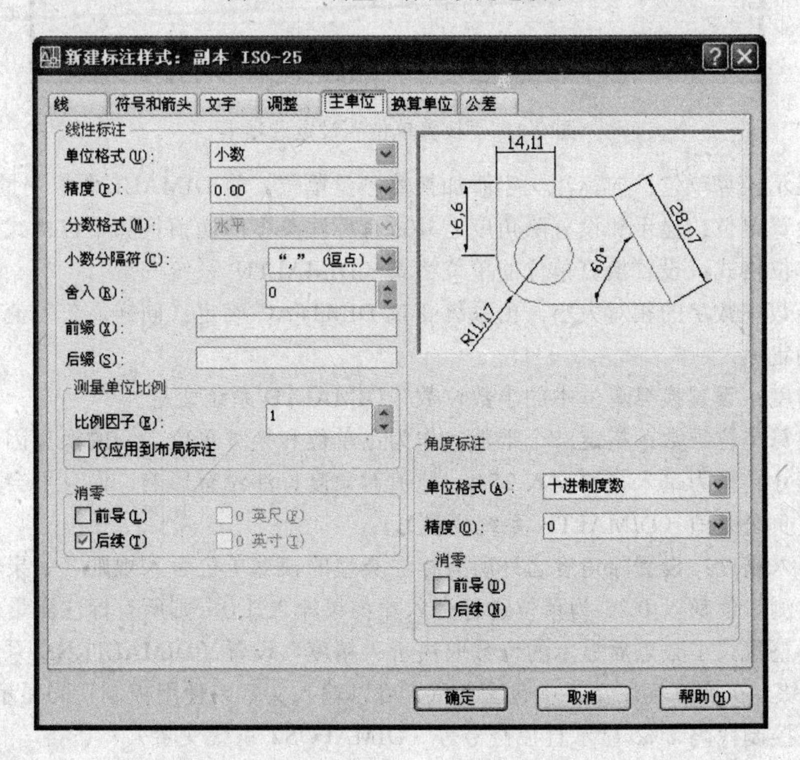

图 9-10 “主单位”设定选项卡

五、换算单位设定

默认情况下的“换算单位”选项卡（图 9-11）中的各项是不可用的。若更改换算单位等的设置，需要勾选“显示换算单位”复选框。换算单位选项卡，是用来指定标注测量值中换算单位的显示，并设置其格式和精度。各选项功能与作用如下：

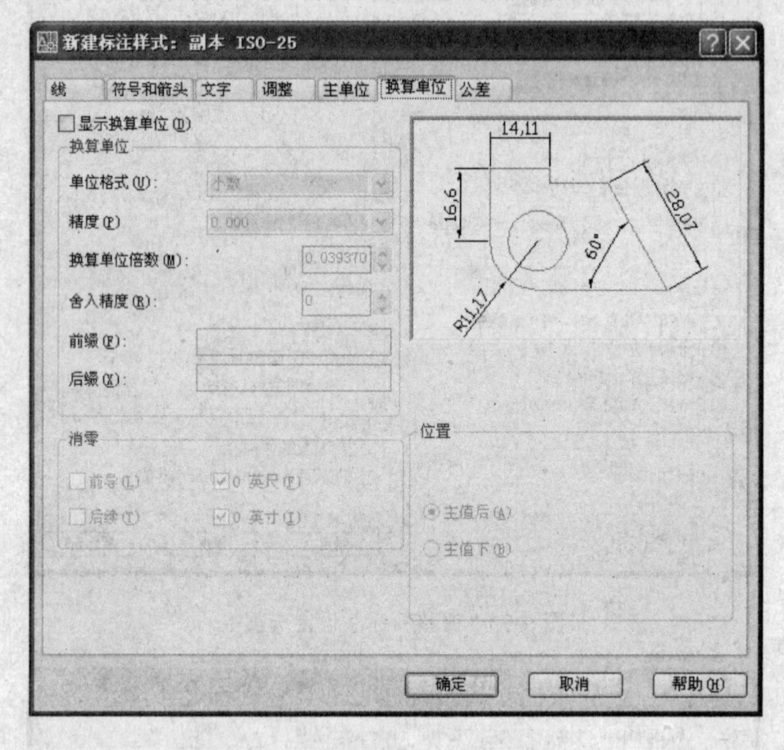

图 9-11　“换算单位”设定选项卡

（1）显示换算单位：向标注文字添加换算测量单位。将 DIMALT 系统变量设置为 1。

（2）换算单位：显示和设置除角度之外所有标注类型的当前换算单位格式。

（3）单位格式：设置换算单位的单位格式（DIMALTU 系统变量）。

堆叠分数中数字的相对大小，由系统变量 DIMTFAC 确定（同样，公差值大小也由该系统变量确定）。

（4）精度：设置换算单位中的小数位数（DIMALTD 系统变量）。

（5）换算单位乘数：指定一个乘数，作为主单位和换算单位之间的换算因子使用。例如，要将英寸转换为毫米，请输入 25.4。此值对角度标注没有影响，而且不会应用于舍入值或者正、负公差值（DIMALTF 系统变量）。

（6）舍入精度：设置除角度之外所有标注类型的换算单位舍入规则。如果输入 0.25，则所有标注测量值都以 0.25 为单位进行舍入。如果输入 1.0，则所有标注测量值都将舍入为最接近的整数。小数点后显示的位数取决于“精度”设置（DIMALTRND 系统变量）。

（7）前缀：在换算标注文字中包含前缀。可以输入文字或使用控制代码显示特殊符号。例如，输入控制代码%%c 显示直径符号等（DIMAPOST 系统变量）。

（8）后缀：在换算标注文字中包含后缀。可以输入文字或使用控制代码显示特殊符号。

输入的后缀将替代所有默认后缀（DIMAPOST 系统变量）。

（9）消零：控制不输出前导零和后续零以及零英尺和零英寸部分（DIMALTZ 系统变量）。

1）前导：不输出所有十进制标注中的前导零。例如，0.5000 变成.5000。

2）后续：不输出所有十进制标注的后续零。例如，12.5000 变成 12.5，30.0000 变成 30。

3）0 英尺：若长度小于一英尺则消除英尺-英寸标注中的英尺部分。例如，0'-6 1/2" 变成 6 1/2"。

4）0 英寸：如果长度为整英尺数，则消除英尺-英寸标注中的英寸部分。例如，1'-0" 变为 1'。

（10）位置：控制标注文字中换算单位的位置（DIMAPOST 系统变量）。

1）主值后：将换算单位放在标注文字中的主单位之后。

2）主值下：将换算单位放在标注文字中的主单位下面。

（11）预览：显示样例标注图像。它可显示对标注样式设置所作的更改效果。

六、公差设定

公差，表示允许尺寸变化的范围。有些时候，需要将公差作为标注文字的一部分，使用“公差”选项卡（图 9-12）上的选项，设置公差的显示格式添加到图形中。

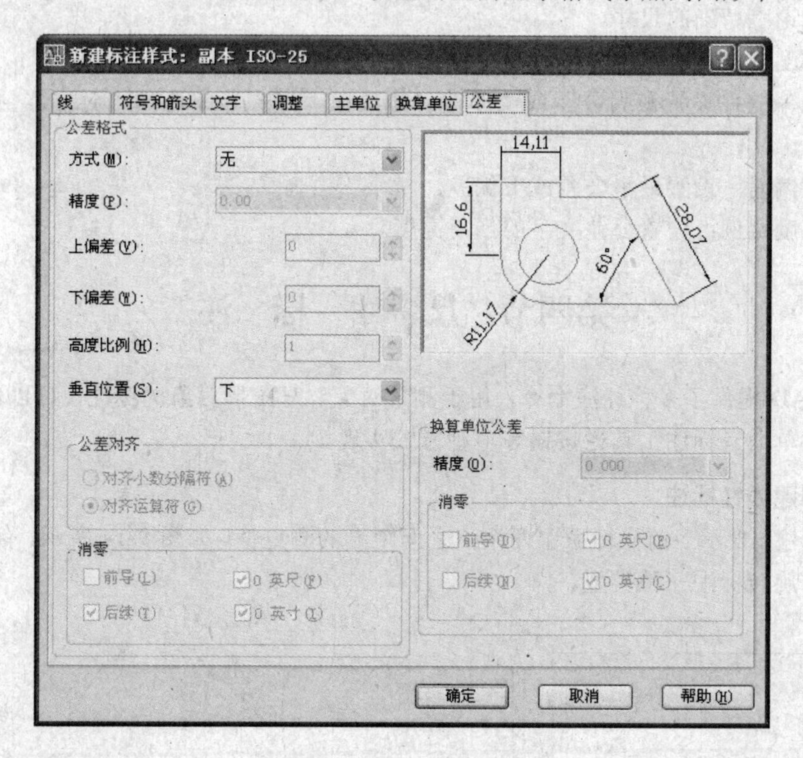

图 9-12 “公差”设定选项卡

在“公差格式”选项栏中，有以下主要显示选项：

（1）方式：设置公差类型。

1）无：不添加公差，如图 9-13（a）所示。

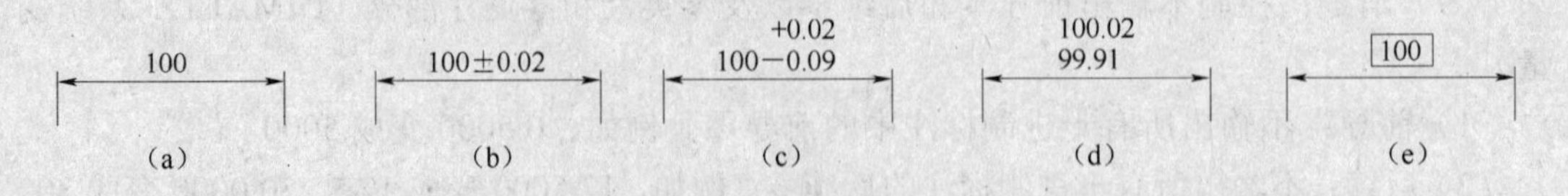

图 9-13　公差类型示意图

2）对称：当公差上下偏差相同时，使用对称方式显示公差的正/负表达式。其中一个偏差量的值应用于标注测量值。标注后面将显示加号或减号，如图 9-13（b）所示，在“上偏差”中输入公差值。

3）极限偏差：如图 9-13（c）所示，添加正/负公差表达式。不同的正公差和负公差值将应用于标注测量值。在“上偏差”中输入的公差值前面，将显示正号（+）；在“下偏差”中输入的公差值前面，将显示负号（-）。

4）极限尺寸：在此类标注中，将显示一个最大值和一个最小值，一个在上，另一个在下。最大值等于标注值加上在“上偏差”中输入的值；最小值等于标注值减去在“下偏差”中输入的值，如图 9-13（d）所示。

5）基本尺寸：如图 9-13（e）所示，将在整个标注范围周围显示一个框。这种格式常用于表示理论上精确的尺寸。

（2）精度：设置小数位数。

（3）上偏差：设置最大公差或上偏差。如果在“方式”中选择“对称”，则此值将用于公差。

（4）下偏差：设置最小公差或下偏差。

（5）高度比例：设置公差文字的当前高度。

第四节　尺　寸　标　注

AutoCAD 提供了多种标注命令，用于测量对象。对图形对象的标注，可以使用命令输入、标注菜单或者标注工具栏按钮等多种方式实现。

一、创建线性标注

线性标注，表示当前坐标系中两个点之间距离的测量值。如图 9-14 所示，有水平标注、垂直标注与旋转标注三种类型。

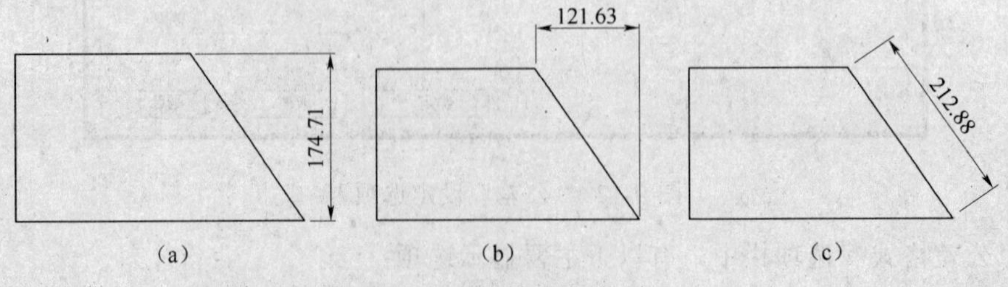

图 9-14　线性标注类型

（a）水平标注；（b）垂直标注；（c）旋转标注

1. 调用命令

- 下拉菜单：标注→线性
- 工具栏：标注→ 按钮
- 命令行：dimlinear

2. 操作步骤

执行线性标注命令。

按照提示，依次指定两个尺寸界线原点，即指定标注对象。此时命令会提示：

“[多行文字（M）/文字（T）/角度（A）/水平（H）/垂直（V）/旋转（R）]”

对于水平标注和垂直标注，即可以在命令操作过程中输入 h 或 v 命令控制，也可以通过移动鼠标选择标注位置；对于旋转标注，则需要输入 r。

完成上步操作后在图形中点击确认，完成操作，实现如图 9-14 所示的效果。

二、对齐标注

对齐标注，也称为实际长度标注。与线性标注中的旋转标注类型相似，可以认为是一种与标注点对齐的线性标注。对齐标注亦可参照图 9-14（c），可知尺寸线与斜线平行，测量斜线段的实际长度。

1. 调用命令

- 下拉菜单：标注→对齐
- 工具栏：标注→ 按钮
- 命令行：dimaligned

2. 操作步骤

执行对齐标注命令。

按照提示指定两个尺寸界线的原点，在图形界面中移动鼠标选定适当位置。当然也可以根据命令行的进一步提示设置文本角度，单击左键确定，完成操作。

三、半径和直径标注

使用半径和直径标注，用来表示圆和圆弧的半径或直径。如图 9-15 所示，半径标注的标注文本前缀为 R，直径标注的尺寸文本前缀为 ϕ。

1. 调用命令

- 下拉菜单：标注→半径或标注→直径
- 工具栏：标注→ 按钮或标注→ 按钮
- 命令行：dimradius 或 dimdiameter

2. 操作步骤

执行半径标注或直径标注命令。

根据提示选择需要标注的圆或圆弧，移动鼠标选择合适的标注位置，单击左键确认，完成操作。

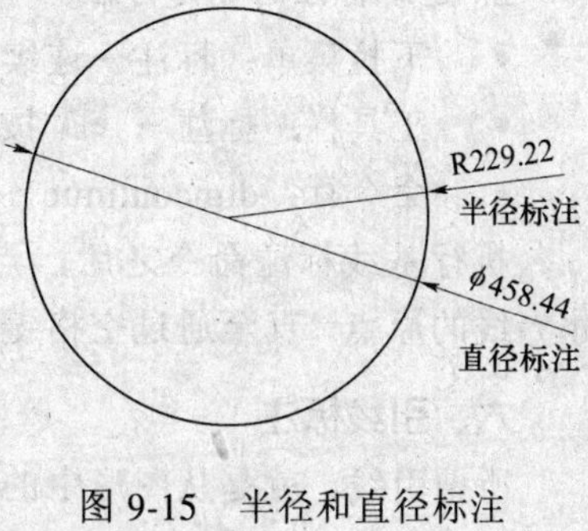

图 9-15 半径和直径标注

四、角度标注

对两条非平行直线形成的夹角、圆或圆弧的夹角或不共线的三个点进行角度标注（图 9-16）。标注值的单位为度。

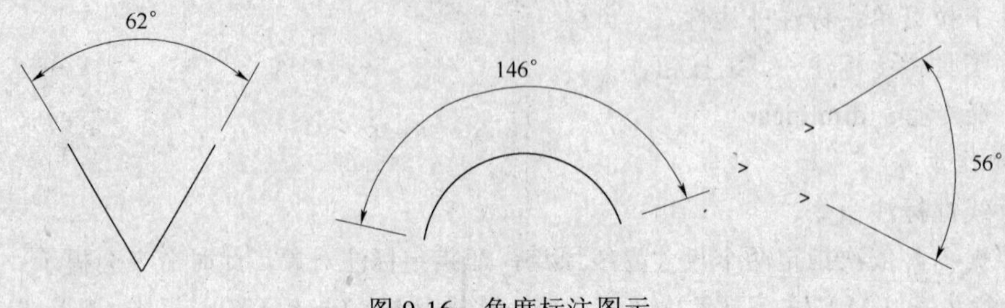

图 9-16　角度标注图示

1. 调用命令

- 下拉菜单：标注→角度
- 工具栏：标注→ 按钮
- 命令行：dimangular

2. 操作步骤

执行角度标注命令。

根据提示选择标注对象，移动鼠标选择合适的标注弧线位置，单击左键确认，完成操作。

五、基线标注与连续标注

对图形对象进行标注时，可能需要创建基于一个基准面、基准点的系列标注。基线标注，即可完成这样的任务。连续标注，则可以快捷地一次性完成多个线性标注的操作。在创建基线标注和连续标注之前，必须先创建线性、坐标或角度的标注。

1. 基线标注的创建方法

- 下拉菜单：标注→基线
- 工具栏：标注→ 按钮
- 命令行：dimbaseline

执行基线标注命令之后，只需在原标注的基础上继续点击下一个尺寸界线的原点即可，通过空格键确认输入完毕，推出创建模式。标注效果如图 9-17 所示。

2. 连续标注的创建方法

- 下拉菜单：标注→连续
- 工具栏：标注→ 按钮
- 命令行：dimcontinue

执行基线标注命令之后，点击原标注进入连续标注的创建模式。继续点击下一个尺寸界线的原点，直至通过空格键确认输入完毕，推出创建模式。标注效果如图 9-18 所示。

六、引线标注

所谓引线，就是从图形中的任意点所引出的线，由曲线或直线段与箭头组成。提供倒角的尺寸以及一些文字注释、装配图的零件号等的标注。引线的颜色由当前标注样式中的尺寸线颜色控制，比例由当前标注样式的全局标注比例控制，箭头则由当前标注样式中定义的第一个箭头控制。关于引线的概念，请参考图 9-19，以便加深理解。

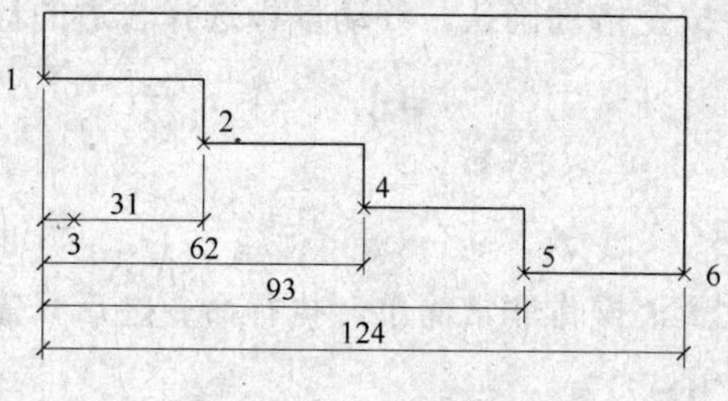

图 9-17　基线标注图示

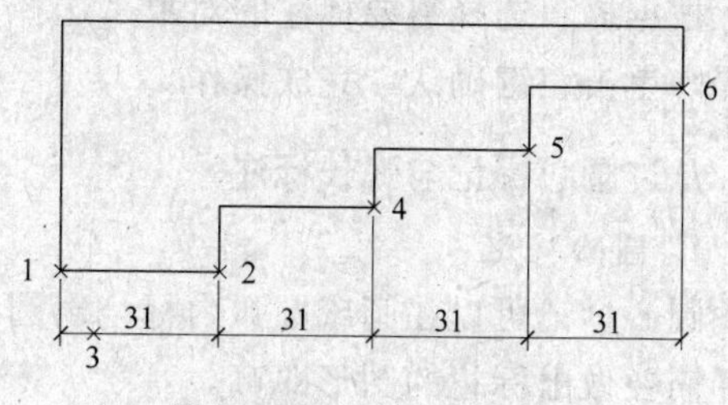

图 9-18　连续标注图示

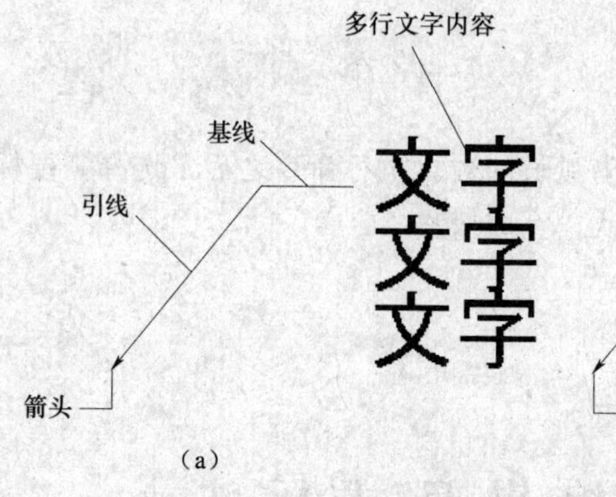

（a）

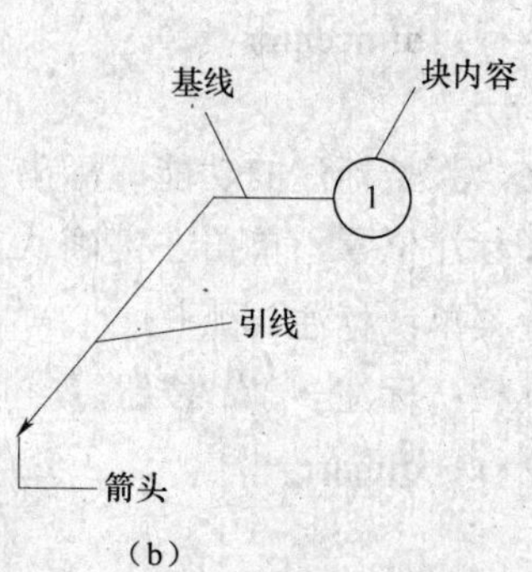

（b）

图 9-19　引线概念示意图

（a）带有文字内容的引线；（b）带有块内容的引线

图 9-20　多重引线工具栏

和以往版本中不同的是，AutoCAD 2008 中的引线标注命令按钮不在标注工具栏中显示，而是由一个新的“多重引线”工具栏代替（图 9-20）。在多重引线工具栏中，用户可以进行添加引线、删除引线等常用功能，也可以使用多重引线对齐、合并等新增功能，同时还可以仅针对引线而设置标注样式。由此可知，在 AutoCAD 中的引线标注功能得到了进一步增强。

除了“多重引线”工具栏之外，通过标注菜单下的“多重引线”命令也可添加引线，不过若需要实现引线对齐等高级功能，还是要用多重引线工具栏来实现。在以往版本中引线的命令 qleader 虽然仍可用，但在新版本中推荐使用 mleader 实现多重引线的功能。

七、快速标注

快速标注，用于一次标注多个对象。使用快速标注，可以快速创建成组的基线、连续和坐标标注；快速标注多个圆或圆弧标注；编辑现有标注的布局。

1. 调用命令

- 下拉菜单：标注→快速标注
- 工具栏：标注→ 按钮
- 命令行：qdim

2. 操作步骤

执行快速标注命令。

根据提示选择需要标注的对象，选择完成后按空格键确认。移动鼠标选择合适的标注位置，单击左键确认，完成操作。

八、圆心标记与弧长标注

1. 圆心标记

圆心标记可以在圆或圆弧内标记出圆心的位置，操作非常简单，执行命令之后只需要选择需要做出标记的图形即可。

- 下拉菜单：标注→圆心标记
- 工具栏：标注→ 按钮
- 命令行：dimcenter

2. 弧长标注

顾名思义，弧长标注的功能即标出弧长的数。执行命令之后，选择需要标注的图素，移动鼠标选择标注位置，单击左键确认，完成操作。

- 下拉菜单：标注→弧长
- 工具栏：标注→ 按钮
- 命令行：dimarc

第五节　编 辑 尺 寸 标 注

图形中所有的标注对象均可修改，包括标注的各个几何要素修改与标注样式修改。标注样式修改在前文已经讲述，本节主要讲解对标注各个几何要素修改的方法。一旦创建标注完成后，可以使用 AutoCAD 的编辑命令或夹点进行编辑标注位置、旋转标注文字或替换等操作。其中，夹点操作是最快捷也是最方便的方法。由于在第五章介绍过夹点编辑的方法，这里不再赘述。

一、使用对象特性管理器编辑尺寸标注

对象特性管理器，可以对任何 AutoCAD 对象进行编辑，标注也不例外。在这里几乎可以对标注样式到标注文字的全部设置进行编辑。

首先，选择一个或若干对象。

- 命令行：properties（快捷键“Ctrl+1”）

根据不同的项目，对选择的对象进行修改。

关于特性管理器的相关内容，请参考第五章第十三节的内容。

二、编辑标注

- 工具栏：标注→ 按钮
- 命令行：dimedit

如果尺寸界线与图形中的某些对象发生位置冲突，此命令可修改标注的角度，使现有标注与新标注不至于互相影响。在系统提示下选择“新建”项，弹出“多行文字编辑器”对话框，改变尺寸文本及其特性。

三、编辑尺寸文字

创建标注后，可以编辑、替换、旋转标注文字。编辑和修改文字，应通过菜单、工具按钮，或者直接在文字上双击，调出特性管理器进行下一步操作。在“文字替代”框中输入的文字，总是替换测量的实际数值；要显示实际的测量值，应将“文字替代”框中的数值删除。如果要给标注添加前/后缀，则可用尖括号“< >”代表测量值。

- 下拉菜单：标注→对齐文字
- 工具栏：标注→ 按钮
- 命令行：dimtedit

使用此命令，可以把文本放置在尺寸线的中间、左对齐、右对齐，或把尺寸文本旋转一定的角度。执行该命令后，按照命令行提示进行选择即可。

四、更新标注

- 下拉菜单：标注→更新
- 工具栏：标注→ 按钮

在某些标注编辑操作之后（比如重新设定了主单位等），图形并没有实时更新。此时可使用更新标注命令，对图形中的一部分对象进行更新，显示修改之后的标注样式。

五、通过编辑命令编辑标注

AutoCAD 的编辑命令，不仅可以修改图形对象的几何性质，对标注也同样适用。例如，可以对标注进行拉伸、修剪和延伸等操作。需要注意的是，对于拉伸等操作，选择集中除了要包含标注对象之外，还要包括适当的标注定义点。其具体操作与图形编辑一致，请参考相关章节的内容。

思 考 题 与 习 题

（1）想要标注倾斜直线的长度，应该使用何种标注命令？

（2）如何在标注样式中应用设置好的文字样式？

（3）尺寸标注数值的精度取决于什么命令的设置？

（4）对于大圆弧的半径标注，如果圆心点太远，甚至位于整张图纸外面。此时必须将半径标注分解后再修改这个标注尺寸线的位置，这种说法对吗？为什么？

第十章 设 计 中 心

第一节 设 计 中 心 概 述

一、设计中心的主要功能

AutoCAD 在绘图过程中，重复利用和共享图形内容是有效管理绘图项目的基础。使用 AutoCAD 设计中心，可以管理图块和外部参照。另外，如果打开多个图形，还可以通过设计中心在图形之间复制和粘贴其他内容来简化绘图过程。甚至可以提取硬盘驱动器、网络驱动器或 Internet 上的图形文件所包含的命名对象，而不需要重新创建它们。所以设计中心是 AutoCAD 提供的除块、外部参照之外的又一数据共享手段。

通过设计中心，用户可以完成以下工作：

（1）能够列出存放在任何位置的图形文件中的块、外部参照、线型、标注样式、文字样式、图层、布局等信息，并可以方便的查看、借鉴这些内容。

（2）能够对经常访问的图形、文件夹及 Internet 网址创建快捷方式。

二、设计中心界面

（一）调用 AutoCAD 设计中心的方法

- 下拉菜单：工具→选项板→设计中心
- 工具栏：标准→ ▣ 按钮
- 命令行：adcenter

（二）设计中心的组成

调用 AutoCAD 设计中心后，会出现一个固定在绘图区域左侧（默认位置）的设计中心窗口。此时单击设计中心的工具栏上方 ▬ 和 ☒ 之间 ═══ 的任意一处，将其拖离固定区域并释放，就可以将设计中心窗口变为浮动窗口，如图 10-1 所示。双击浮动设计中心窗口的状态栏，就又可以固定该窗口。

设计中心的查看区域，包括树状图和控制板。树状图，位于设计中心的左部分，显示文件夹和图形的层次结构。控制板，位于右上部分，是用于浏览内容，查看打开的图形和其他源中的内容。其中，选定的项目内容将显示在控制板中。在控制板的下面，也可以显示选定的图形、块、图案填充、外部参照的预览或说明。窗口顶部的工具栏，提供若干选项和操作，用于改变树状视图中显示的内容。单击树状视图项目前面的“+”或者“-”号，可以展开或隐藏其下一层次的内容。

下面简要介绍设计中心界面各控件的主要功能。

1. 设计中心工具栏

如图 10-2 所示的“设计中心工具栏”，用于控制树状图和控制板中信息的浏览和显示。

现对其各按钮的主要功能加以介绍。

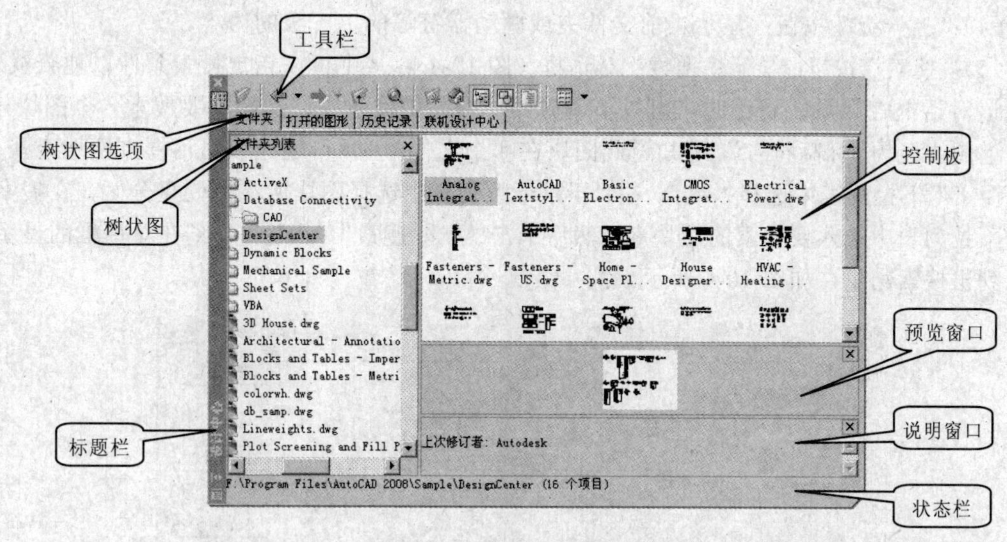

图 10-1　设计中心界面

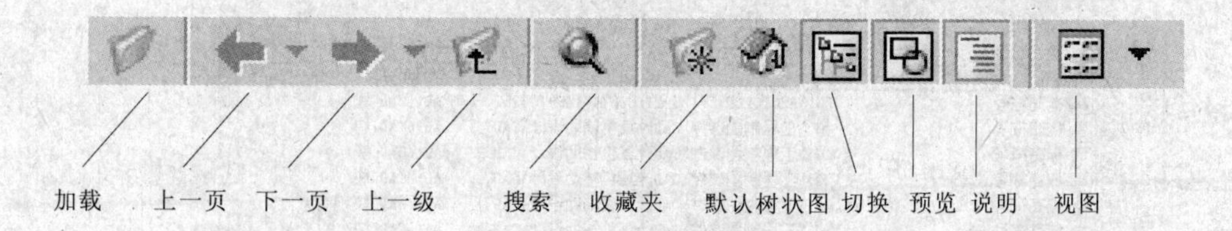

图 10-2　设计中心工具栏

（1）“加载”按钮：显示“加载”对话框（图 10-3）。使用“加载”对话框浏览本地计算机、网络服务器或 Web 上的文件，然后选择文件并加载到控制板中。

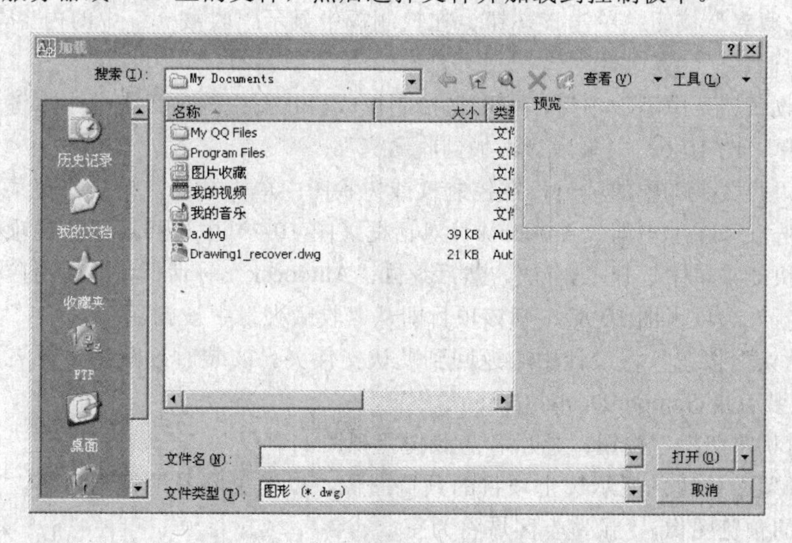

图 10-3　“加载”对话框

（2）“上一页”按钮：返回到历史记录列表中最近一次的位置。

（3）“下一页”按钮：返回到历史记录列表中下一次的位置。

（4）“上一级”按钮：显示当前文件夹或驱动器符等的上一级的内容。

（5）“搜索”按钮：显示“搜索”对话框（图 10-4），从中可以指定搜索条件以便查找。利用该对话框查找系统资源时，可以节省时间，提高工作效率。例如，要搜索一个图块，只知道图块名为“标高符号”、不知道此图块在哪个文件中时，可通过该对话框方便地查找。在“搜索”下拉列表中选择“块”，在“于”下拉列表中选择图块所在的硬盘分区，在搜索名称下拉列表中输入要搜索的图块名，然后单击“立即搜索”。此时，立刻在对话框的显示区内列出搜索结果，如图 10-4 所示。

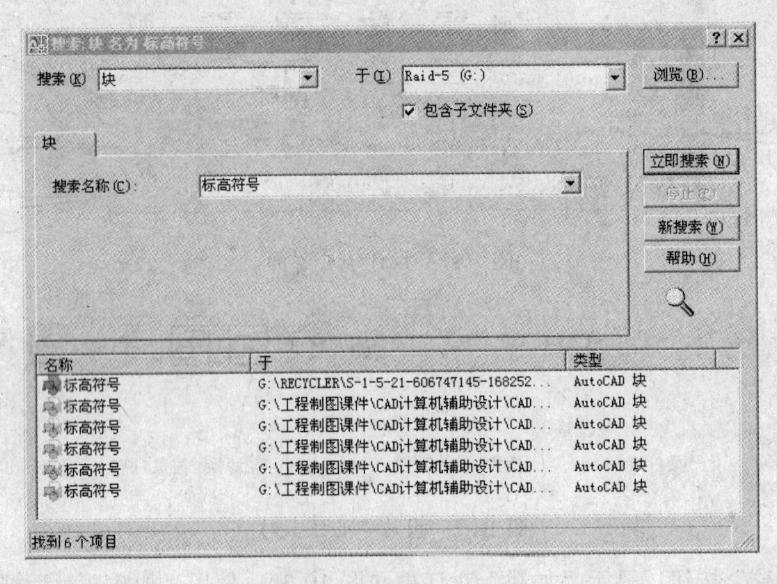

图 10-4　“搜索”对话框

（6）“收藏夹”按钮：单击该按钮，在控制板中显示“收藏夹”中的内容，如图 10-5 所示。

要在“收藏夹”中添加项目，可以在控制板或树状图中的项目上单击右键，然后在弹出的快捷菜单（图 10-6）中单击“添加到收藏夹”。

要删除“收藏夹”中的项目，在控制板或树状图中单击右键，单击快捷菜单中的“组织收藏夹”选项，在弹出的“Autodesk”对话框（图 10-7）中选择要删除的项目，单击右键在弹出的快捷菜单中选择“删除”，然后返回“Autodesk”对话框，并使用控制板中快捷菜单的“刷新”选项（图 10-8），则该项目即从“收藏夹”中被删除。

（7）“默认”按钮：将设计中心返回到默认文件夹。安装时，默认文件夹被设置为：AutoCAD 安装目录\Sample\DesignCenter。

（8）“树状图切换”按钮：显示和隐藏树状视图。

（9）“预览”按钮：显示选定项目的预览图像，以便更容易地识别内容。如果选定项目没有保存的预览图像，“预览”区域将为空。

（10）“说明”按钮：显示选定项目的文字说明。如果同时显示预览图像，文字说明将位于预览图像下面。如果选定项目没有保存的说明，“说明”区域将为空。

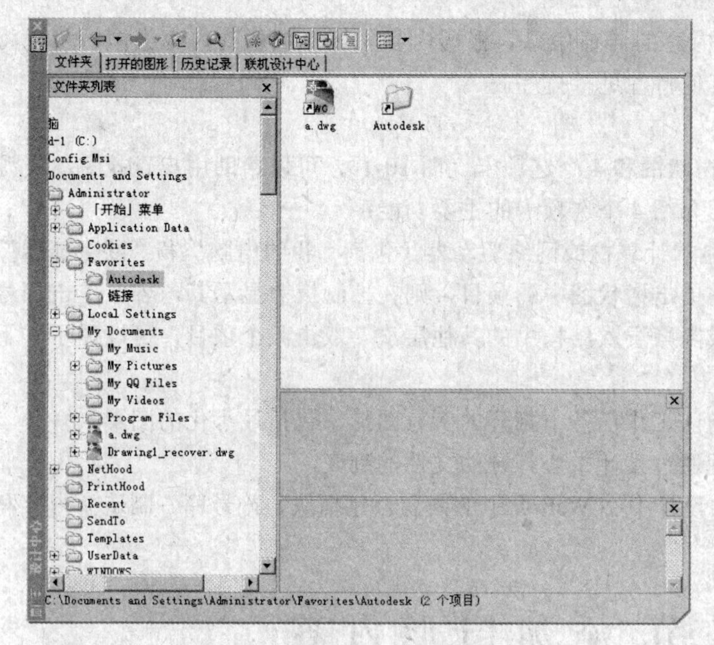

图 10-5 “收藏夹”中的内容

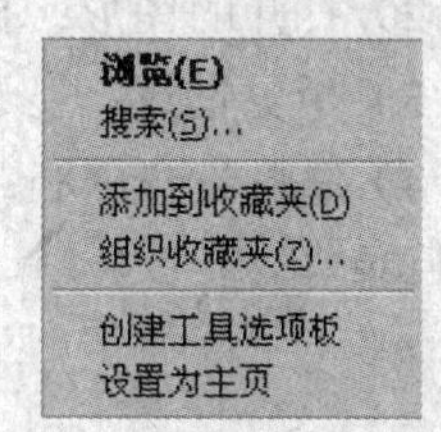

图 10-6 树状图中的快捷菜单

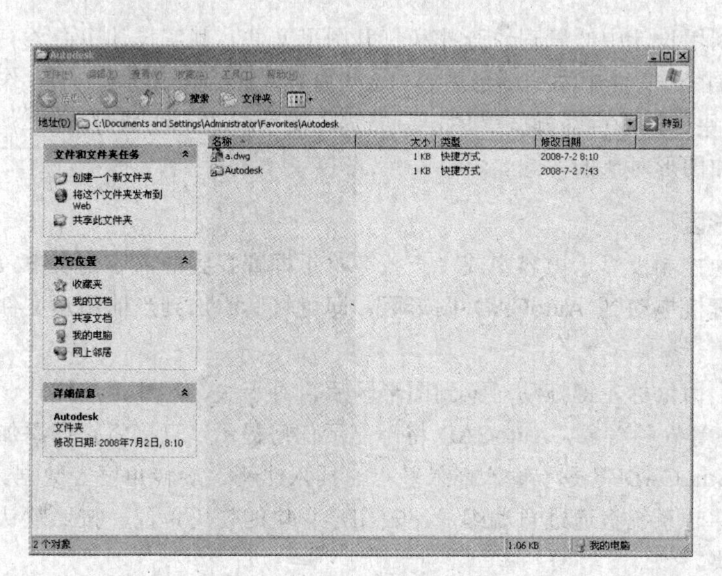

图 10-7 “Autodesk”对话框

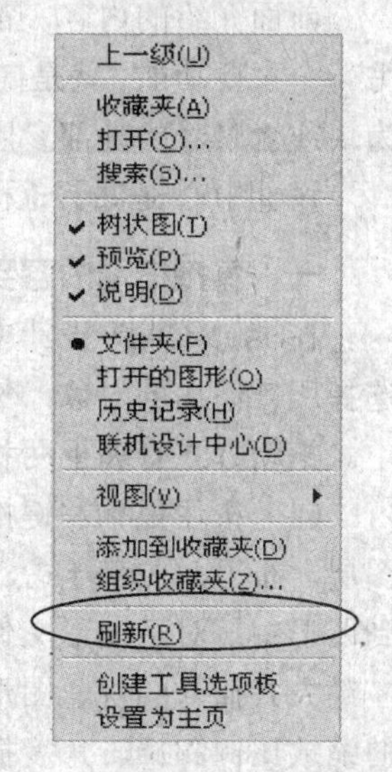

图 10-8 控制板中的快捷菜单

（11）“视图”按钮：单击“视图”按钮右侧的小箭头，将弹出一个如图 10-9 所示的。“视图”列表。该列表，为加载到内容区域中的内容，提供不同的显示格式。可以从“视图”列表中选择一种视图，或者重复单击“视图”按钮在各种显示格式之间循环切换。下面简要介绍“视图”列表中的四种选项及其含义：

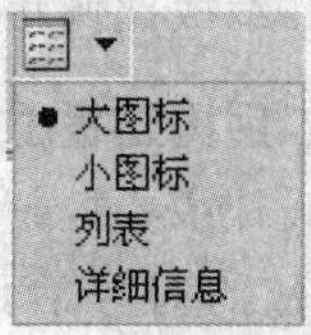

大图标
小图标
列表
详细信息

图 10-9 “视图”列表

1）大图标：以大图标格式显示加载内容的名称。

2）小图标：以小图标格式显示加载内容的名称。

3）列表图：以列表形式显示加载内容的名称。

4）详细信息：显示加载内容的详细信息。根据内容区域中加载的内容类型，可以将项目按名称、大小、类型或其他特性进行排序。

2. 树状图及其选项卡

“设计中心”窗口左侧的树状图和 4 个选项卡（图 10-1），可以帮助用户查找系统资源并加载到控制板中。下面简要介绍 4 个选项卡的主要功能：

（1）“文件夹”选项卡：显示计算机或网络驱动器（包括“我的电脑”和“网上邻居”）中文件和文件夹的层次结构。单击树状图中的项目，则在控制板中显示其内容。单击加号（+）或减号（-），可以显示或隐藏层次结构中的其他层次。双击某个项目，可以显示其下一层次的内容。

（2）打开的图形：显示当前工作任务中打开的所有图形，包括最小化的图形。

（3）历史记录：显示最近通过设计中心打开的文件的列表。

（4）联机设计中心：提供设计中心 Web 页中的内容。包括块、符号库、制造商内容和联机目录等。

第二节 添 加 图 形 内 容

前面介绍的内容，都是利用设计中心管理、查找和打开图形文件。其实设计中心还有另一个主要功能，就是向当前图形文件中添加图形内容。这些内容，包括其他图形文件（作为块或者附着的外部参照）、块、尺寸标注样式、图层、布局、文字样式、线型等。

设计中心提供了 3 种添加图形对象的方式。

一、直接拖动内容到图形区

在 AutoCAD 设计中心的控制板显示内容中或“查找”对话框查找到的内容列表中，选择所需添加的对象，然后直接拖动到 AutoCAD 图形区，即可将其添加到当前图形文件中。拖动方式有如下两种：

（1）按住鼠标左键拖动：用鼠标左键拖动对象到图形区后，对于块、尺寸标注样式、图层、布局、文字样式、线型等 6 种对象，AutoCAD 将不显示任何提示，直接将它们添加到图形中；对于图形文件，AutoCAD 将提示输入插入基点、插入比例、旋转角度等数据。左键方式插入的块、图形文件时系统将通过自动缩放比较图形和块的使用单位，按照默认的缩放比例和旋转角度插入块。

（2）按住鼠标右键拖动：如果用户按住鼠标右键将对象拖动到图形区后，松开右键时会显示快捷菜单（图 10-10），菜单项的内容是与被拖动对象有关的。以插入图块为例，则应在快捷菜单中选择“插入块”，使用“插入”对话框，按指定坐标、缩放比例和旋转角度插入块。

插入块(I)...
取消(C)

图 10-10 松开右键弹出的快捷菜单

二、用剪贴板添加内容

在设计中心控制板或“查找”对话框的内容列表中选择所要添加的对象后，单击鼠标右键将弹出快捷菜单（图 10-11），在快捷菜单中选择“复制”菜单项将该对象复制到系统的剪贴板，然后利用 AutoCAD 的 pasteclip 命令将该对象粘贴到图形中。

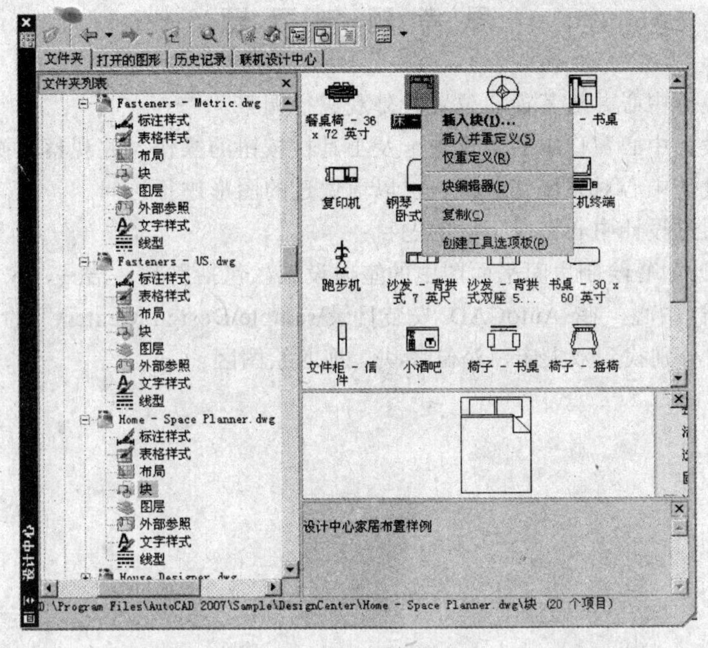

图 10-11　快捷菜单

三、直接添加方式添加图形

在设计中心控制板或“查找”对话框的内容列表中选择所要添加的对象后，单击鼠标右键将弹出快捷菜单（图 10-12）。快捷菜单中的项目与被选择的对象有关，此处选择的是图层，则选择快捷菜单中的“添加图层”即可。

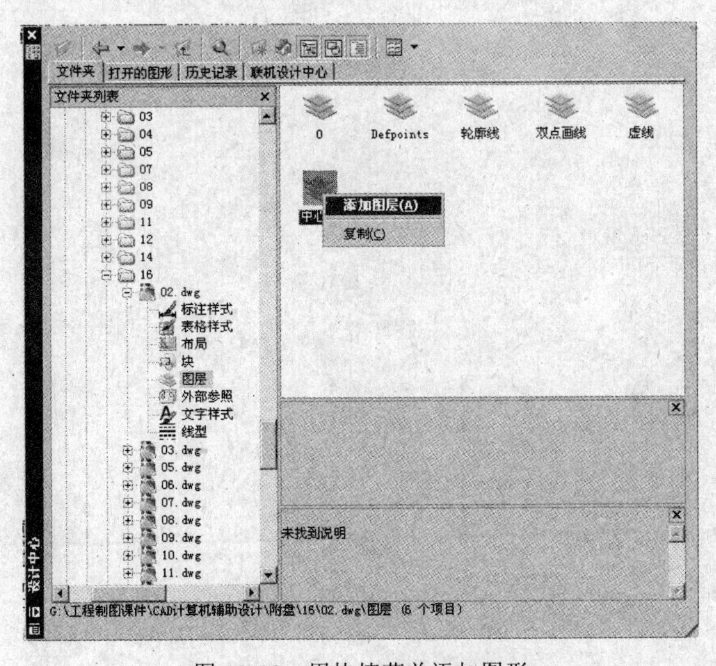

图 10-12　用快捷菜单添加图形

思考题与习题

（1）启动设计中心并对其窗口位置、外观进行调整。

（2）练习设计中心窗口中的各选项卡及工具栏按钮的操作，并观察其操作结果。

（3）通过设计中心对系统资源或自己以前做过的图形进行访问。

（4）练习通过设计中心完成下面的题目：

1）利用设计中心绘制房间平面图中的室内设施，包括厨具、洁具、家具等。

2）打开设计中心，在 AutoCAD 安装目录\sample\Design Center\下的 Home，House Designer 文件中分别找到双人床、浴缸图块，拖入绘图区。

第十一章　图　形　输　出

第一节　模型空间与图纸空间

AutoCAD 为用户提供了模型空间和图纸空间两种绘图环境。

模型空间，是指按实际尺寸绘制二维或三维图形的空间。而图纸空间；就是一张二维图纸（可用 layout 命令为输出建立图纸），用于在绘图输出前设计模型的布局，确定模型在图纸中的位置。用户可以在图纸空间通过 AutoCAD 提供的 vports 和 mview 命令，建立视窗来观察模型空间的对象，并通过启动活动视窗修改模型空间对象；用 mvsetup 命令进行图纸空间的视图规划。模型空间和图纸空间在屏幕上是通过不同的 UCS 坐标系来指示的。其中，UCS 是指坐标输入、操作平面和观察的一种可移动坐标系统。

模型空间与图纸空间的不同之处，在于前者拥有无限的图形区域，所以可以按照 1:1 的比例绘制图形；而后者则是事先规定好尺寸的图形。

在模型空间输入的图形，在图纸空间内无法用选择对象的方式选择。同样，图纸空间输入的对象，在模型空间也无法用选择对象的方式选择。但相互之间可通过下述两种方式实现切换：

（1）单击状态栏中的按钮，可由模型空间切换到图纸空间。

（2）通过命令行上方的工具栏，也可在模型空间与图纸空间之间进行切换。

第二节　模型空间的视图与窗口

视口，是显示用户模型不同视图的区域。使用“模型”选项卡，可以将绘图区域拆分成一个或多个相邻的矩形视图，称为模型空间视口。在大型或复杂的图形中，显示不同的视图可以缩短在单一视图中缩放或平移的时间。

在“模型”选项卡上创建的视口，可自动充满整个绘图区域并且相互之间不重叠。在一个视口中作出修改后，其他视口也会立即更新。图 11-1 显示了三个模型空间视口。

视口也可以在“布局”选项卡上创建。使用这些视口（称为布局视口），即可以在图纸上排列图形的视图，也可以移动和调整布局视口的大小。通过使用布局视口，可以对显示进行更多控制。例如，可以冻结一个布局视口中的特定图层，而不影响其他视口。

一、使用模型空间视口

使用模型空间视口，可以完成以下操作：

（1）平移、缩放、设置捕捉栅格和 UCS 图标模式以及恢复命名视图。

（2）用单独的视口保存用户坐标系方向。

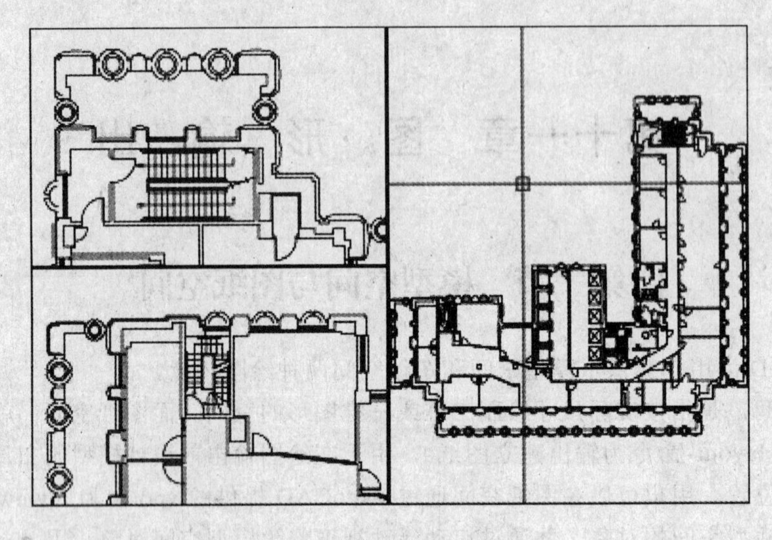

图 11-1　模型空间的视口

（3）执行命令时，从一个视口绘制到另一个视口。

（4）为视口排列命名，以便在“模型”选项卡上重复使用或者将其插入布局选项卡。

如果在三维模型中工作，那么在单一视口中设置不同的坐标系非常有用。

二、拆分与合并模型空间视口

从图 11-2 可以看出通过拆分与合并，方便地修改模型空间视口。如果要将两个视口合并，则它们必须共享长度相同的公共边。

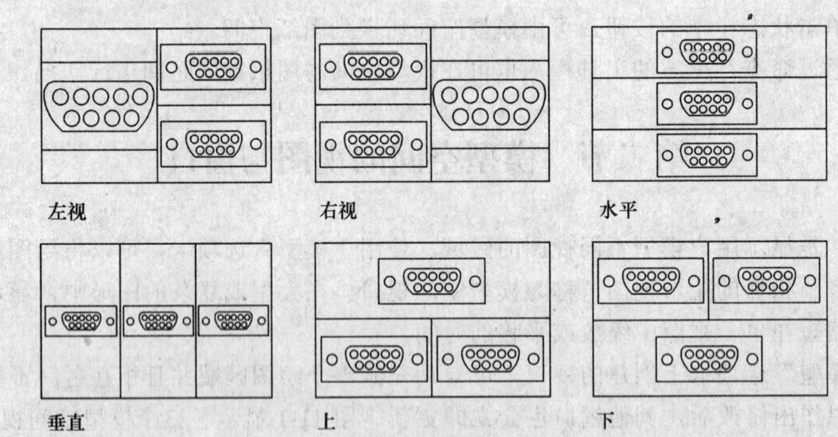

图 11-2　几个默认的模型空间视口配置

三、在“模型”选项卡上拆分视口的步骤

（1）如果有多个视口，请在要拆分的视口中单击。

（2）单击“视图”菜单（图 11-3）→“视口”，单击选择需要创建的视口数量按钮。

（3）在“下一个”提示处，指定新视口的排列。

（4）在命令行输入命令：vports

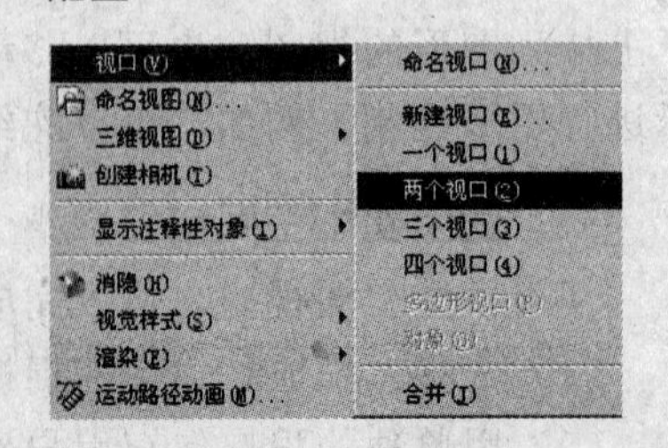

图 11-3　视图菜单

四、在“模型”选项卡上合并两个视口的步骤

（1）单击“视图”菜单→“视口”“合并”。

（2）单击包含要保留视图的模型空间视口。

（3）单击相邻视口，将其与第一个视口合并。

（4）在命令行输入命令：vports。

五、在“模型”选项卡上恢复单个视口的步骤

（1）单击“视图”菜单→“视口”→“一个视口”。

（2）命令行：vports。

六、从布局选项卡切换至“模型”选项卡的步骤

（1）在绘图区域的底部单击“模型”选项卡。

（2）在命令行输入命令：tilemode。

第三节 布 局 设 置

在布局中可以创建、放置视口，添加标注、标题栏以及几何图形，每一个视口都能以指定比例显示模型空间对象。

（1）使用布局向导指定布局设置。可使用“创建布局”向导创建新布局。向导会提示关于布局设置的信息，其中包括：新布局的名称、与布局相关联的打印机、布局要使用的图纸尺寸、图形在图纸上的方向、标题栏、视口设置信息、布局中视口配置的位置。如果以后要编辑在向导中输入的信息，可以选择布局。单击“文件”菜单中的“页面设置管理器”，然后单击页面设置管理器中的“修改”。

（2）使用布局向导创建布局的步骤：①单击“插入”菜单“布局”→“布局向导”；②在创建布局向导的每一页，为新布局选择适当的设置；③完成后，新布局将成为当前布局选项卡；④在命令行输入命令：layoutwizard。

一、布局的概念

AutoCAD 中有两种不同的环境（或空间），可以从中创建图形对象。通常，由几何对象组成的模型，是在称为“模型空间”的三维空间中创建的。特定视图的最终布局和此模型的注释，是在称为“图纸空间”的二维空间中创建的。可以在绘图区域底部附近的两个或多个选项卡上访问这些空间：“模型”选项卡和一个或多个布局选项卡，如图 11-4 所示。

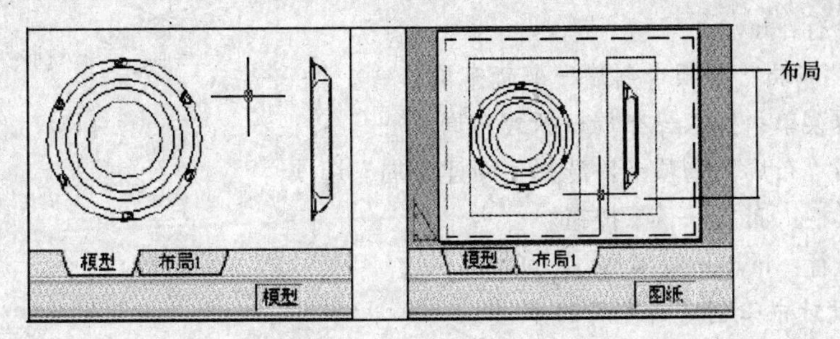

图 11-4 模型与布局

在布局选项卡中，每个布局视口就类似于包含模型“照片”的相框。在AutoCAD中，每个布局视口包含一个视图。该视图按用户指定的比例和方向显示模型。用户也可以指定在每个布局视口中可见的图层。布局整理完毕后，关闭包含布局视口对象的图层，视图仍然可见，此时可以打印该布局，而无需显示视口边界。

二、创建布局

1. 利用“布局向导”创建布局（图11-5）

- 下拉菜单：插入→布局→创建布局向导或工具→向导→创建布局
- 命令行：layoutwizard

图11-5　创建布局菜单

在向导中，根据提示（图11-6），逐步完成对布局名称、打印机、图形尺寸等内容的设置。

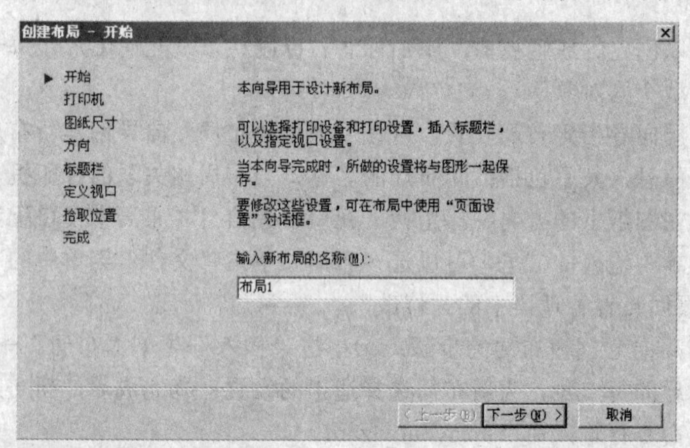

图11-6　布局创建向导

2. 使用来自样板的布局

- 下拉菜单：插入→布局→来自样板的布局
- 右击“布局”选项卡，选择“来自样板”选项
- 工具栏：布局→ 按钮
- 命令行：layout

3. 通过“布局”选项卡创建一个新布局

- 下拉菜单：插入→布局→新建布局
- 右击“布局”选项卡，选择“新建布局”选项
- 工具栏：布局→ 按钮
- 命令行：layout

4. 通过设计中心创建新布局的步骤

1）在当前图形中打开设计中心，找到所需的图形文件。

2）双击这个图形文件名，显示出从属于它的标注样式、布局、块、图层、外部参照、文件样式、线型等设计资源。

3）双击“布局”，展现出该图形文件中所具有的布局名，在布局“一层平面”上单击鼠标右键，从激活的快捷菜单中选择“添加布局”菜单项。

4）在当前图形绘图窗口下面的“布局”选项卡中，就出现了一个名为“一层平面”的布局。

5. 对布局的编辑与管理

AutoCAD 对于已创建的布局可以进行复制、删除、更名、移动位置等编辑操作。实现这些操作的方法非常简便，只需在某个“布局”选项卡上右击鼠标，从弹出的快捷菜单中选择相应的选项即可。

三、创建视口

视口的创建方法有：

- 下拉菜单：视图→视口→新建视口
- 工具栏：视口→ 按钮
- 命令行：vports

四、编辑视口

（1）调整视口的显示比例：双击多边形视口，使它成为当前浮动视口。这时模型空间的坐标系图标出现在该视口的左下角，表明进入了模型空间。从“视口”工具栏的下拉列表中，选择浮动视口与模型空间图形的比例关系。

（2）剪裁已有视口：单击“视口”工具栏中的“剪裁现有视口”图标，激活命令。当命令行提示“选择要剪裁的视口”时，选择要剪裁的视口进行剪裁。可以预先绘制好剪裁后的图形，也可以在剪裁命令中指定。

（3）锁定视口：选择要锁定视口的边框。单击鼠标右键，从弹出的快捷菜单中选择“显示锁定”→“是”；还可以使用“最大化视口”工具，防止视图比例位置的改变。

（4）视图的尺寸标注：设置尺寸标注样式及相关参数，在“标注样式管理器”对话框“调整”选项卡的“标注特征比例”选项区域中，选择“将标注缩放到布局”选项，为不同比例的视图标注尺寸。在不同比例的视图标注尺寸，尺寸的特征比例将自动缩放为相同大小。

（5）视图的编辑与调整。

1）调整图纸空间的视口：利用夹点编辑中的“拉伸”功能，对视口边框进行调整。

2）在浮动视口内编辑修改图形：双击将要编辑对象所在的视口，视口就会由图纸空间切换到模型空间。这时可以在浮动视口内编辑、修改模型空间中的图形。

第四节　打　印　输　出

1. 打印命令的激活方式

- 下拉菜单：文件→打印
- 工具栏：标准→ 按钮

- 命令行：plot

2. 模型空间一般打印出图的过程

（1）激活命令。

（2）选择打印机。

（3）选择图纸尺寸。

（4）设置打印区域。

（5）设置打印比例。

（6）设置打印偏移。

（7）选择打印样式表。

（8）预览打印（不合适退回调整）。

（9）打印输出。

在布局中，上面的步骤（2）～（5）都已经预先设置，可以直接打印。

一、打印样式管理器

若用户需要将 AutoCAD 的默认打印特性不同于 Windows 使用的打印特性时，可创建新的系统打印机配置文件。配置文件可以指定端口信息、光栅图形和矢量图形的质量、图形尺寸等特性。

启动方法：

- 下拉菜单：文件→打印样式管理器
- 命令行：stylesmanager

执行 stylesmanager 后，AutoCAD 显示打印样式管理器文件夹窗口。

二、打印样式

打印样式，是一系列参数设置的集合。这些参数，包括颜色、抖动、灰度、淡显、线宽、线条端点样式、线条连接样式和填充样式等。通过修改对象的打印样式，用户可以控制对象在打印时的效果。将打印样式组织起来就形成了打印样式表。

打印样式通过确定打印特性（例如线宽、颜色和填充样式）来控制对象或布局的打印方式。打印样式表中收集了多组打印样式。

打印样式有颜色相关打印样式表和命名打印样式表两种类型。一个图形只能使用一种打印样式表。它取决于开始画图以前采用的是与颜色相关的样板文件，还是与命名打印样式有关的样板文件。

在如图 11-7 所示“选项”对话框的“打印和发布”选项卡中，可以设置与打印相关的属性，包括默认打印设备和打印样式等。

三、打印页面设置

- 下拉菜单：文件→页面设置管理器
- 工具栏：布局→ 按钮
- 命令行：pagesetup

执行 pagesetup 命令后，AutoCAD 显示“页面设置”对话框（图 11-8），通过“页面设置”对话框，可以完成以下设置：

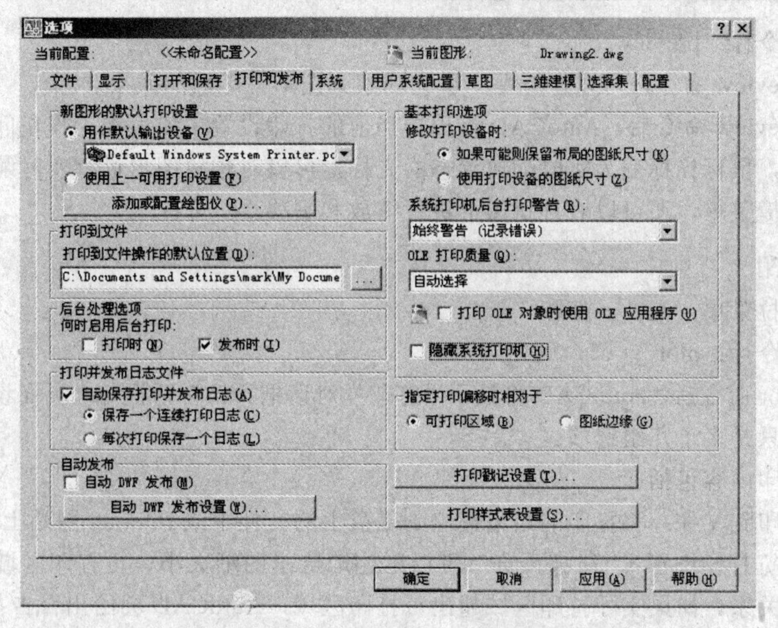

图 11-7 打印和发布“选项”

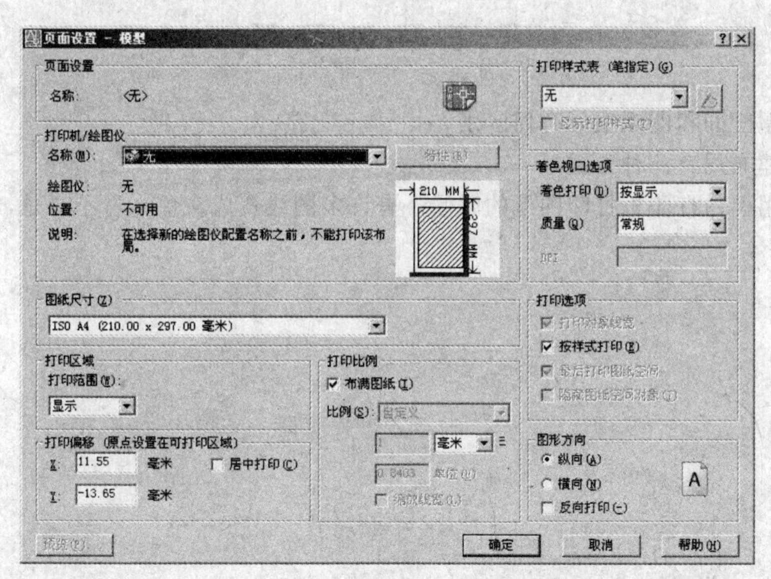

图 11-8 “页面设置”对话框

（1）设置打印设备：配置打印机，设置打印样式，设置 AutoCAD 的打印选项。

（2）设置布局：设置图纸和单位，设置图形的打印方向，确定图形的打印区域，设置打印比例、设置打印图形的平移量，设置打印选项。

（3）保存页面设置。

四、打印预览

- 下拉菜单：文件→打印预览
- 工具栏：标准→ 按钮

- 命令行：preview

使用 preview 命令，可以在屏幕上事先观察到图形打印后的效果。

执行 preview 命令后，AutoCAD 将根据当前的打印设置生成所在工作空间的打印预览图形。此时，鼠标光标变为实时缩放状态的光标，可以对预览图形进行实时缩放来观察图形。使用快捷菜单，还可以对预览图形进行缩放和平移。

五、打印

- 下拉菜单：文件→打印
- 命令行：plot

执行 plot 命令后，AutoCAD 将显示“打印”对话框。该对话框与“页面设置”对话框基本相同，只是多了几组选项。

设置打印内容包括：

（1）打印到文件：将打印的结果输出到磁盘上的文件中或 Internet 网站上。

（2）预览打印图形：“局部预览”可以迅速地给出图纸大小、可打印区域及实际打印区域之间的关系。如果实际打印区域超出可打印区域，AutoCAD 会给出警告与建议。

思考题与习题

（1）模型空间和图纸空间有何区别？

（2）创建布局有几种方式？

（3）使用黑白打印机打印图纸的时候，有许多图线变成灰色，看不清楚，怎样解决这个问题？

第十二章　AutoCAD 三维绘图基础

第一节　概　　述

一、三维绘图简介

三维图形是形体在三维空间的显示形式。三维图形设计的一个主要目的就是建立形体模型，更加直观、真实的表现形体结构。

在 AutoCAD 中，根据建模形式的不同，三维模型一般分为线框模型、表面模型和实体模型。线框模型由形体的棱线、曲面立体的转向轮廓线等组成，模型中只包含线的信息；表面模型通过建立形体的各组成表面来表现立体的形状，模型中包含线和面的信息；实体模型包含了形体中所有线、面和体的信息，是三种模型中最高级的一种，也是三维绘图中最常用的一种。

图 12-1 所示为圆柱三种模型的“三维隐藏视觉样式”和“真实视觉样式”。其中，“视觉样式”的有关内容将在本章第二节中介绍，三种模型的绘制方法将在第十三章中介绍。

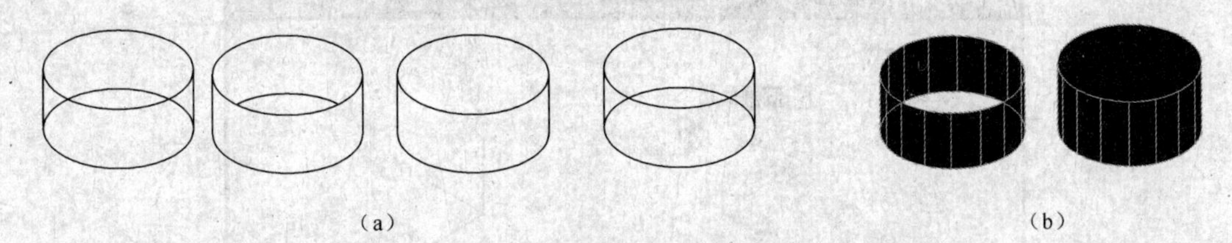

（a）　　　　　　　　（b）

图 12-1　圆柱的三种模型

（a）三维隐藏视觉样式；（b）真实视觉样式

在图 12-1 中，我们看到了三维图形的不同表现形式及不同的视觉样式。在三维绘图中，还可以对三维模型做不同方向的观察，制作渲染效果图等，在后面的章节中，将对这些内容做不同程度的介绍。

二、坐标系

通过学习二维绘图，我们知道在 AutoCAD 中有两个坐标系，一个是被称为世界坐标系（WCS）的固定坐标系，一个是被称为用户坐标系（UCS）的可移动坐标系。默认情况下，这两个坐标系在新图形中是重合的。

（一）世界坐标系（WCS）

在 AutoCAD 默认的直角坐标系统中，WCS 的 X 轴水平，Y 轴竖直，Z 轴与 XY 平面垂直；WCS 的原点为 X 轴、Y 轴和 Z 轴的交点（0，0，0）。图形文件中的所有对象均通过 WCS 坐标定义。

（二）用户坐标系（UCS）

在绘图过程中，特别是绘制三维图形时，使用可移动的 UCS 创建和编辑图形对象往往更方便。

1. UCS 图标的控制

UCS 图标的样式、大小和颜色（图 12-2）可通过下列方式控制：

- 下拉菜单：视图→显示→UCS 图标→特性
- 命令行：ucsicon

激活 ucsicon 命令后，命令提示：

输入选项 [开（ON）/关（OFF）/全部（A）/非原点（N）/原点（OR）/特性（P）] <开>:

在这里，可以通过选择“特性（P）”来控制 UCS 图标的样式、大小和颜色。如果选择“开（ON）”，则屏幕上显示 UCS 图标。如果选择“关（OFF）”，则 UCS 图标不可见。如果选择“全部（A）”，则对图标的修改应用到所有活动视口；否则，只影响当前视口。如果选择“非原点（N）”，则不管 UCS 原点在何处，图标总显示在视口的左下角点。如果选择“原点（OR）”，则在当前坐标系的原点（0，0，0）处显示 UCS 图标；如果原点不在屏幕显示范围内，或者因其他原因而不能放置在原点位置时，图标将显示在视口的左下角。

图 12-2 中的设置为默认设置，建议采用该默认设置。

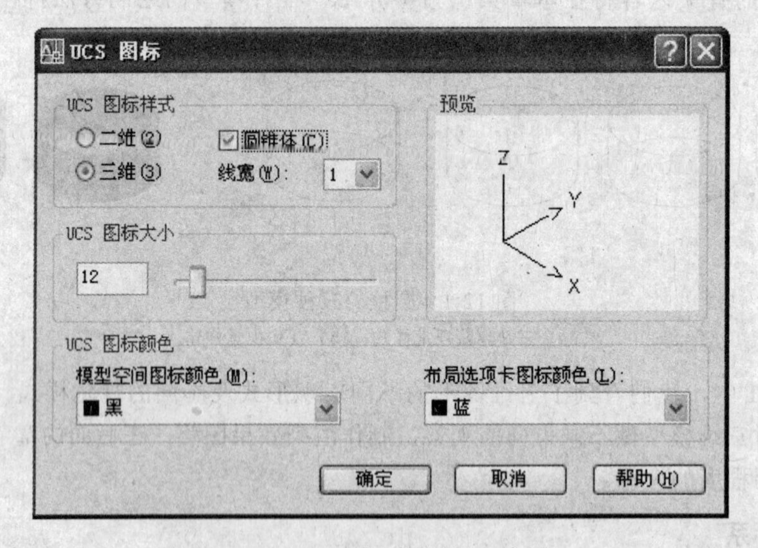

图 12-2 “UCS 图标特性”对话框

另外，是否显示 UCS 图标，还可通过下述命令控制。

- 下拉菜单：视图→显示→UCS 图标→开（勾选为开，否则为关）

2. 三维工作环境中，UCS 图标常用的几种显示方式

在 AutoCAD 中，系统预置了西南等轴测、东南等轴测、东北等轴测、西北等轴测等四个轴测视图（如无特别说明，本书三维部分的图形，均采用西南等轴测视图），与之对应的 UCS 图标也有如图 12-3 所示的四种形式。

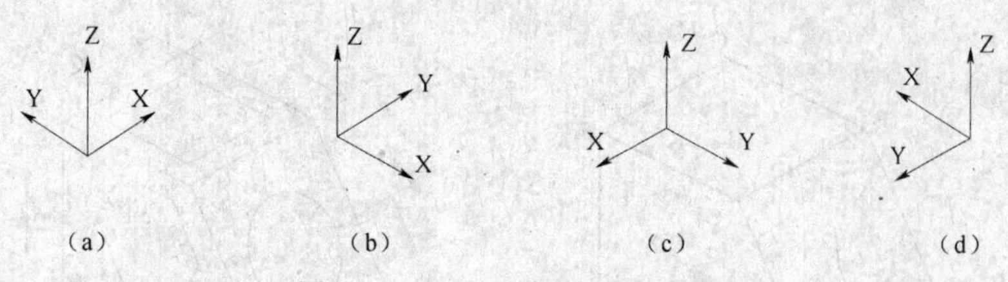

图 12-3　UCS 图标的显示方式

（a）西南等轴测；（b）东南等轴测；（c）东北等轴测；（d）西北等轴测

3. UCS 命令

命令的输入方法（图 12-4），有以下三种：

- 下拉菜单：工具→新建 UCS→选择子菜单选项
- 工具栏：[图 12-4（b）]
- 命令行：UCS

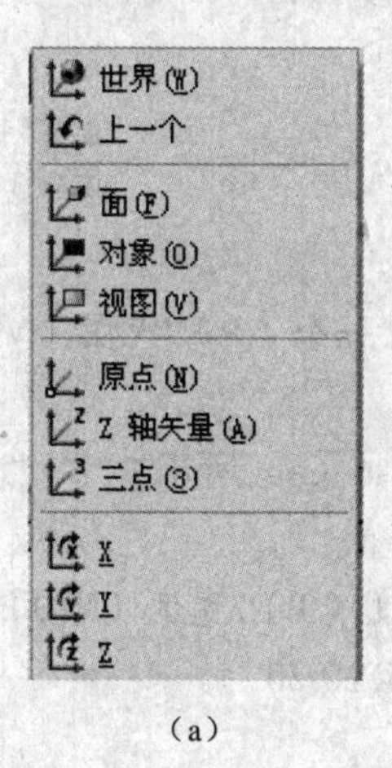

（a）　　　　（b）

图 12-4　UCS 命令输入的方法

（a）新建 UCS 下拉子菜单；（b）UCS 命令图标

下面对 UCS 命令中的几个常用选项做如下介绍：

“世界 UCS”：表示将 UCS 设置为世界坐标系。

“上一个 UCS”：表示恢复上一个 UCS。

“原点 UCS”：表示移动原点来定义新的 UCS，不改变原坐标轴的方向。

“三点 UCS”：表示指定新 UCS 的原点及 X 轴、Y 轴的方向。

“X/Y/Z UCS”：表示绕 X/Y/Z 轴，将当前 UCS 旋转到指定角度。

4. UCS 应用举例

【例 12-1】　已知如图 12-5（a）所示，为三维实体模型的西南等轴测图。合理利用 UCS，按要求尺寸分别在表面 I、II、III 上绘制直径为 20 的圆、边长为 20×20 的正方形和外接圆直径为 24 的正六边形，绘制结果如图 12-5（b）所示；绘制完成后，将 UCS 设置为世界坐标系。

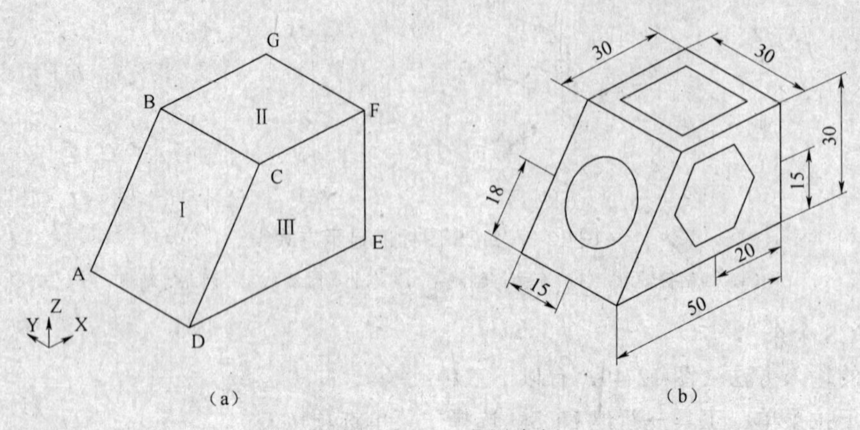

图 12-5　UCS 应用实例

（a）已知三维实体模型；（b）绘制结果

由于该图形为西南等轴测图，为绘制方便，建议采用如下步骤：

（1）在表面 II 上绘制边长为 20×20 单位的正方形。

左键单击“原点 UCS”图标，命令行提示如下：

- 命令：UCS

当前 UCS 名称：*世界*

指定 UCS 的原点或［面（F）/命名（NA）/对象（OB）/上一个（P）/视图（V）/世界（W）/X/Y/Z/Z 轴（ZA）]<世界>: _o

指定新原点<0,0,0>:［在 C 点单击鼠标左键，结果如图 12-6（a）所示］

- 命令：rectang

指定第一个角点或［倒角（C）/标高（E）/圆角（F）/厚度（T）/宽度（W）]: 5,5

指定另一个角点或［面积（A）/尺寸（D）/旋转（R）]: @20,20

（2）在表面 III 上绘制外接圆直径为 24 的正六边形。

左键单击“三点 UCS”图标，命令行提示如下：

- 命令：ucs

当前 UCS 名称：*没有名称*

指定 UCS 的原点或［面（F）/命名（NA）/对象（OB）/上一个（P）/视图（V）/世界（W）/X/Y/Z/Z 轴（ZA）]<世界>: _3

指定新原点<0,0,0>:（在 E 点单击鼠标左键）

在正 X 轴范围上指定点<31.0000,0.0000,-30.0000>:（在 D 点单击鼠标左键）

在 UCS XY 平面的正 Y 轴范围上指定点<30.0000,-1.0000,-30.0000>:［在 F 点单击鼠标左键，结果如图 12-6（b）所示］

- 命令：polygon

输入边的数目<4>：6

指定正多边形的中心点或［边（E）]: 20,15

输入选项［内接于圆（I）/外切于圆（C）] <I>:

指定圆的半径：12

（3）在表面 I 上绘制直径为 20 圆。

左键单击“三点 UCS”图标，命令行提示如下：

- 命令：ucs

当前 UCS 名称：*没有名称*

指定 UCS 的原点或［面（F）/命名（NA）/对象（OB）/上一个（P）/视图（V）/世界（W）/X/Y/Z/Z 轴（ZA）］<世界>: _3

指定新原点<0,0,0>:（在 A 点单击鼠标左键）

在正 X 轴范围上指定点<31.0000,0.0000,-30.0000>:（在 D 点单击鼠标左键）

在 UCS XY 平面的正 Y 轴范围上指定点<30.0000,-1.0000,-30.0000>:［在 B 点单击鼠标左键，结果如图 12-6（c）所示］

- 命令：circle

指定圆的圆心或［三点（3P）/两点（2P）/相切、相切、半径（T）]: 15,18

指定圆的半径或［直径（D）]: 10

绘制结果如图 12-5（b）所示。

（4）将 UCS 设置为世界坐标系。

左键单击“世界 UCS”图标，重新回到如图 12-5（a）所示。

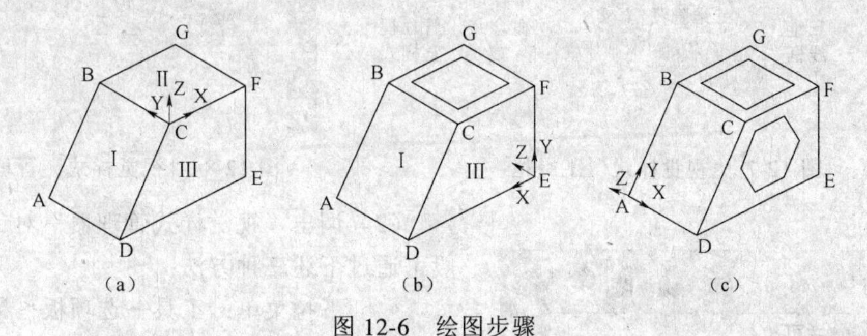

图 12-6　绘图步骤

（a）设置表面 II 为当前绘图平面；（b）设置表面 III 为当前绘图平面；（c）设置表面 I 为当前绘图平面

第二节　三维模型的视觉样式

三维模型的视觉样式，用于设定当前视口的视觉样式。如图 12-1 所示，同一种模型可以显示为不同的视觉样式，进而得到不同的显示效果。

（1）命令的输入方法一般采用以下两种：

- 工具栏：（图 12-7）
- 命令行：vscurrent

输入选项［二维线框（2）/三维线框（3）/三维隐藏（H）/真实（R）/概念（C）/其他（O）］<当前>:

上述各选项作用，分别为：选择“二维线框（2）”，显示用直线和曲线表示边界的对象。选择“三维线框（3）”，显示用直线和曲线表示边界的对象，同时显示一个已着色的三维 UCS 图标。选择“三维隐藏（H）”，显示用三维线框表示的对象并隐藏后的效果。选择

“真实（R）”，着色多边形平面间的对象，并使对象的边平滑化。选择“概念（C）”，着色多边形平面间的对象，并使对象的边平滑化，可以更方便地查看模型的细节。选择“其他（O）”，在命令行将显示提示：“输入视觉样式名称［?]:”，此时，可以输入当前图形中视觉样式的名称或输入?以显示名称列表并重复该提示。

通过“视觉样式管理器”对话框（图 12-8），可以选定视觉样式、创建新的视觉样式、将选定的视觉样式输出到工具选项板，还可以修改一些参数。

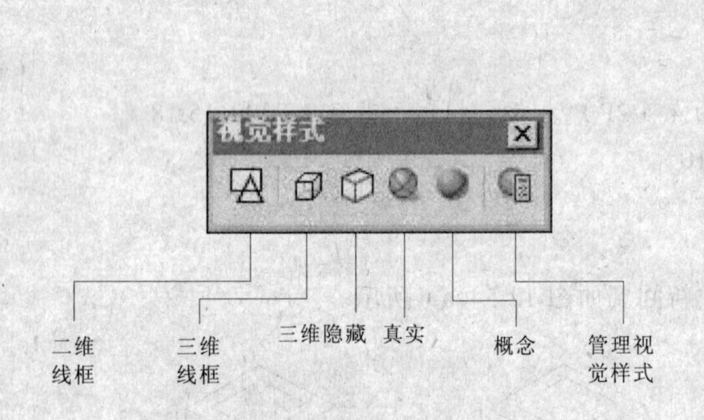

图 12-7 “视觉样式”工具栏

图 12-8 “视觉样式”管理器

图 12-9 “视觉样式”面板

（2）调出“视觉样式管理器”对话框，一般可通过下述三种方法：

- 下拉菜单：工具→选项板→视觉样式
- 工具栏：视觉样式→ 按钮
- “面板”选项板：视觉样式→ 按钮（图 12-9）

通过下拉菜单：工具→选项板→面板，可找到“视觉样式”面板。

长方体实体模型的各种视觉样式如图 12-10 所示。

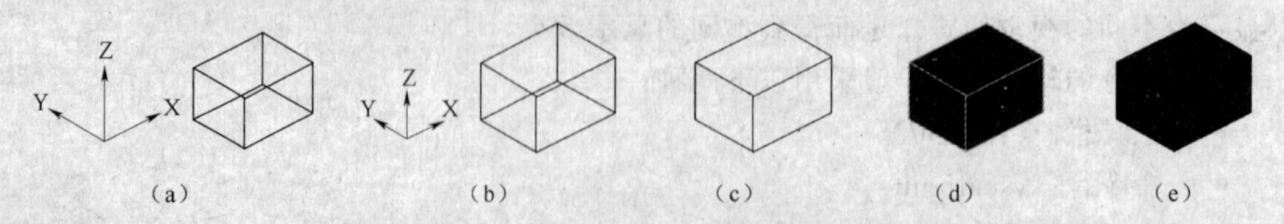

图 12-10　实体模型的不同视觉样式

（a）二维线框视觉样式；（b）三维线框视觉样式；（c）三维隐藏视觉样式；（d）真实视觉样式；（e）概念视觉样式

从图 12-10 中可看出，长方体实体模型的二维线框视觉样式与三维线框视觉样式并无太多区别，只是线条粗细略有区别，另外就是 UCS 图标的变化。

第三节　观 察 三 维 模 型

在 AutoCAD 三维绘图中，选择不同的视觉样式，可以使同一模型产生不同的视觉效果。同样采用不同的观察角度、不同的观察方法，也可使同一模型产生不同的表现效果。观察三维模型的方法有多种，我们仅介绍几种常用方法。

一、利用系统默认设置观察三维模型

命令的输入方法（图 12-11）有两种：

- 下拉菜单：视图→三维视图→选择子菜单选项
- 工具栏：[图 12-11（b）]

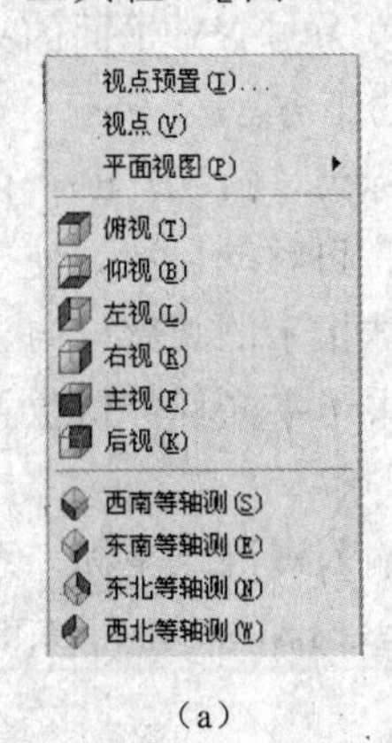

（a）

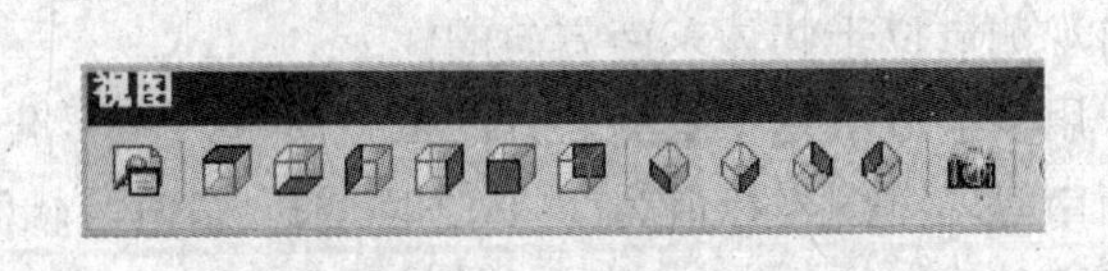

（b）

图 12-11　命令输入的两种方法

（a）三维视图下拉子菜单；（b）命令图标

在本章第一节中我们已经提到，AutoCAD 系统预置了西南等轴测、东南等轴测、东北等轴测、西北等轴测等四个轴测视图。利用这四个等轴测视图可以从不同角度观察三维模型，只需单击相应按钮即可；若选择主视、俯视等选项，则表示三维模型的平面视图。以楔体为例，其四个等轴测视图如图 12-12 所示。

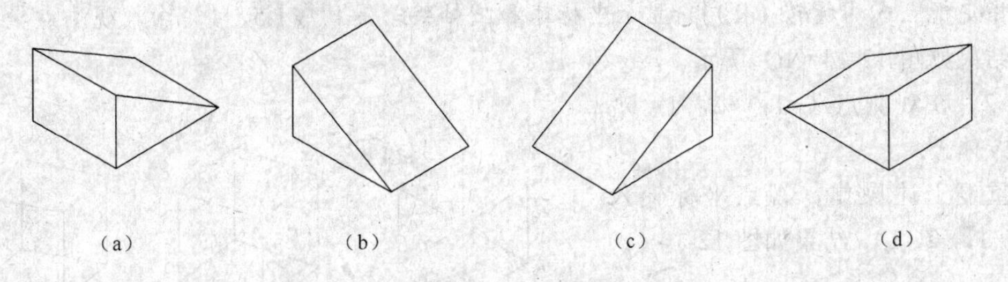

（a）　（b）　（c）　（d）

图 12-12　四种等轴测图

（a）西南等轴测图；（b）东南等轴测图；（c）东北等轴测图；（d）西北等轴测图

二、通过设置观测点观察三维模型

有些时候，利用系统提供的四种等轴测图不能很清楚的反应形体的形状，或不能满足预想的观察效果，通过自己设置合适的观测点就可以得到满意的观察效果。

命令的输入方法有两种：

- 下拉菜单：视图→三维视图→视点
- 命令行：vpoint

激活 vpoint 命令后，命令提示：

当前视图方向：VIEWDIR=0.0000,0.0000,1.0000

指定视点或［旋转（R）］<显示坐标球和三轴架>:（输入视点即观察点的坐标数值，或按回车键显示如图 12-13 所示坐标球和三轴架，也可输入 R 选项）

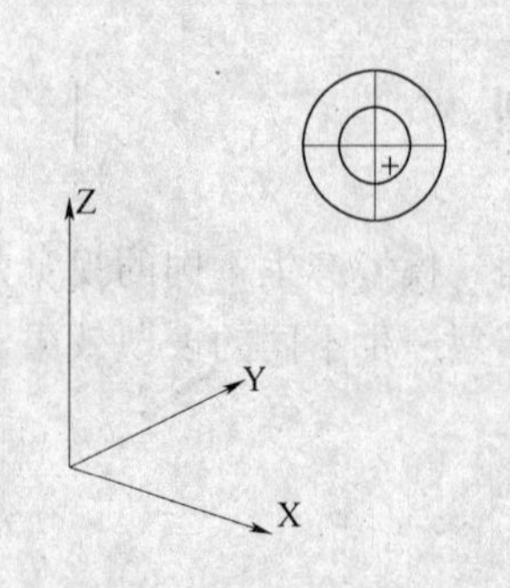

图 12-13　坐标球与三轴架

在上述提示中，选择"旋转（R）"选项，表示使用两个角度指定新的观察方向。第一个角度表示在 XY 平面中与 X 轴正向的夹角，规定逆时针为正值，顺时针为负值；第二个角度为与 XY 平面的夹角，正值表示视点位于 XY 平面的上方，负值表示视点位于 XY 平面的下方。

在图 12-13 中，坐标球（也称罗盘）中心点表示北极，坐标为（0，0，n）；内环表示赤道，坐标为（n，n，0）；外环表示南极，坐标为（0，0，-n）。可移动鼠标，使十字光标停留在球体的任意位置。在十字光标移动过程中三轴架随坐标球指示的观察方向旋转，用鼠标单击球体上的任意位置，即可确定观察方向。由图 12-13 中十字光标停留位置，可判断出观测点位于物体东南方向的上方。

用罗盘方法定位观测点方法虽然简单，但不准确。可直接输入观测点坐标，系统默认的西南等轴测图坐标值为（-1，-1，1）；东南等轴测图坐标值为（1，-1，1）；东北等轴测图坐标值为（1，1，1）；西北等轴测图坐标值为（-1，1，1）。

【例 12-2】 如图 12-14（a）所示，为立方体的西南等轴测图，显示为"三维线框视觉样式"，试将观测点坐标分别改为（-1，-1.5，1）和（-1，-2，1），结果如图 12-14（b）、（c）所示。

（1）在观测点（-1，-1.5，1）观察立方体。

- 命令：vpoint

当前视图方向：VIEWDIR=-628.7122，-628.7122，628.7122

指定视点或［旋转（R）］<显示坐标球和三轴架>: -1，-1.5，1（输入观测点坐标值）

结果如图 12-14（b）所示。

（2）在观测点（-1，-2，1）观察立方体。

重复上述操作，视点坐标输入为：(-1，-2，1)，结果如图 12-14（c）所示。

显然，改变观测点后的观察效果要好于修改之前；在观测点（-1，-2，1）位置比在观测点（-1，-1.5，1）位置能观察到更多的正立面形状。

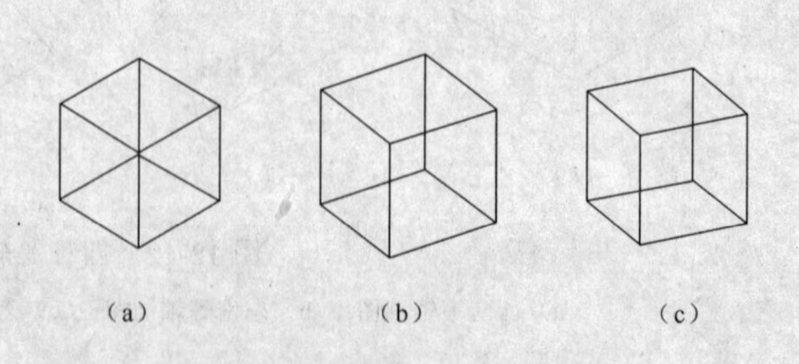

图 12-14　不同观测点的观察效果

（a）西南等轴测图；（b）观测点（-1，-1.5，1）；（c）观测点（-1，-2，1）

读者可尝试将上例中观测点位

置改为（-10，-10，10）、（-100，-100，100）等，发现它们相对于西南等轴测图（-1，-1，1），观察角度并没有发生变化，发生变化的仅仅是视点的远近。

可见要想得到满意的显示效果，必须选择合适的观测点位置。

三、动态观察三维模型

前面介绍的观察三维模型方法，每次只能在一个固定观测点进行观察。但有时很难一次找到满意的观察位置。为此 AutoCAD 2008 提供了动态观察三维模型的方法，可以通过连续变化的位置，找到满意的模型显示效果。

1. 动态观察三维模型方式

主要包括受约束的动态观察、自由动态观察和连续动态观察等三种。

（1）启动受约束的动态观察后，按住鼠标左键并移动至 Z 轴垂直于屏幕时，动态观察将不能进行。

（2）启动自由动态观察后，视点位置不受任何约束，如图 12-15 所示在屏幕上显示一个导航球和四个小圆。当光标位于轨道内、外、两水平小圆、两竖直小圆上时，分别显示为不同形状；在不同位置移动鼠标时，观察视图的方式也有所不同，这里不再详述。

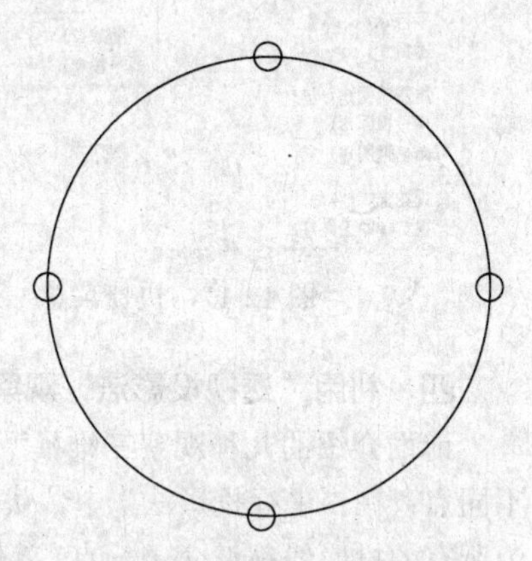

图 12-15 三维动态观察导航球

（3）启动连续动态观察后，按住鼠标左键，并向需要图形旋转的方向拖动，然后松开，即可实现连续观察。图形转动的速度与拖动鼠标的快慢有关，单击左键可停止转动，按回车键结束命令。

2. 动态观察命令常用的输入方法（图 12-16）

- 下拉菜单：视图→动态观察→选择子选项
- 工具栏：[图 12-16（b）]
- “面板”选项板：工具→选项板→面板→三维导航
- 命令行：3dorbit，3dforbit，3dcorbit

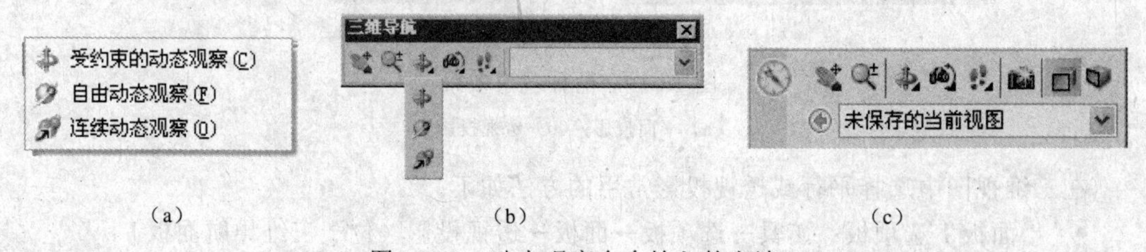

（a） （b） （c）

图 12-16 动态观察命令输入的方法

（a）动态观察下拉子菜单；（b）命令图标；（c）三维导航面板

除上列四种方法外，当启动任意三维导航命令后，在绘图区域中单击鼠标右键，均可弹出如图 12-17 所示的快捷菜单，然后单击“其他导航模式”，再选择子选项，也可启动动态观察命令等三维命令。

注意：若不选中任何图形，直接启动命令，则可观察当前文件中的所有图形；若只想观察某一个或某几个图形，应在启动命令前，先选中这些图形。

动态观察形体过程中，同一个形体的几个不同位置如图 12-18 所示。

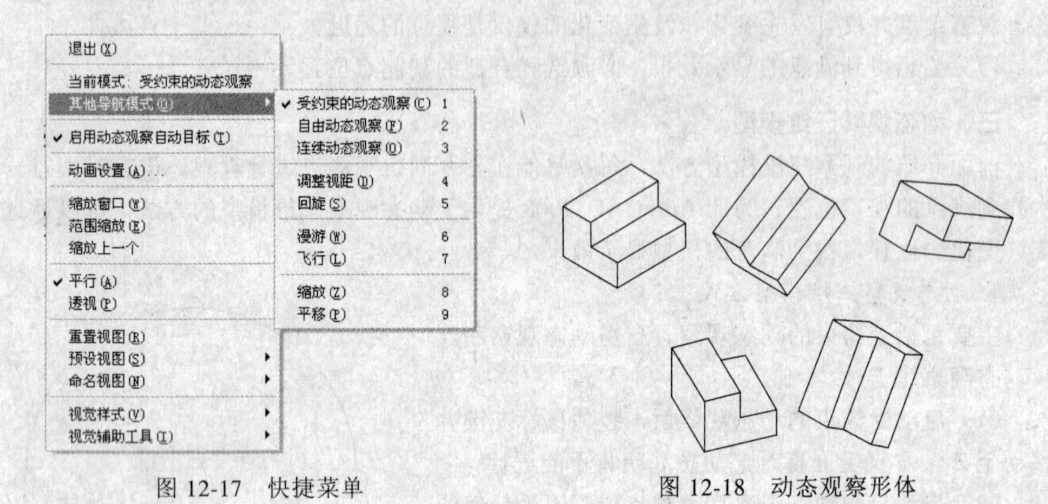

图 12-17　快捷菜单　　　　图 12-18　动态观察形体

四、利用“透视投影法”观察三维模型

前面介绍的几种观察三维模型的方法，均利用“平行投影法”原理。两种投影法最大的不同点：在“平行投影法”中，认为所有的投影线都相互平行；而在“透视投影法”中，认为所有的投影线都汇交于一点，就像人眼发出的所有视线都汇交于眼睛一样。这样，利用“透视投影法”观察同样大小的物体时，就产生了“近大远小、近长远短、近高远低”的效果。

图 12-19 为同一个模型，沿同一个观察方向，在平行投影和透视投影中的不同观察效果。

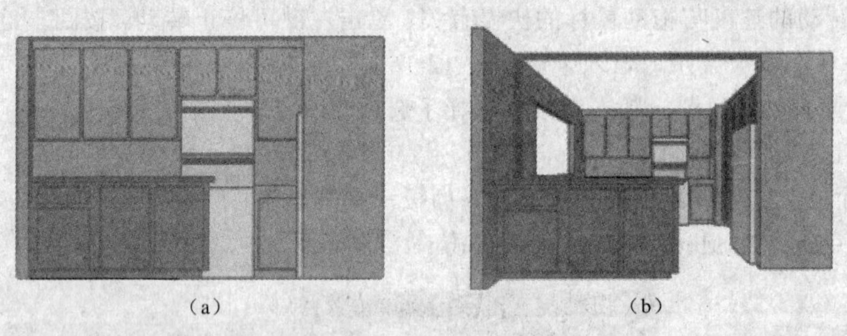

（a）　　　　（b）

图 12-19　两种观察效果

（a）平面投影；（b）透视投影

在三维视图中选择平行或透视投影常用的方法如下：

- “面板”选项板：工具→选项板→面板→透视投影（位于三维导航面板）

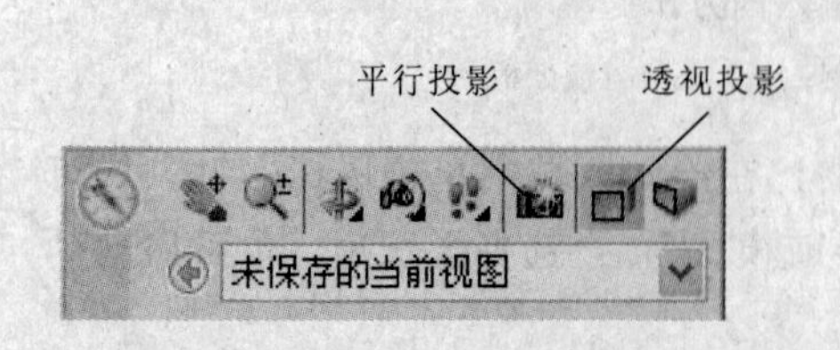

图 12-20　三维导航面板

- 快捷菜单：当启动任意三维导航命令后，在绘图区域中单击鼠标右键，弹出如图 12-17 所示的快捷菜单，然后单击“透视投影”或“平行投影”

透视投影，一般包括一点透视、两点透视和三点透视等三种。我们仅介绍应用较多的一点透视和两点透视。一点透视指的是只有一个灭点的透视，比较适合建筑广场、会场或建筑物室内，如图 12-19 中的透视投影。两点透视中有两个灭点，应用最广泛。由于我们平时观察建筑物往往不是面对建筑物的正面，而是从其侧面观察，所以两点透视广泛应用于单体建筑物。

下面结合具体实例讲解利用“透视投影法”观察三维模型。

【例 12-3】 试将图 12-21 长方体西南等轴测图创建为图 12-23 的一点透视和图 12-24 的两点透视。

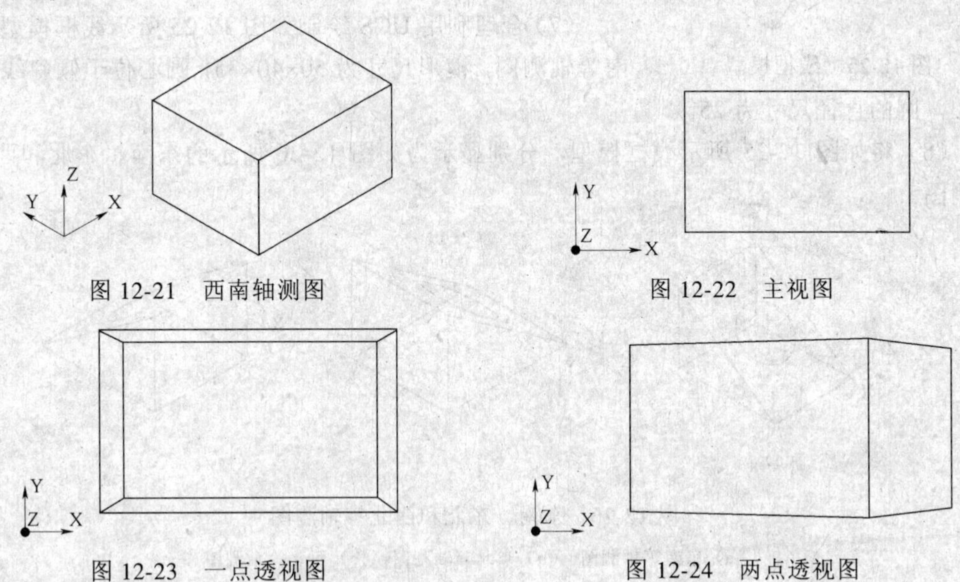

图 12-21　西南轴测图　　图 12-22　主视图

图 12-23　一点透视图　　图 12-24　两点透视图

（1）利用西南等轴测图，创建主视图。

- 下拉菜单（参见图 12-11）：视图→三维视图→主视

长方体显示为主视图，如图 12-22 所示。

（2）创建一点透视图。

- “面板”选项板（图 12-20）：工具→选项板→面板→透视投影

长方体显示为一点透视图（三维线框视觉样式），如图 12-23 所示。图中背景色为 CAD 默认的透视图背景色，在此未作改动；内部小矩形为长方体后表面，CAD 默认的不可见线显示为实线，在此也未作改动。

（3）创建两点透视图。

利用第十四章介绍的“三维旋转”命令，将长方体绕 Y 轴旋转 30°，并显示为三维隐藏视觉样式，得到如图 12-24 所示长方体的两点透视图。（此处，可暂时采用动态观察方式，将图形显示停留在图示位置，待学习“三维旋转”命令之后，再做此观察）

思 考 题 与 习 题

（1）三维模型一般分为几类？各自有什么特点？

（2）在 AutoCAD 中，常用坐标系有几种？三维模型绘制过程中常用哪一种？

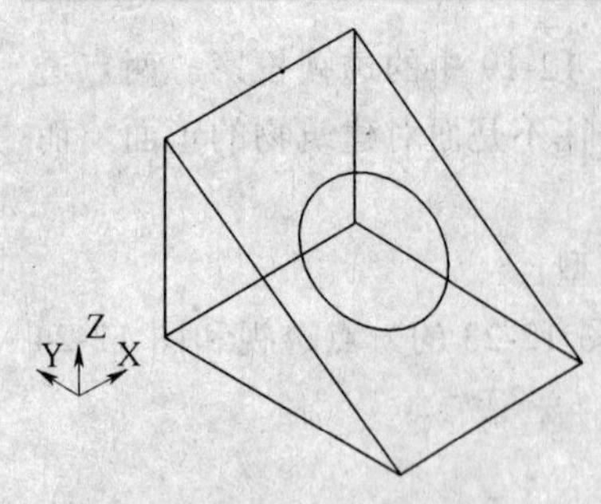

图 12-25　线框模型

（3）三维工作环境中，UCS 图标常用的显示方式有几种？

（4）常用的 UCS 命令的输入方法有几种？

（5）三维模型的视觉样式包括哪几种？

（6）观察三维模型的方法有多种，本书主要介绍了哪几种？

（7）合理利用 UCS 绘制如图 12-25 所示线框模型的西南等轴测图，楔形尺寸为 50×40×35，圆心位于倾斜线框的中心，圆的直径尺寸为 25。

（8）将如图 12-25 所示线框模型，分别显示为如图 12-26 所示的东南、东北和西北等轴测图。

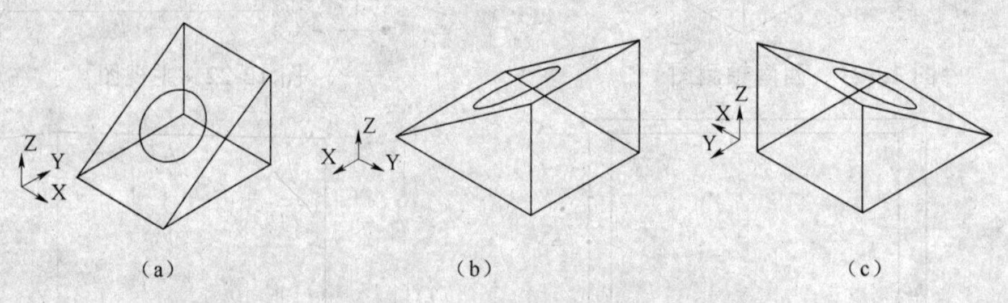

图 12-26　东南、东北和西北等轴测图

（a）东南等轴测图；（b）东北等轴测图；（c）西北等轴测图

（9）将如图 12-25 所示线框模型，分别显示为二维线框视觉样式、三维线框视觉样式、三维隐藏视觉样式、真实视觉样式和概念视觉样式，观察图形是否发生变化？

（10）图 12-27 为利用 vpoint 命令改变观测点坐标后，图 12-25 的两种观测结果。试分析哪个图形的观测点坐标为（-1，-1.5，1），哪个为（-1，-2.5，1）？

（11）利用动态观察的方法观察图 12-25 所示模型，分析图 12-28 采用的哪一种动态观察法？

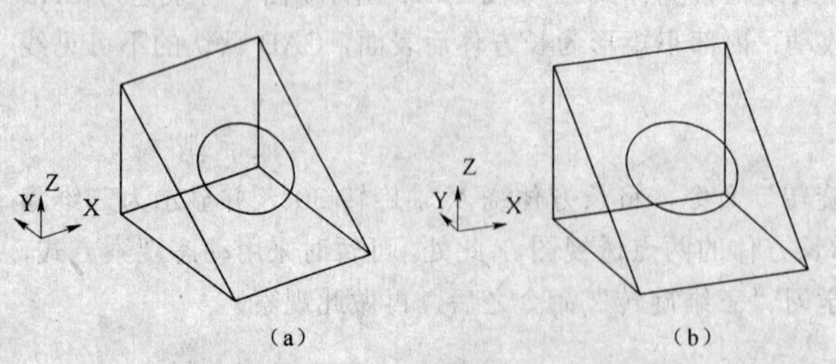

图 12-27　不同观测点的观察效果

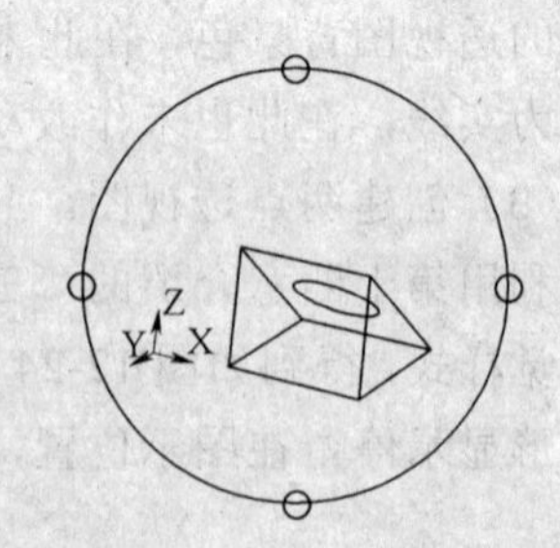

图 12-28　动态观察法

第十三章　三维模型的绘制

第一节　三维模型的分类

在 AutoCAD 中，一般将三维模型分为三类，即线框模型、表面模型和实体模型。

线框模型是用棱线或轮廓素线来表示三维形体的方法。这种模型的最大优点是结构简单，绘制方便；但由于它只有边的特征而没有面和体的特征，不能显示为不同的视觉样式，不能渲染，形状复杂时易产生模糊理解，所以使用较少。故本节仅对线框模型的绘制做简单介绍。

【例 13-1】　绘制 50×40×30 的长方体线框模型。

绘制该线框模型有多种方法，在这里按如下步骤绘制：

（1）绘制一个 50×40 的矩形。

- 命令：rectang

指定第一个角点或［倒角（C）/标高（E）/圆角（F）/厚度（T）/宽度（W）]:（在任意位置单击鼠标左键）

指定另一个角点或［面积（A）/尺寸（D）/旋转（R）]: @50,40

（2）将所绘矩形复制至一个合适位置。

- 命令：copy

选择对象：找到 1 个

选择对象：（选择矩形）

指定基点或［位移（D）］<位移>:（选择矩形的任意一点）

指定第二个点或<使用第一个点作为位移>: @0,0,30

指定第二个点或［退出（E）/放弃（U）］<退出>:

（3）用直线命令分别连接两矩形的对应角点，得如图 13-1 所示图形。

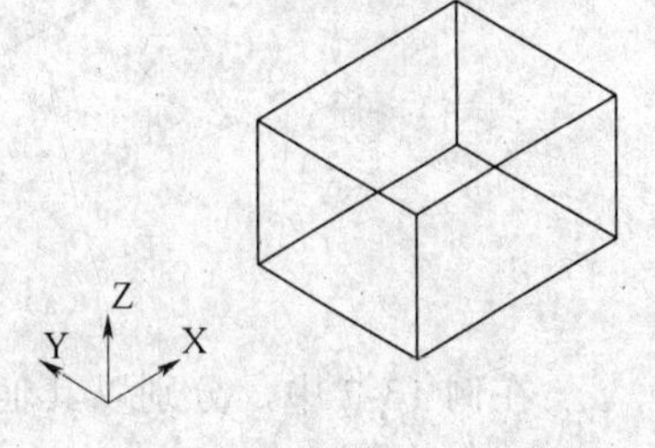

图 13-1　长方体线框模型

第二节　三维表面模型

三维表面模型，是通过建立形体的各组成表面来表现立体的形状，模型中包含线和面的信息。可以将表面模型显示为不同视觉样式，做渲染处理等；但表面模型不具备质量、体积、惯性矩等物理特性，不能进行布尔运算。

一、常见形体表面模型

AutoCAD 提供了一些用 AutoLISP 语言定义的形体表面模型。主要包括长方体表面、楔体表面、棱锥面、网格面、圆锥面、球面、下半球面、上半球面及圆环面等。

可通过“3d”命令绘制这些表面模型。

- 命令：3d

激活 3d 命令后，命令提示：

输入选项

[长方体表面（B）/圆锥面（C）/下半球面（DI）/上半球面（DO）/网格（M）/棱锥面（P）/球面（S）/圆环面（T）/楔体表面（W）]:（选择不同选项，以绘制不同表面模型）

【例 13-2】 利用“3d”命令绘制 50×40×30 的长方体表面模型，并显示为“三维线框视觉样式”和“三维隐藏视觉样式”两种样式。

- 命令：3d

输入选项

[长方体表面（B）/圆锥面（C）/下半球面（DI）/上半球面（DO）/网格（M）/棱锥面（P）/球面（S）/圆环面（T）/楔体表面（W）]: b

指定角点给长方体:（在任意位置单击鼠标左键）

指定长度给长方体: 50

指定长方体表面的宽度或 [立方体（C）]: 40

指定高度给长方体: 30

指定长方体表面绕 Z 轴旋转的角度或 [参照（R）]: 0

将模型分别以两种视觉样式显示，得到如图 13-2 所示结果。

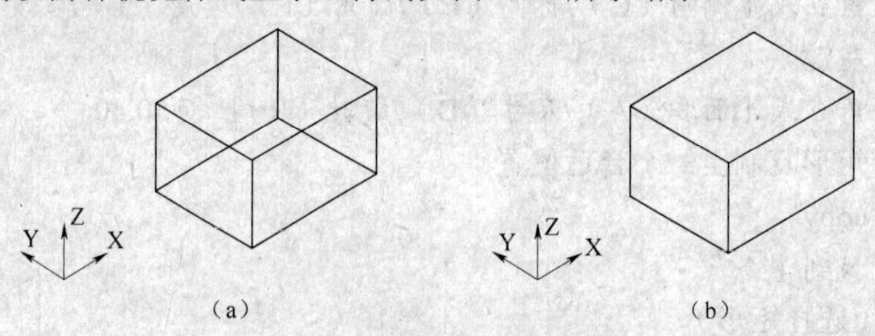

图 13-2　长方体表面模型

（a）三维线框视觉样式；（b）三维隐藏视觉样式

在例 13-2 中，分别以其他选项响应命令提示，可得到如图 13-3 所示表面模型。

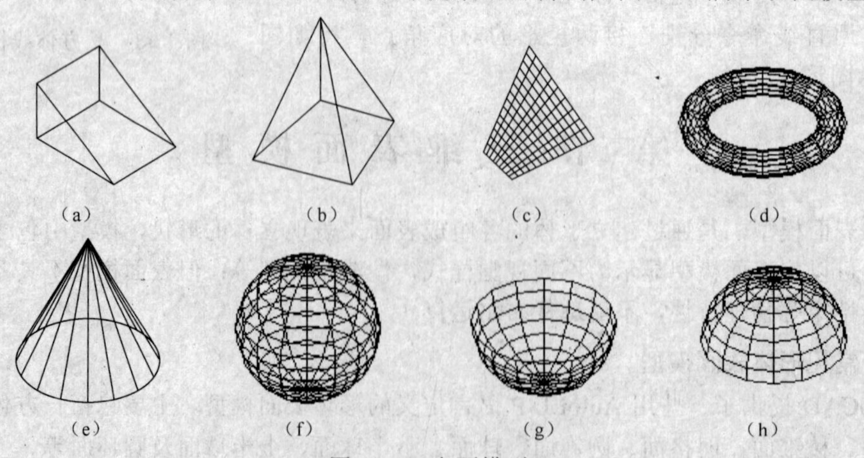

图 13-3　表面模型

（a）楔体表面；（b）棱锥面；（c）网格面；（d）圆环面；（e）圆锥面；（f）球面；（g）下半球面；（h）上半球面

二、网格模型

在 AutoCAD 中，可以创建多边形网格模型。由于网格面为平面，因此网格模型只是近似于曲面模型。网格模型主要包括直纹网格、平移网格、旋转网格和边界网格等四种。创建网格模型命令的输入方法主要有下拉菜单（图 13-4）及命令行两种。

图 13-4　网格模型——下拉菜单命令

（一）直纹网格

直纹网格，系指在两条直线或曲线之间，创建一个表示直纹曲面的多边形网格。

- 下拉菜单：绘图→建模→网格→直纹网格
- 命令行：rulesurf

【例 13-3】　图 13-5（a）为两条异面直线。试在该两直线之间创建图 13-5（b）、（c）所示的两种直纹网格。

（1）创建如图 13-5（b）所示的直纹网格。

- 命令：rulesurf

当前线框密度：SURFTAB1=6

选择第一条定义曲线：（在 AB 直线上，靠近 A 点一端单击鼠标左键）

选择第二条定义曲线：（在 CD 直线上，靠近 D 点一端单击鼠标左键）

结果如图 13-5（b）所示。

（2）创建如图 13-5（c）所示的直纹网格。

- 命令：rulesurf

当前线框密度：SURFTAB1=6

选择第一条定义曲线：（在 AB 直线上，靠近 A 点一端单击鼠标左键）

选择第二条定义曲线：（在 CD 直线上，靠近 C 点一端单击鼠标左键）

结果如图 13-5（c）所示。

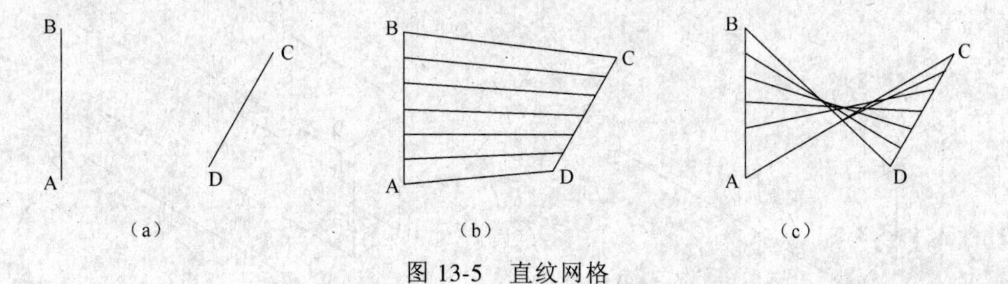

图 13-5　直纹网格

（a）已知图形；（b）绘制结果 1；（c）绘制结果 2

在例 13-3 中，网格的网面密度参数会影响网格的疏密程度，由系统变量 SURFTAB1 控制，其默认值为 6。若将该系统变量值改为 10，重复上述操作过程，结果如图 13-6（a）、（b）所示。

修改系统变量 SURFTAB1 数值的方法：

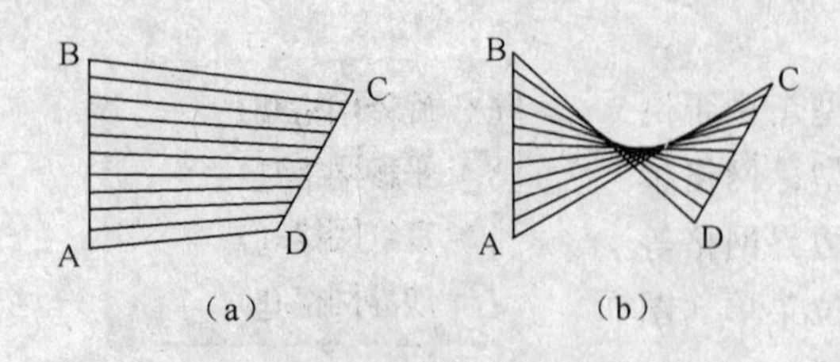

（a）　　（b）

图 13-6　修改系统变量值后的直纹网格

（a）绘制结果 1；（b）绘制结果 2

- 命令：SURFTAB1

输入 SURFTAB1 的新值<6>: 10

注意：修改系统变量 SURFTAB1 数值，只影响后面的操作，而不影响已绘制图形。

（二）平移网格

平移网格，系指利用路径曲线和方向矢量创建的多边形网格。路径曲线，用于定义多边形网格的近似曲面，它可以是直线、圆弧、圆、椭圆、二维或三维多段线。从路径曲线上离选定点最近的点开始，沿所选方向矢量绘制网格。

- 下拉菜单：绘图→建模→网格→平移网格
- 命令行：tabsurf

【例 13-4】 将图 13-7（a）的闭合多段线（也可不闭合）作为路径曲线，沿用作方向矢量的直线创建平移网格。并显示为如图 13-7（b）所示的"三维隐藏视觉样式"。

（1）创建平移网格。

- 命令：tabsurf

当前线框密度：SURFTAB1=10

选择用作轮廓曲线的对象：（鼠标左键单击闭合多段线）

选择用作方向矢量的对象：（在 AB 直线上，靠近 A 点一端单击鼠标左键）

（2）将网格显示为"三维隐藏视觉样式"。

- 命令：vscurrent

输入选项 [二维线框（2）/三维线框（3）/三维隐藏（H）/真实（R）/概念（C）/其他（O）] <三维线框>: _H

结果如图 13-7（b）所示。

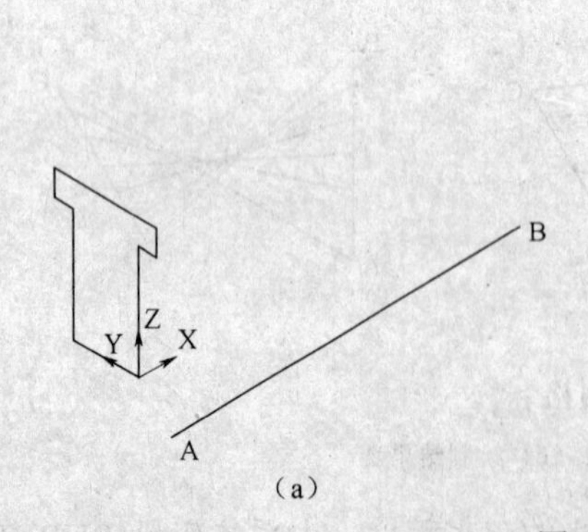

（a）

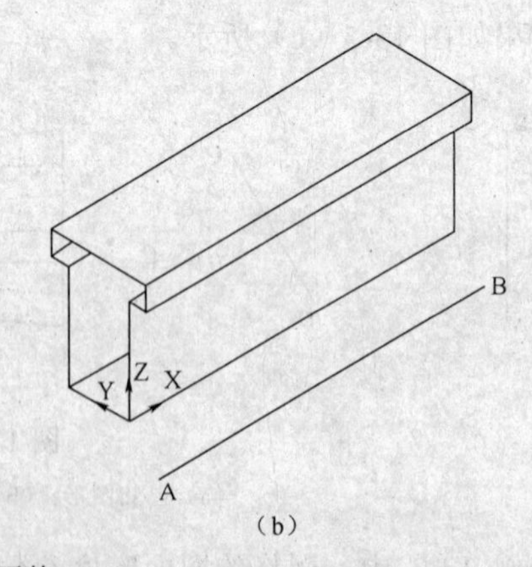

（b）

图 13-7　平移网格

（a）已知图形；（b）绘制结果

（三）旋转网格

旋转网格，系指创建绕选定轴旋转而成的多边形网格。可以用作旋转轴的对象，有直线、开放的二维、三维多段线等；可以被旋转的对象，包括直线、圆弧、圆或二维、三维多段线。

- 下拉菜单：绘图→建模→网格→旋转网格
- 命令行：revsurf

【例 13-5】 将图 13-8（a）的多段线（被旋转对象）绕直线（旋转轴）旋转一周（360°），创建旋转网格。并显示为如图 13-8（b）所示的“三维线框视觉样式”。

（1）创建旋转网格。

- 命令：revsurf

当前线框密度：SURFTAB1=10　SURFTAB2=6

选择要旋转的对象：（鼠标左键单击多段线）

选择定义旋转轴的对象：（鼠标左键单击直线）

指定起点角度<0>：（回车）

指定包含角（+=逆时针，-=顺时针）<360>：（回车）

（2）将网格显示为的“三维线框视觉样式”。

- 命令：vscurrent

输入选项［二维线框（2）/三维线框（3）/三维隐藏（H）/真实（R）/概念（C）/其他（O）］<三维线框>：_3

结果如图 13-8（b）所示。

在例 13-5 中，观察命令提示发现，旋转网格的疏密程度，同时由 SURFTAB1 和 SURFTAB2 两个系统变量控制，其默认值均为 6。例 13-5 中的 SURFTAB1 值为 10，是因为在绘制图 13-6 时将该系统变量值修改为 10，采用同样的方法可修改系统变量 SURFTAB2 的数值。系统变量 SURFTAB1 指定在旋转方向上绘制的网格线数目；系统变量 SURFTAB2 指定沿轴线方向的等分网格线数目。但是观察图形，却发现系统变量 SURFTAB2 并未影响到网格的疏密程度。这是因为被旋转对象是直线段，而不是圆弧或圆等曲线。图 13-9 所示为一个半圆绕直线旋转一周后创建的旋转网格，显示为“三维线框视觉样式”。其中，系统变量 SURFTAB1 和 SURFTAB2 的值均设置为 10。

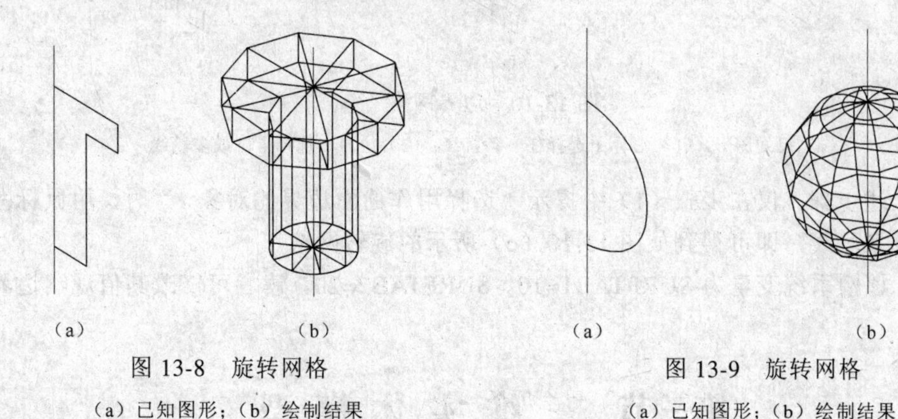

图 13-8　旋转网格

（a）已知图形；（b）绘制结果

图 13-9　旋转网格

（a）已知图形；（b）绘制结果

（四）边界网格

边界网格，必须选择定义网格片的四条邻接边。邻接边可以是直线、圆弧、样条曲线或开放的二维或三维多段线，并且这些邻接边必须在端点处相交为闭合路径。

可以用任何次序选择这四条边。第一条边（SURFTAB1）决定了生成网格的M方向，该方向是从距选择点最近端点延伸到另一端。与第一条边相接的两条边形成了网格 N（SURFTAB2）方向的边。

- 下拉菜单：绘图→建模→网格→边界网格
- 命令行：edgesurf

【例 13-6】 如图 13-10（a）所示为由一个半圆、两条平行直线和一条多段线组成的，首尾相接的四条线段，试以该四条线段为边界创建边界网格，并显示为如图 13-10（b）和图 13-10（c）所示的“三维线框视觉样式”。

（1）创建旋转网格。

- 命令：edgesurf

当前线框密度：SURFTAB1=10，SURFTAB2=20

选择用作曲面边界的对象 1:（鼠标左键单击任一条直线）

选择用作曲面边界的对象 2:（鼠标左键单击任一线段）

选择用作曲面边界的对象 3:（鼠标左键单击任一线段）

选择用作曲面边界的对象 4:（鼠标左键单击任一线段）

（2）将网格显示为“三维线框视觉样式”

- 命令：vscurrent

输入选项［二维线框（2）/三维线框（3）/三维隐藏（H）/真实（R）/概念（C）/其他（O）］<三维线框>: _3

结果如图 13-10（b）所示。

（3）创建旋转网格，并将网格显示为“三维线框视觉样式”。

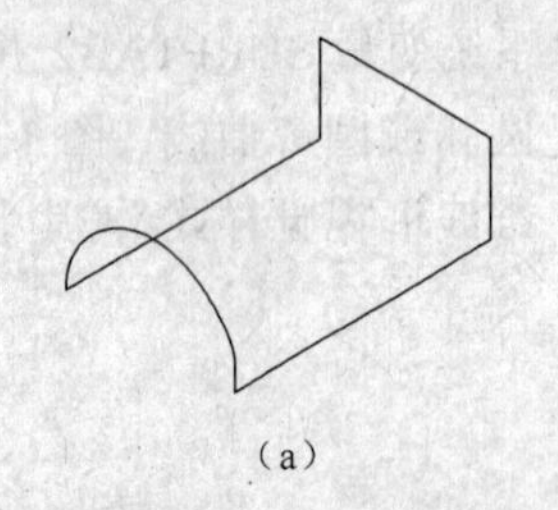
（a）

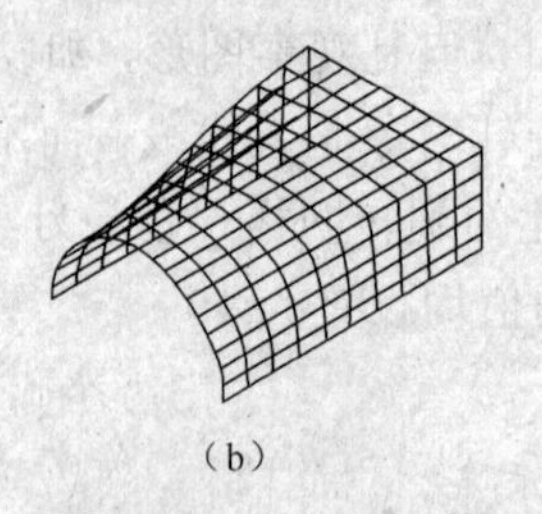
（b）

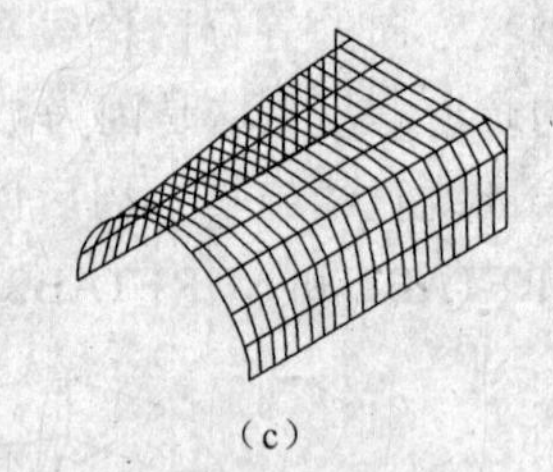
（c）

图 13-10 边界网格

（a）已知图形；（b）边界 1 选择任一条直线；（c）边界 1 选择半圆或多段线

重复上述步骤，仅在步骤（1）中提示“选择用作曲面边界的对象 1”时，用鼠标左键单击半圆或多段线，即可得到如图 13-10（c）所示的旋转网格。

注意：该例系统变量为 SURFTAB1=10、SURFTAB2=20，读者可修改其值观察边界网格的变化。

第三节 三维实体模型

实体模型，不仅具有线和面的特征，而且还具有体的特征。各实体对象间，可以进行各种布尔运算操作，从而创建复杂的三维实体图形。

绝大多数三维实体模型，都可以通过图 13-11 建模工具栏中的对应图标来建立。本节将结合具体问题分别介绍。

图 13-11 “建模”工具栏

一、基本三维实体模型

创建基本三维实体模型的命令有四种输入方法：

- 下拉菜单：绘图→建模→选择子选项［图 13-12（a)］
- 工具栏：［图 13-12（b)］
- “面板”选项板：工具→选项板→面板→选择子选项（位于三维制作面板）［图 13-12（c)、(d)］
- 命令行直接输入

其中，单击面板上的卷展图标（图 13-12 中椭圆标记处），可将面板展开或复原。

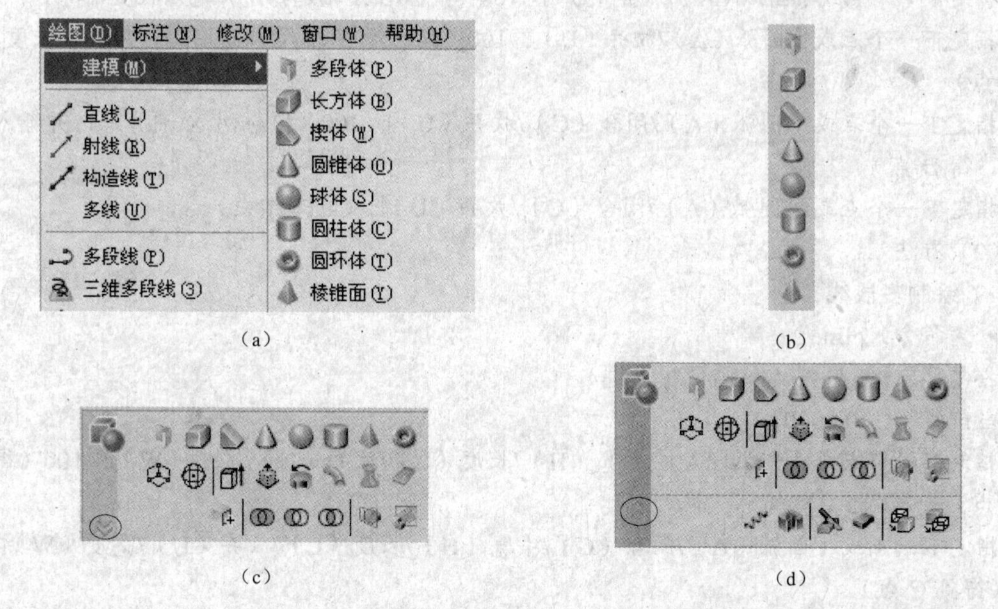

(a)　(b)　(c)　(d)

图 13-12　创建基本三维实体模型命令输入的方法

(a）下拉菜单；(b）命令图标；(c）三维制作面板（默认)；(d）三维制作面板（展开式)

(一）多段体

该命令用于创建三维多段实体，操作方法与绘制多段线相同。

可以使用 polysolid 命令绘制实体。系统变量 PSOLWIDTH 设置实体的默认宽度；系统变量 PSOLHEIGHT 设置实体的默认高度。另外，通过 polysolid 命令，还可以将现有直线、二维多段线、圆弧或圆转换为实体。

- 下拉菜单：绘图→建模→多段体

- 命令行：polysolid

激活 polysolid 命令后，命令提示：

高度=80.0000，宽度=5.0000，对正=居中

指定起点或［对象（O）/高度（H）/宽度（W）/对正（J）］<对象>:

在这里，高度 80 和宽度 5，分别为系统变量 PSOLHEIGHT 和 PSOLWIDTH 的初始值；对正方式为居中，表示多段体宽度关于拾取点两侧对称分布；默认状态下，两侧宽度各位 2.5。如果选择“高度（H）”，则重新设置多段体高度值。如果选择“宽度（W）”，则重新设置多段体宽度值。如果选择“对正（J）”，则重新设置多段体对正方式。如果选择“对象（O）”或直接按回车键，则系统提示选择对象，并将所选对象转换为多段体。

【例 13-7】 试绘制如图 13-13 所示多段体（图示为“三维线框视觉样式”）。

（1）方法一：

- 命令：polysolid

高度=80.0000，宽度=5.0000，对正=居中

指定起点或［对象（O）/高度（H）/宽度（W）/对正（J）］<对象>:（在任意位置如 A 点，单击鼠标左键）

指定下一个点或［圆弧（A）/放弃（U）]: 100（鼠标沿 X 轴追踪，并输入长度，得 B 点）

指定下一个点或［圆弧（A）/放弃（U）]: 100（鼠标沿 Y 轴反方向追踪，并输入长度，得 C 点）

指定下一个点或［圆弧（A）/闭合（C）/放弃（U）]: 100（鼠标沿 X 轴追踪，并输入长度，得 D 点）

指定下一个点或［圆弧（A）/闭合（C）/放弃（U）]:（回车结束）

（2）方法二：

1）绘制多段线：

- 命令：pline

指定起点:（在 A 点单击鼠标左键）

当前线宽为 0.0000

指定下一个点或［圆弧（A）/半宽（H）/长度（L）/放弃（U）/宽度（W）]: 100（得到 B 点）

指定下一点或［圆弧（A）/闭合（C）/半宽（H）/长度（L）/放弃（U）/宽度（W）]: 100（得到 C 点）

指定下一点或［圆弧（A）/闭合（C）/半宽（H）/长度（L）/放弃（U）/宽度（W）]: 100（得到 D 点）

指定下一点或［圆弧（A）/闭合（C）/半宽（H）/长度（L）/放弃（U）/宽度（W）]:（回车结束）

2）将多段线转换为三维多段体：

- 命令：polysolid

高度=80.0000，宽度=5.0000，对正=居中

指定起点或［对象（O）/高度（H）/宽度（W）/对正（J）］<对象>:（回车）

选择对象：（选择多段线 ABCD）

结果如图 13-13 所示。

（二）长方体

用于创建三维实体长方体的命令，有两种方式：

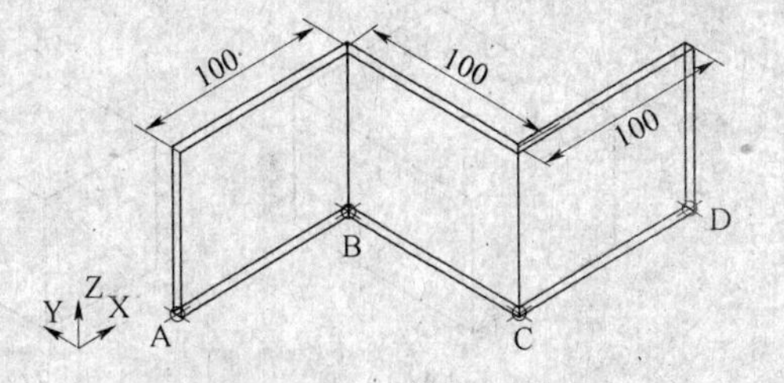

图 13-13　三维多段体

- 下拉菜单：绘图→建模→长方体
- 命令行：box

【例 13-8】　试绘制如图 13-14（a）所示 50×40×30 的长方体、如图 13-14（b）所示 30×30×30 的立方体（图示为“三维隐藏视觉样式”）。

（1）绘制 50×40×30 的长方体：

- 命令：box

指定第一个角点或［中心（C）]:（在任意位置单击鼠标左键）

指定其他角点或［立方体（C）/长度（L）]: L

指定长度：50

指定宽度：40

指定高度或［两点（2P）]: 30

结果如图 13-14（a）所示。

（2）绘制 30×30×30 的立方体：

- 命令：box

指定第一个角点或［中心（C）]:（在任意位置单击鼠标左键）

指定其他角点或［立方体（C）/长度（L）]: c

指定长度<50.0000>: 30

结果如图 13-14（b）所示。

在上述操作中，若以“中心（C）”响应，则鼠标左键单击位置为长方体中心点位置。若以“两点（2P）”响应指定高度，则系统自动将鼠标左键单击两点间的距离作为高度值。

（三）楔体

用于创建倾斜面沿 x 轴正向的三维楔体模型的命令，有两种方式：

- 下拉菜单：绘图→建模→楔体
- 命令行：wedge

【例 13-9】　试绘制如图 13-15 所示 50×40×30 的楔体（图示为“三维隐藏视觉样式”）。

- 命令：wedge

指定第一个角点或［中心（C）]:（在任意位置单击鼠标左键）

指定其他角点或［立方体（C）/长度（L）]: L

指定长度：50

指定宽度：40

指定高度或［两点（2P）]: 30

结果如图 13-15 所示。可见，楔体模型与长方体模型创建方法完全相同。

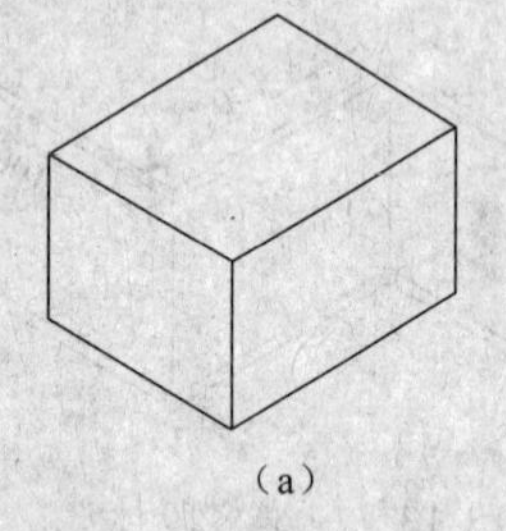

(a)

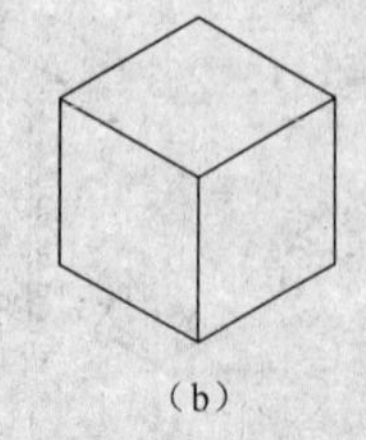

(b)

图 13-14 长方体

(a) 长方体；(b) 立方体

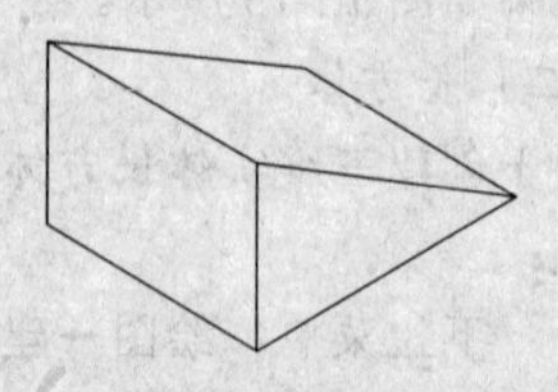

图 13-15 楔体

(四) 圆锥体

用于创建三维实心圆锥体、圆台体、椭圆锥体等实体模型的命令，有两种方式：

- 下拉菜单：绘图→建模→圆锥体
- 命令行：cone

【例 13-10】 试绘制如图 13-16（a）所示底面圆半径为 20、高为 40 的圆锥体；图 13-16（b）所示底面圆半径为 20、顶面圆半径为 10、高为 40 的圆台体；图 13-16（c）所示底面长轴半径为 20、短轴半径为 10、高为 40 的椭圆锥体。图示均为“三维隐藏视觉样式”。

（1）绘制底面圆半径为 20、高为 40 的圆锥体：

- 命令：cone

指定底面的中心点或 [三点（3P）/两点（2P）/相切、相切、半径（T）/椭圆（E）]:（在任意位置单击鼠标左键）

指定底面半径或 [直径（D）]: 20

指定高度或 [两点（2P）/轴端点（A）/顶面半径（T）] <30.0000>: 40

结果如图 13-16（a）所示。

（2）绘制底面圆半径为 20、顶面圆半径为 10、高为 40 的圆台体：

- 命令：cone

指定底面的中心点或 [三点（3P）/两点（2P）/相切、相切、半径（T）/椭圆（E）]:（在任意位置单击鼠标左键）

指定底面半径或 [直径（D）] <20.0000>:（回车）

指定高度或 [两点（2P）/轴端点（A）/顶面半径（T）] <40.0000>: t

指定顶面半径<0.0000>: 10

指定高度或 [两点（2P）/轴端点（A）] <40.0000>:（回车）

结果如图 13-16（b）所示。

（3）绘制底面长轴半径为 20、短轴半径为 10、高为 40 的椭圆锥体：

- 命令：cone

指定底面的中心点或 [三点（3P）/两点（2P）/相切、相切、半径（T）/椭圆（E）]: e

指定第一个轴的端点或 [中心（C）]:（在任意位置单击鼠标左键）

指定第一个轴的其他端点：40（沿 X 轴方向追踪，输入数值，并回车）

指定第二个轴的端点：10（沿 Y 轴方向追踪，输入数值，并回车）

指定高度或 [两点（2P）/轴端点（A）/顶面半径（T）] <40.0000>:（回车）

结果如图 13-16（c）所示。

该命令中的其他选项含义及操作同二维，此处不再赘述。

（五）圆柱体

用于创建三维实心圆柱体、椭圆柱体等实体模型的命令，有两种方式：

- 下拉菜单：绘图→建模→圆柱体
- 命令行：cylinder

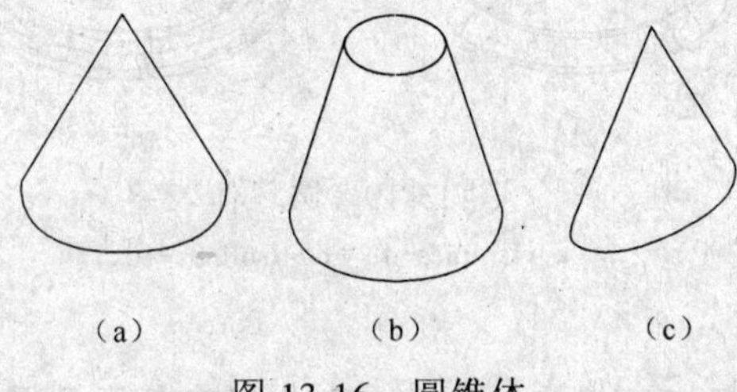

（a）　　（b）　　（c）

图 13-16　圆锥体

（a）圆锥体；（b）圆台体；（c）椭圆锥体

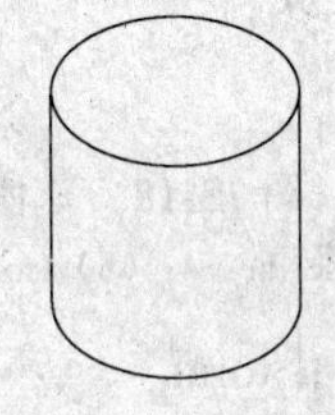

图 13-17　圆柱体

【例 13-11】 试绘制如图 13-17 所示底面圆半径为 20、高为 40 的圆柱体（图示为“三维隐藏视觉样式”）。

- 命令：cylinder

指定底面的中心点或 [三点（3P）/两点（2P）/相切、相切、半径（T）/椭圆（E）]:（在任意位置单击鼠标左键）

指定底面半径或 [直径（D）] <20.0000>: 20

指定高度或 [两点（2P）/轴端点（A）] <40.0000>: 40

结果如图 13-17 所示。

可见，圆柱体模型与圆锥体模型创建方法基本相同。

（六）球体

用于创建三维实心球体模型的命令，有两种方式：

- 下拉菜单：绘图→建模→球体
- 命令行：sphere

【例 13-12】 试绘制如图 13-18 所示半径为 20 的实心球体（图示为“三维线框视觉样式”）。

- 命令：sphere

指定中心点或 [三点（3P）/两点（2P）/相切、相切、半径（T）]:（在任意位置单击鼠标左键）

指定半径或 [直径（D）] <20.0000>: 20

结果如图 13-18（a）所示。

实体模型的曲面轮廓线数，由系统变量 Isolines 控制，其默认值为 4，如图 13-18（a）所示；若将系统变量 Isolines 值修改为 10，则该球体模型显示为图 13-18（b）所示。

（七）圆环体

用于创建三维圆环形实体模型的命令，有两种方式：

- 下拉菜单：绘图→建模→圆环体

- 命令行：torus

【例 13-13】　试绘制如图 13-19 所示环半径（指圆环中半径）为 30、圆管半径为 5 的圆环体，并以“三维线框视觉样式”显示。

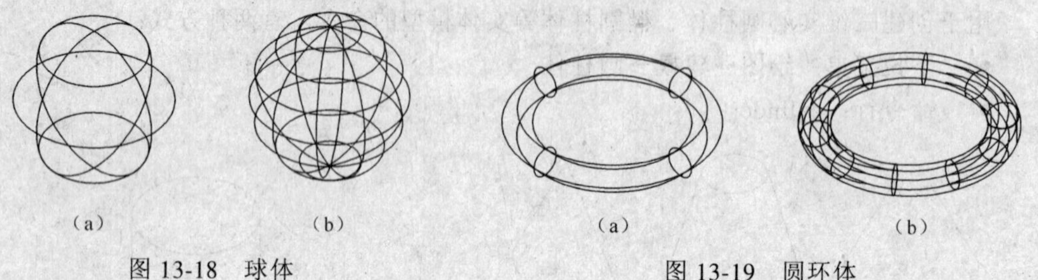

（a）　（b）

图 13-18　球体

（a）Isolines=4；（b）Isolines=10

（a）　（b）

图 13-19　圆环体

（a）Isolines=4；（b）Isolines=10

- 命令：torus

指定中心点或［三点（3P）/两点（2P）/相切、相切、半径（T）]:（在任意位置单击鼠标左键）

指定半径或［直径（D）] <20.0000>: 30

指定圆管半径或［两点（2P）/直径（D）]: 5

在图 13-19（a）中，系统变量 Isolines 值为 4 后；修改 Isolines 值为 10 后，显示如图 13-19（b）所示。

二、三维拉伸实体模型

通过沿指定的方向或路径，将对象或平面拉伸出指定距离来创建三维实体或曲面。

直线、圆弧、椭圆弧、二维多段线、二维样条曲线、圆、椭圆、面域、三维多段线、三维平面、实体上的平面等，均可作为拉伸对象。

可以作为拉伸路径的对象，有直线、圆、圆弧、椭圆、椭圆弧、二维多段线、三维多段线、二维样条曲线、三维样条曲线、实体的边、曲面的边等。（通过按住 Ctrl 键并选择子对象，可以选择实体或曲面上的面和边）。

创建三维拉伸实体模型命令的输入方法（图 13-20）有四种：

- 下拉菜单：绘图→建模→拉伸
- 工具栏：建模→ 按钮
- “面板”选项板：工具→选项板→面板→拉伸（位于三维制作面板）[图 13-20（c）]
- 命令行：extrude

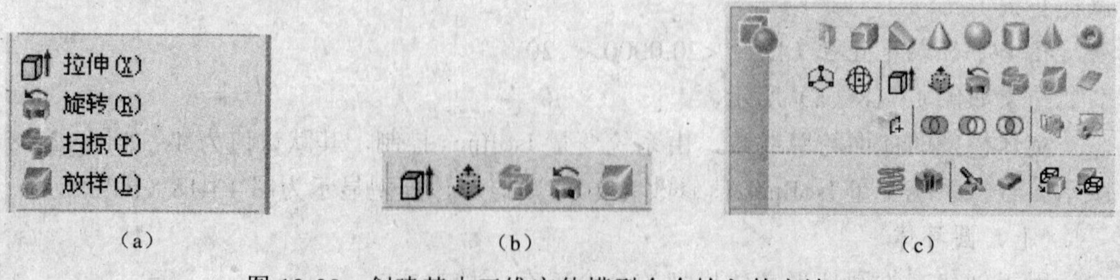

（a）　（b）　（c）

图 13-20　创建基本三维实体模型命令输入的方法

（a）下拉菜单（建模子菜单）；（b）命令图标；（c）三维制作面板

extrude 命令提示：

当前线框密度：ISOLINES=4

选择要拉伸的对象：(选择要拉伸的对象)

指定拉伸的高度或［方向（D）/路径（P）/倾斜角（T）］<默认值>：(输入距离或选择选项)

各选项含义及使用方法，结合下列例题进行讲解。

【例 13-14】 已知图 13-21（a）所示半径为 20 的圆。①将该圆向上拉伸为图 13-21（c）所示高 40 的圆柱；②将该圆向上拉伸为图 13-21（d）所示的倾斜角为 30°、高 40 的圆锥；③将该圆沿图 13-21（b）所示多段线，拉伸为图 13-21（e）所示柱体弯头（图示为“三维隐藏视觉样式”）。

（1）将圆拉伸为高度 40 的圆柱。

- 命令：extrude

当前线框密度：ISOLINES=4

选择要拉伸的对象：(鼠标左键单击圆)

选择要拉伸的对象：(回车)

指定拉伸的高度或［方向（D）/路径（P）/倾斜角（T）］ <65.5768>：40

结果如图 13-21（c）所示。

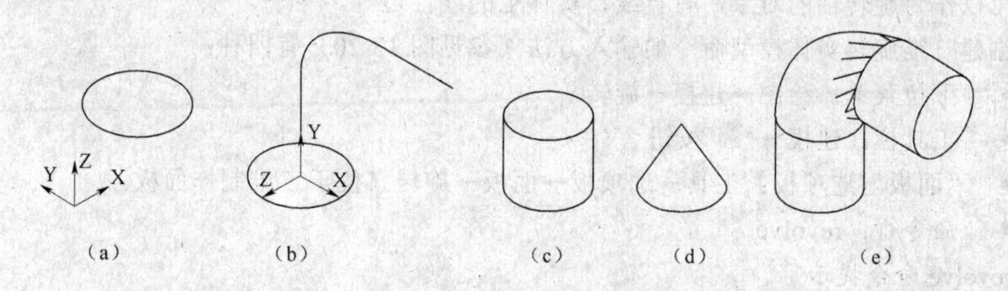

图 13-21　三维拉伸实体

（a）拉伸对象；（b）已知路径和拉伸对象；（c）拉伸为圆柱；（d）拉伸为圆锥；（e）拉伸为圆柱弯头

注意：若拉伸高度输入-40，则向下拉伸。选择“方向（D）”，可直接控制拉伸方向。利用鼠标移动并在适当位置单击左键，也可确定拉伸高度。

（2）将圆拉伸为倾斜角为 30°、高 40 的圆锥。

- 命令：extrude

当前线框密度：ISOLINES=4

选择要拉伸的对象：(鼠标左键单击圆)

选择要拉伸的对象：(回车)

指定拉伸的高度或［方向（D）/路径（P）/倾斜角（T）］<-3.3628>：t

指定拉伸的倾斜角度<0>：30

指定拉伸的高度或［方向（D）/路径（P）/倾斜角（T）］<-3.3628>：40

结果如图 13-21（d）所示。

注意：该图中拉伸高度值较大，使得拉伸对象（此处为圆）在到达拉伸高度之前就已经汇聚到一点，因此该圆锥高度并未达到40。另外，倾斜角应介于-90°和+90°之间。正角度表示从基准对象逐渐变细地拉伸，而负角度则表示从基准对象逐渐变粗地拉伸。默认角度0表示在与二维对象所在平面垂直的方向上进行拉伸。

（3）将圆沿图13-21（b）所示多段线，拉伸为图13-21（e）所示柱体弯头。

- 命令：extrude

当前线框密度：ISOLINES=4

选择要拉伸的对象：（鼠标左键单击圆）

选择要拉伸的对象：（回车）

指定拉伸的高度或［方向（D）/路径（P）/倾斜角（T）］<40.0000>：p

选择拉伸路径或［倾斜角（T）］：（鼠标左键单击多段线）

结果如图13-21（e）所示。

注意：路径不能与对象处于同一平面，也不能具有高曲率的部分。

三、三维旋转实体模型

通过绕轴旋转开放或闭合的二维对象来创建三维实体或曲面。

直线、圆弧、椭圆弧、二维多段线、二维样条曲线、圆、椭圆、面域、三维平面、实体上的平面等均可作为旋转对象。

可以作为旋转轴的对象，有直线、实体上的线性边等。

创建三维旋转实体模型命令的输入方法（参见图13-20）有四种：

- 下拉菜单：绘图→建模→旋转
- 工具栏：建模→ 按钮
- “面板”选项板：工具→选项板→面板→旋转（位于三维制作面板）
- 命令行：revolve

revolve命令提示

当前线框密度：ISOLINES=4

选择要旋转的对象：（选择要旋转的对象）

指定轴起点或根据以下选项之一定义轴［对象（O）/X/Y/Z］<对象>：

各选项含义及使用方法，结合下列例题进行讲解。

【例13-15】 已知图13-22（a）所示为直线及开放多段线，图13-22（b）所示为直线及闭合多段线，试分别将多段线绕直线旋转360°，生成图13-22（c）、（d）所示同轴柱体（图示为“三维隐藏视觉样式”）。

（1）生成同轴实心圆柱体：

- 命令：revolve

当前线框密度：ISOLINES=10

选择要旋转的对象：（鼠标左键单击多段线）

选择要旋转的对象：（回车）

指定轴起点或根据以下选项之一定义轴［对象（O）/X/Y/Z］<对象>：（回车）

选择对象：（鼠标左键单击直线）

指定旋转角度或［起点角度（ST）］<360>：（回车）

结果如图 13-22（c）所示。

（2）生成同轴空心圆柱体：操作方法同（1），操作结果如图 13-22（d）所示。

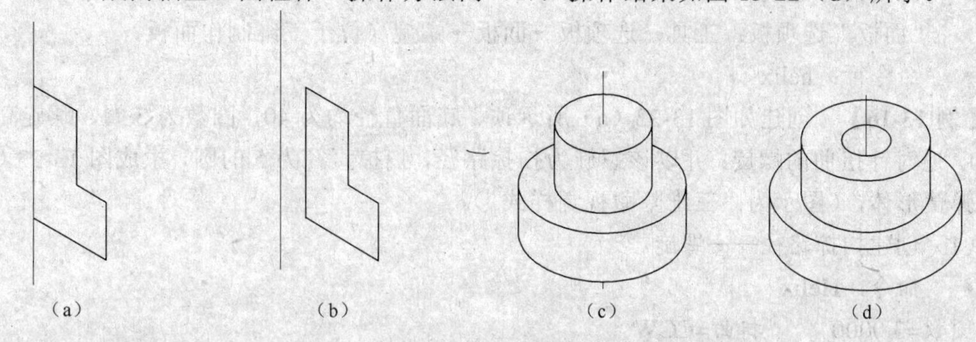

图 13-22　三维旋转实体

（a）已知图形 1；（b）已知图形 2；（c）同轴实心圆柱体；（d）同轴空心圆柱体

四、三维扫掠实体模型

通过沿开放或闭合的二维或三维路径扫掠开放或闭合的二维曲线来创建三维实体或曲面。

直线、圆弧、椭圆弧、二维多段线、二维样条曲线、圆、椭圆、面域、三维多段线、三维平面、实体上的平面等均可作为扫掠对象。

可以作为扫掠路径的对象，有直线、圆、圆弧、椭圆、椭圆弧、二维多段线、三维多段线、二维样条曲线、三维样条曲线、实体的边、曲面的边、螺旋等。

创建三维扫掠实体模型命令的输入方法（参见图 13-20）有四种：

- 下拉菜单：绘图→建模→扫掠
- 工具栏：建模→ 按钮
- “面板”选项板：工具→选项板→面板→扫掠（位于三维制作面板）
- 命令行：sweep

激活 sweep 命令后，命令提示：

当前线框密度：ISOLINES=10

选择要扫掠的对象：（选择要扫掠的对象）

选择扫掠路径或 [对齐（A）/基点（B）/比例（S）/扭曲（T）]:（选择扫掠路径，或输入选项）

其中，选择“对齐（A）”指定是否对齐轮廓以使其作为扫掠路径切向的法向，默认情况下轮廓是对齐的，此时如果轮廓曲线不垂直于（法线指向）路径曲线起点的切向，则轮廓曲线将自动对齐。选择“基点（B）”指定要扫掠对象的基点。如果指定的点不在选定对象所在的平面上，则该点将被投影到该平面上；选择“比例（S）”指定比例因子以进行扫掠操作。从扫掠路径的开始到结束，比例因子将统一应用到扫掠的对象；选择“扭曲（T）”设置正被扫掠的对象的扭曲角度。该角度值小于 360°，扭曲角度指定沿扫掠路径全部长度的旋转量。

利用三维扫掠实体模型命令，可非常方便地创建弹簧模型，但事先需创建作为扫掠路径的对象——螺旋。创建螺旋的方法有以下四种：

- 下拉菜单：绘图→螺旋
- 工具栏：建模→ 按钮
- “面板”选项板：工具→选项板→面板→螺旋（位于三维制作面板）
- 命令行：helix

【例 13-16】 创建如图 13-23（a）所示顶、底面直径均为 40，圈数为 3 圈，螺旋高度为 40，逆时针扭曲的螺旋；并以该螺旋为扫掠路径，扫掠直径为 5 的圆，生成图 13-23（b）所示弹簧形体，（图示为“三维隐藏视觉样式”）。

（1）创建扫掠路径——螺旋。

- 命令：Helix

圈数=3.0000　　扭曲=CCW

指定底面的中心点：（在任意位置单击鼠标左键）

指定底面半径或［直径（D）］<1.0000>：20

指定顶面半径或［直径（D）］<20.0000>：

指定螺旋高度或［轴端点（A）/圈数（T）/圈高（H）/扭曲（W）］<1.0000>：40

结果如图 13-23（a）所示。

（2）绘制扫掠对象——圆。

在任意 UCS 状态下，利用 circle 命令，绘制直径为 5 的圆。

（3）创建扫掠实体模型——弹簧。

- 命令：sweep

当前线框密度：ISOLINES=10

选择要扫掠的对象：（鼠标左键单击圆）

选择要扫掠的对象：（回车）

选择扫掠路径或［对齐（A）/基点（B）/比例（S）/扭曲（T）］：（鼠标左键单击螺旋）

结果如图 13-23（b）所示。

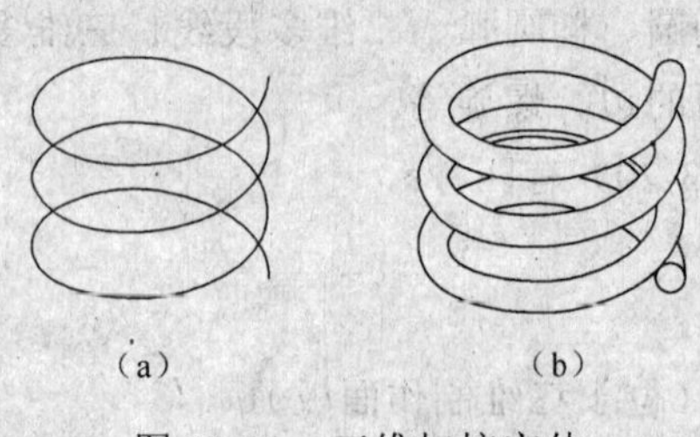

图 13-23　三维扫掠实体

（a）螺旋；（b）扫掠实体——弹簧

注意：在创建“螺旋”命令中，顶面半径的默认值始终是底面半径的值，且底面半径和顶面半径不能都设置为 0；“圈数（T）”指定螺旋的圈（即旋转）数。螺旋的圈数不能超过 500，圈数的默认值为 3；“圈高（H）”指定螺旋内一个完整圈的高度。当指定圈高值时螺旋中的圈数将相应的自动更新，如果已指定螺旋的圈数，则不能输入圈高的值；“扭曲（W）”指定以顺时针（CW）方向还是逆时针方向（CCW）绘制螺旋。螺旋扭曲的默认值是逆时针。

五、三维放样实体模型

通过在一系列横截面（至少两个）之间放样来创建三维实体或曲面。横截面用于定义实体或曲面的截面形状，横截面可以是开放的曲线或直线，也可以是闭合的图形。

可以用作横截面的对象，有直线、圆弧、椭圆弧、二维多段线、二维样条曲线、圆、椭圆、面域、三维平面、实体上的平面等。

可以用作放样路径的对象，有直线、圆弧、椭圆弧、样条曲线、圆、椭圆、螺旋、二维多段线、三维多段线等。

可以用作导向的对象，有直线、圆弧、椭圆弧、二维样条曲线、三维样条曲线、二维多段线、三维多段线等。

创建三维放样实体模型命令的输入方法（参见图 13-20）有四种：

- 下拉菜单：绘图→建模→放样
- 工具栏：建模→ 按钮
- “面板”选项板：工具→选项板→面板→放样（位于三维制作面板）
- 命令行：loft

激活 loft 命令后，命令提示：

按放样次序选择横截面:（按照曲面或实体将要通过的次序，选择开放或闭合的曲线）

输入选项 [引导（G）/路径（P）/仅横截面（C）] <仅横截面>:（按 Enter 键使用选定的横截面，从而显示“放样设置”对话框。或输入其他选项）

选择“引导（G）”，指定控制放样实体或曲面形状的导向曲线（直线或曲线）。可以为放样曲面或实体选择任意数量的导向曲线，每条导向曲线都必须满足以下三个条件才能正常工作：①与每个横截面相交；②始于第一个横截面；③止于最后一个横截面。

“路径（P）”可以选择单一路径曲线定义实体或曲面的形状。路径曲线，必须与横截面的所有平面相交。

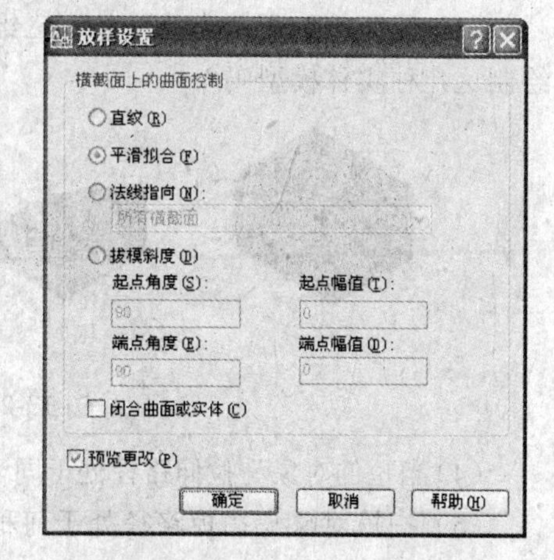

图 13-24 “放样设置”对话框

【例 13-17】 试以图 13-25（a）的三个水平圆 A、B、C 为放样横截面，生成放样实体。图 13-25（b）所示为“三维线框视觉样式”，图 13-25（c）为“三维隐藏视觉样式”。

- 命令：loft

按放样次序选择横截面:（鼠标左键单击圆 A）

按放样次序选择横截面:（鼠标左键单击圆 B）

按放样次序选择横截面:（鼠标左键单击圆 C）

按放样次序选择横截面:（回车）

输入选项 [导向（G）/路径（P）/仅横截面（C）] <仅横截面>:（回车，弹出如图 13-24 所示“放样设置”对话框，全部采用默认选项，单击“确定”按钮）

分别以“三维线框视觉样式”和“三维隐藏视觉样式”显示，结果如图 13-25（b）、（c）所示。

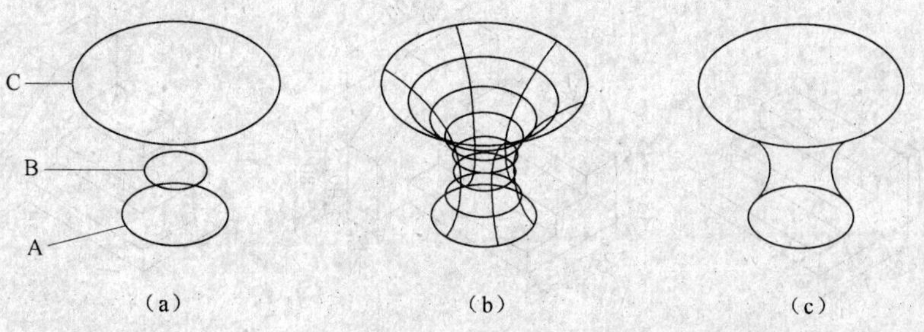

图 13-25 三维放样实体

（a）已知图形；（b）三维线框视觉样式；（c）三维隐藏视觉样式

思考题与习题

（1）在 AutoCAD 中用 AutoLISP 语言定义的形体表面模型主要包括哪些？图 13-26 中哪些图形属于这类模型？

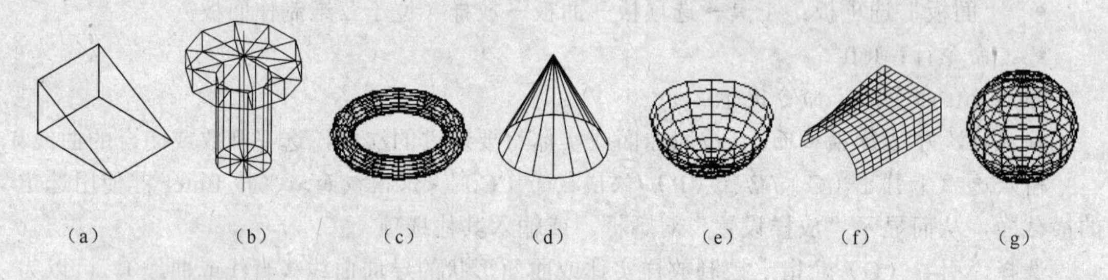

图 13-26　三维表面模型

（2）网格模型主要包括哪几种？图 13-26 中哪几种模型属于网格模型？分别属于哪种？

（3）图 13-27 所示为几种基本三维实体模型的真实视觉样式。能用拉伸、旋转等方式绘制这几种实体模型吗？

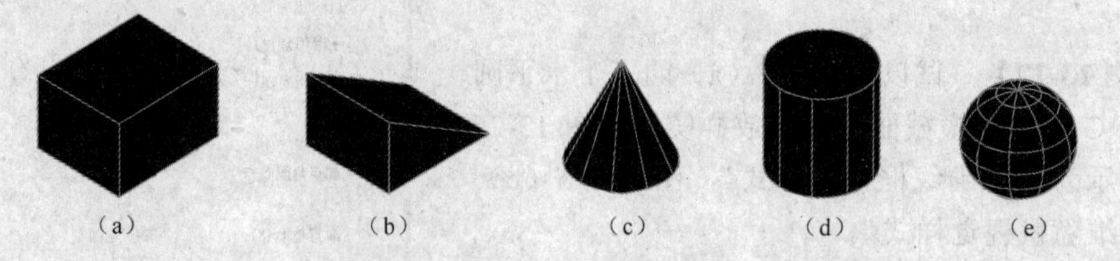

图 13-27　基本三维实体模型

（4）当拉伸对象与拉伸路径处于同一平面时，能否沿此路径拉伸对象创建三维实体模型？

（5）扫掠对象与扫掠路径处于何种相对位置时，可以生成三维扫掠实体模型？

（6）采用适当的方法，绘制图 13-26 所示各表面模型。

（7）采用拉伸、旋转等适当的方法，绘制图 13-27 所示各实体模型。其中，圆柱体模型分别采用拉伸、旋转、扫掠和放样等方法绘制。

（8）选用适当的方法，绘制如图 13-28 所示各实体模型，其中未注明尺寸自定。

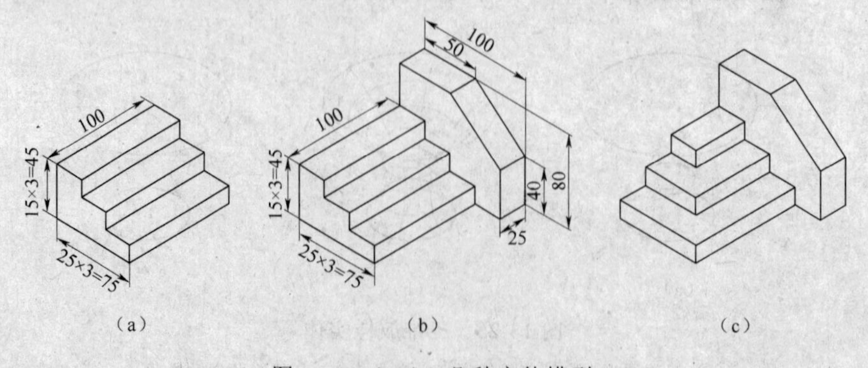

图 13-28（一） 几种实体模型

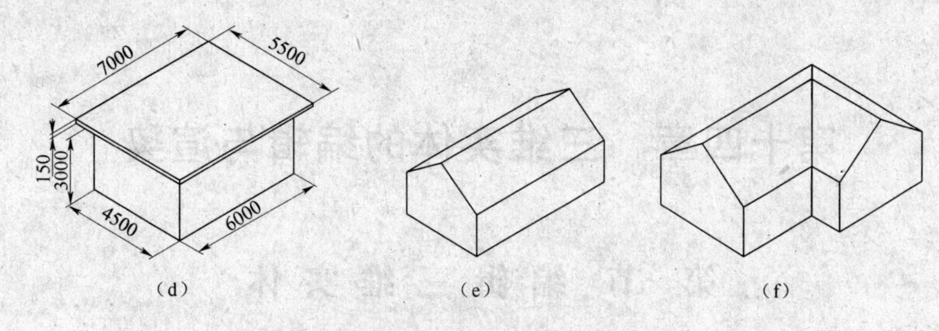

图 13-28（二） 几种实体模型

第十四章　三维实体的编辑与渲染

第一节　编 辑 三 维 实 体

在二维绘图中，使用修改命令不仅能够提高绘图效率，而且能够合理利用基本图形辅助完成复杂图形的绘制。同样在三维绘图过程中，使用二维或三维编辑命令也可辅助完成复杂三维实体的绘制，进而提高绘图效率。

一、三维阵列

用于创建形体的三维阵列。

创建三维阵列命令的输入方法（图 14-1）有两种：

- 下拉菜单：修改→三维操作→三维阵列
- 命令行：3darray

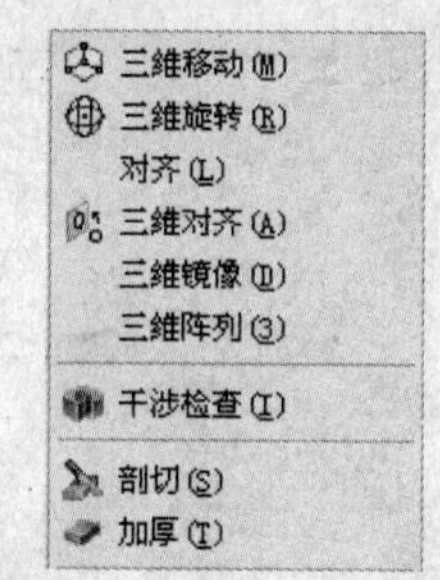

图 14-1　三维操作子菜单

激活 3darray 命令后，命令提示：

正在初始化...已加载 3DARRAY

选择对象:（选择阵列对象）

输入阵列类型 [矩形（R）/环形（P）] <矩形>:（直接回车选择矩形阵列类型，输入 P 之后回车则选择环形阵列类型）

（1）选择“矩形（R）”：在行（X 轴）、列（Y 轴）和层（Z 轴）矩形阵列中复制对象，只指定一层则创建二维阵列。与二维阵列操作相同，若行间距、列间距及层间距均输入正值，将沿 X、Y、Z 轴的正向生成阵列；若均输入负值，将沿 X、Y、Z 轴的负向生成阵列。

（2）选择“矩形（R）”：则绕旋转轴复制对象。指定的角度为阵列对象绕旋转轴分布的角度，正数值表示沿逆时针方向，负数值表示沿顺时针方向。

【例 14-1】　将如图 14-2（a）所示 50×40×30 的长方体，按矩形阵列方式，阵列为 2 行、3 列、2 层，行间距、列间距和层间距分别为 120、150、80，生成图 14-2（b）所示图形。

- 命令：3darray

正在初始化...已加载 3DARRAY

选择对象:（鼠标左键单击长方体）

选择对象:（回车）

输入阵列类型 [矩形（R）/环形（P）] <矩形>:（回车）

输入行数（---）<1>: 2

输入列数（|||）<1>: 3

输入层数（...）<1>: 2

指定行间距（---）：120

指定列间距（|||）：150

指定层间距（...）：80

结果如图 14-2（b）所示。

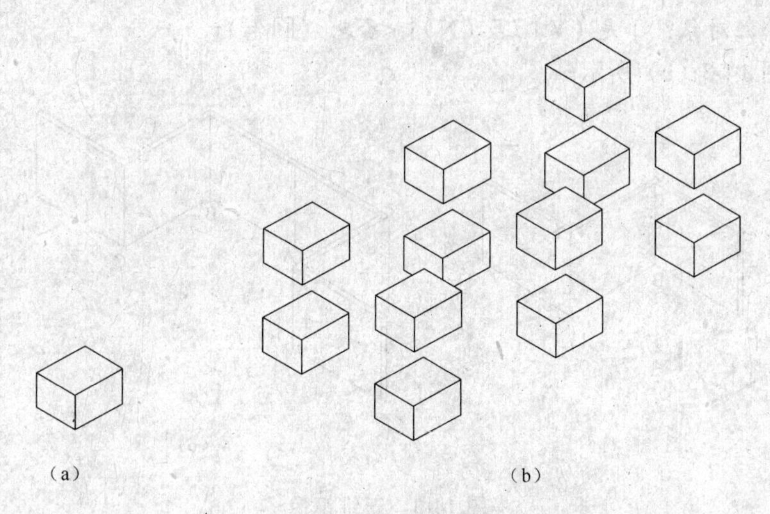

（a）　　（b）

图 14-2　三维阵列

（a）已知图形；（b）三维矩形阵列结果

二、三维镜像

用于创建相对于某一平面的镜像对象。

创建三维镜像命令的输入方法（参照图 14-1）有两种：

- 下拉菜单：修改→三维操作→三维镜像
- 命令行：mirror3d

激活 mirror3d 命令后，命令提示：

选择对象：（选择阵列对象）

指定镜像平面（三点）的第一个点或 [对象（O）/最近的（L）/Z 轴（Z）/视图（V）/XY 平面（XY）/YZ 平面（YZ）/ZX 平面（ZX）/三点（3）] <三点>：（直接回车指定镜像平面上的 3 点，或选择其他选项）

其中，主要选项含义分别为：①选择“对象（O）”，使用选定平面对象所在的平面作为镜像平面；②选择“最近的（L）”，相对于最后定义的镜像平面对选定的对象进行镜像处理；③选择“Z 轴（Z）”，根据平面上的一个点和平面法线上的一个点定义镜像平面；④选择“视图（V）”，将镜像平面与当前视口中通过指定点的视图平面对齐；⑤选择“XY 平面（XY）/YZ/ZX”，将镜像平面与一个通过指定点的标准平面（XY、YZ 或 ZX）对齐。⑥选择“三点（3）”，通过指定三个点来定义镜像平面。

【例 14-2】　将如图 14-3（a）所示多段体（绘制方法参见本书第 13 章图 13-13），通过点 A，且沿 BC 方向进行三维镜像，生成图 14-3（b）所示图形。

- 命令：mirror3d

选择对象：（鼠标左键单击多段体）

选择对象：（回车）

指定镜像平面（三点）的第一个点或［对象（O）/最近的（L）/Z 轴（Z）/视图（V）/XY 平面（XY）/YZ 平面（YZ）/ZX 平面（ZX）/三点（3）］<三点>: yz

指定 YZ 平面上的点<0,0,0>:（鼠标左键单击点 A）

是否删除源对象？［是（Y）/否（N）］<否>:（回车）

结果如图 14-3（b）所示。

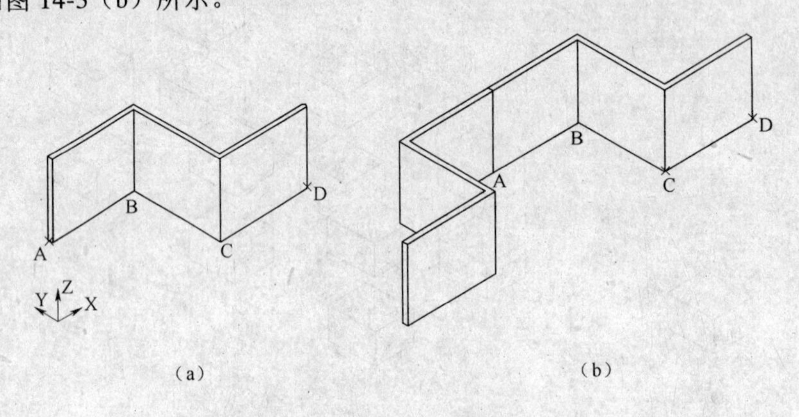

（a）　　（b）

图 14-3　三维镜像

（a）已知图形；（b）三维镜像结果

三、三维旋转

用于在三维视图中显示“旋转夹点工具”，并围绕基点旋转对象。

创建三维旋转命令的输入方法（图 14-4）有四种：

- 下拉菜单：修改→三维操作→三维旋转
- 工具栏：建模→ 按钮
- “面板”选项板：工具→选项板→面板→三维旋转（位于三维制作面板）
- 命令行：3drotate

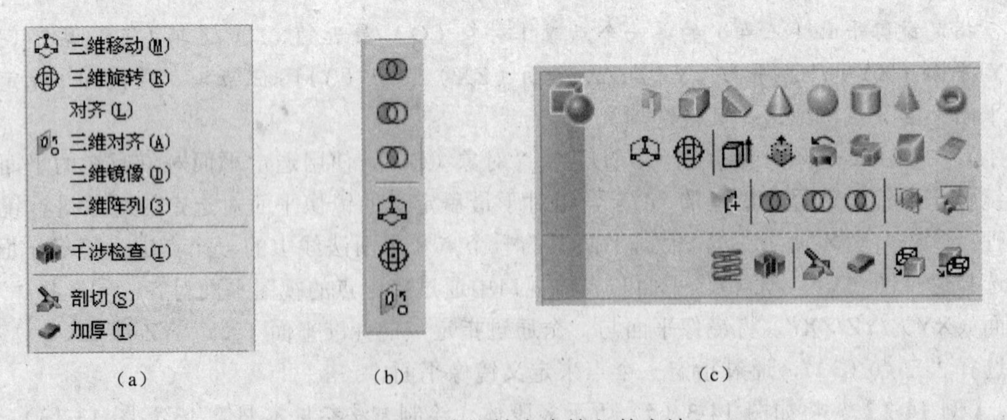

（a）　　（b）　　（c）

图 14-4　三维旋转命令输入的方法

（a）三维操作下拉子菜单；（b）命令图标；（c）三维制作面板

注意：在三维旋转命令执行期间，如果视觉样式设置为二维线框，3drotate 自动将视觉样式暂时更改为三维线框。

【例 14-3】 将如图 14-3（a）所示多段体，以点 C 为基点，分别绕 X、Y、Z 轴旋转 45°，生成图 14-5（a）、（b）、（c）所示图形。

（1）以点 C 为基点，绕 X 轴旋转 45°。

- 命令：3drotate

UCS 当前的正角方向：ANGDIR=逆时针 ANGBASE=0

选择对象：（鼠标左键单击多段体）

选择对象：（回车）

指定基点：[出现旋转夹点工具，鼠标左键单击点 C，如图 14-5（d）所示]

拾取旋转轴：[将光标悬停在夹点工具上的 X 轴控制柄上，直到光标变为黄色，并且黄色矢量显示为与 X 轴对齐，然后单击该轴线，如图 14-5（e）所示]

指定角的起点或键入角度：45（输入旋转角度）

结果如图 14-5（a）所示。

（2）以点 C 为基点，分别绕 Y、Z 轴旋转 45°。

采用与上述相同步骤，仅在提示“拾取旋转轴”时，分别将光标悬停在夹点工具上的 Y、Z 轴控制柄上，直到光标变为黄色，并且黄色矢量显示为与 Y、Z 轴对齐，然后单击对应轴线即可。

结果分别如图 14-5（b）、（c）所示。

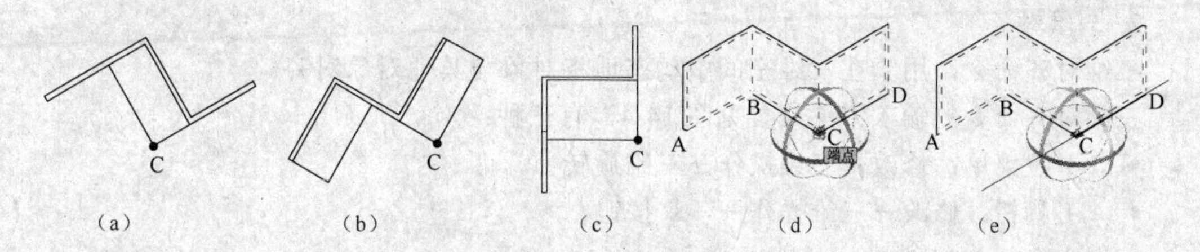

图 14-5 三维旋转

（a）过基点 C，绕 X 轴旋转 45°；（b）过基点 C，绕 Y 轴旋转 45°；（c）过基点 C，绕 Z 轴旋转 45°；（d）捕捉基点 C；（e）利用夹点工具拾取旋转轴

注意：利用上例中提到的旋转夹点工具，可以自由旋转对象或将旋转约束到轴。选定要旋转的对象后，夹点工具可放置在三维空间的任意位置，并且该位置默认为临时 UCS 的位置。如上例中，拾取的基点 C 并不是当前 UCS 坐标系原点，可认为是临时 UCS 的位置，进而将旋转约束到 X、Y 或 Z 轴。当然也可以通过指定角的起点和端点，使所选对象旋转任意角度。

四、三维移动

用于在三维视图中显示“移动夹点工具”，并沿指定方向将对象移动指定距离。

创建三维移动命令的输入方法（参见图 14-4）有四种：

- 下拉菜单：修改→三维操作→三维移动
- 工具栏：建模→ 按钮

- “面板”选项板：工具→选项板→面板→三维移动（位于三维制作面板）
- 命令行：3dmove

注意：在三维移动命令执行期间，如果视觉样式设置为二维线框，3dmove会将视觉样式暂时更改为三维线框。

图 14-6　移动夹点工具

与“旋转夹点工具”类似，“移动夹点工具”也显示在指定的基点，单击轴句柄，可将移动约束到轴上。“移动夹点工具”如图 14-6 所示，使用较简单，可参见“旋转夹点工具”，在此略去。

五、对齐与三维对齐

1. 对齐

对齐命令，用于在二维和三维空间中将对象与其他对象对齐。

对齐命令的输入方法（参见图 14-1）有两种：

- 下拉菜单：修改→三维操作→对齐
- 命令行：align

在对齐命令执行过程中，要求指定一对、两对或三对源点和目标点，以对齐选定对象。

2. 三维对齐

三维对齐命令，用于在三维空间中动态地将对象与其他对象对齐。

三维对齐命令的输入方法（参见图 14-4）有三种：

- 下拉菜单：修改→三维操作→三维旋转
- 工具栏：修改→三维操作→ 按钮
- 命令行：3dalign

在三维对齐命令执行过程中，也可以指定一对、两对或三对源点和目标点，以对齐选定对象。还可以动态地拖动选定对象并使其与实体对象面对齐。

【例 14-4】　分别利用对齐命令和三维对齐命令，将图 14-7（a）所示楔体对齐至长方体，要求点 D 与点 A 对齐、点 E 与点 B 对齐、点 F 与点 C 对齐，绘出如图 14-7（b）所示图形。

（1）利用对齐命令，对齐图形。

- 命令：align

选择对象：（鼠标左键单击楔体）

选择对象：（回车）

指定第一个源点：（鼠标左键单击点 D）

指定第一个目标点：（鼠标左键单击点 A）

指定第二个源点：（鼠标左键单击点 E）

指定第二个目标点：（鼠标左键单击点 B）

指定第三个源点或<继续>：（鼠标左键单击点 F）

指定第三个目标点：（鼠标左键单击点 C）

结果如图 14-7（b）所示。

（2）利用三维对齐命令，对齐图形。

- 命令：3dalign

选择对象：（鼠标左键单击楔体）

选择对象：（回车）

指定源平面和方向...

指定基点或 [复制（C）]:（鼠标左键单击点 D）

指定第二个点或 [继续（C）] <C>:（鼠标左键单击点 E）

指定第三个点或 [继续（C）] <C>:（鼠标左键单击点 F）

指定目标平面和方向...

指定第一个目标点:（鼠标左键单击点 A）

指定第二个目标点或 [退出（X）] <X>:（鼠标左键单击点 B）

指定第三个目标点或 [退出（X）] <X>:（鼠标左键单击点 C）

结果如图 14-7（b）所示。

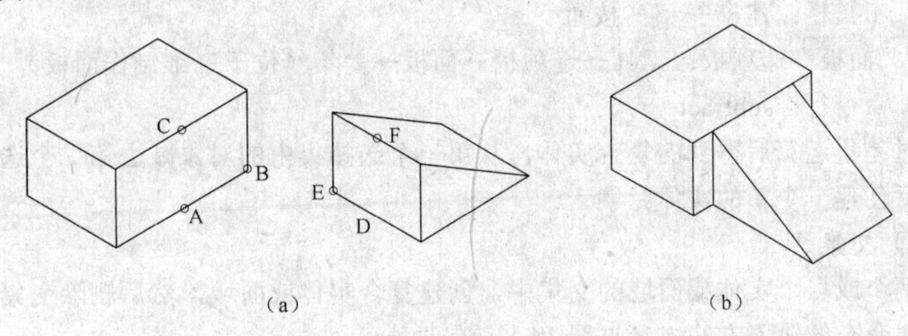

图 14-7　对齐与三维对齐

（a）已知图形；（b）对齐或三维对齐结果

注意：执行对齐或三维对齐命令时，第一个源点与目标点是准确重合在一起的，而第二个、第三个源点和目标点仅仅确定对齐的方向，而不是准确定位点。

六、三维实体的布尔运算

通过实体间的求“并集”、“差集”、“交集”等布尔运算，三维实体模型可方便的生成复杂实体。

（一）并集

通过“添加”操作合并选定面域或实体。

并集命令的输入方法（参见图 14-8）有四种：

- 下拉菜单：修改→实体编辑→并集
- 工具栏：建模→ [按钮图标] 按钮
- “面板”选项板：工具→选项板→面板→并集（位于三维制作面板）
- 命令行：union

经过并集运算后得到的复合实体，包括所有选定实体所封闭的空间。

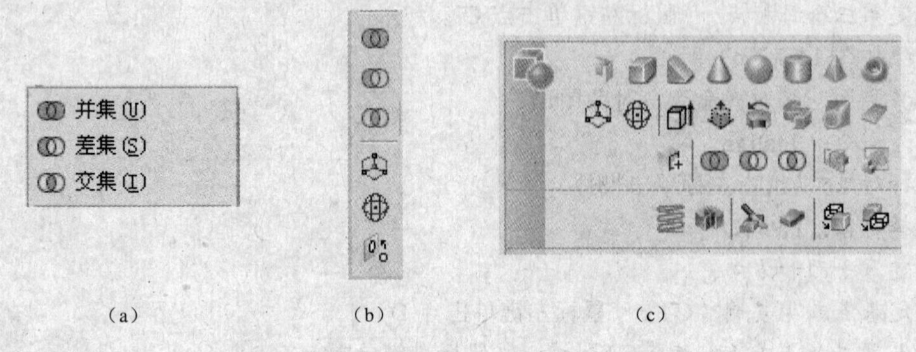

图 14-8 “布尔运算”命令输入的方法

（a）实体编辑下拉子菜单；（b）命令图标；（c）三维制作面板

（二）差集

通过“减”操作合并选定的面域或实体。

差集命令的输入方法（图 14-8）有四种：

- 下拉菜单：修改→实体编辑→差集
- 工具栏：建模→ 按钮
- “面板”选项板：工具→选项板→面板→差集（位于三维制作面板）
- 命令行：subtract

经过差集运算后得到的复合实体，从第一个选择集中的对象减去第二个选择集中的对象，然后创建一个新的实体。

（三）交集

从两个或多个实体或面域的交集中，创建复合实体或面域，然后删除交集外的区域。

交集命令的输入方法（参见图 14-8）有四种：

- 下拉菜单：修改→实体编辑→交集
- 工具栏：建模→ 按钮
- “面板”选项板：工具→选项板→面板→交集（位于三维制作面板）
- 命令行：intersect

经过交集运算后得到的复合实体，为两个或多个选择实体的公共体积。

【例 14-5】 已知图 14-9（a）所示长方体及圆柱体，分别对其进行“并集”、“差集”、“交集”等布尔运算，结果如图 14-9（b）、（c）、（d）、（e）所示。

（1）“并集”运算。

- 命令：union

选择对象：（鼠标左键单击长方体或圆柱体）

选择对象：（鼠标左键单击圆柱体或长方体）

选择对象：（回车）

结果如图 14-9（b）所示。

注意：“并集”运算过程中，在提示选择对象时，可利用窗口选择或交叉窗口选择等方式，一次选择所有参与运算的对象。

（2）“差集”运算。

- 命令：subtract 选择要从中减去的实体或面域...

选择对象：（鼠标左键单击长方体）

选择对象：（回车）

选择要减去的实体或面域...

选择对象：（鼠标左键单击圆柱体）

选择对象：（回车）

结果如图 14-9（c）所示。

（3）“差集”运算。

- 命令：subtract 选择要从中减去的实体或面域...

选择对象：（鼠标左键单击圆柱体）

选择对象：（回车）

选择要减去的实体或面域...

选择对象：（鼠标左键单击长方体）

选择对象：（回车）

结果如图 14-9（d）所示（该位置为绕 Z 轴进行三维旋转 60°之后的结果）。

注意：在差集运算中，选择对象的先后顺序，会直接影响运算结果，一定要注意命令提示。

（4）“交集”运算。

- 命令：intersect

选择对象：（鼠标左键单击长方体或圆柱体）

选择对象：（鼠标左键单击圆柱体或长方体）

选择对象：（回车）

结果如图 14-9（e）所示。

注意：“交集”运算过程中，在提示选择对象时，可利用窗口选择或交叉窗口选择等方式，一次选择所有参与运算的对象。

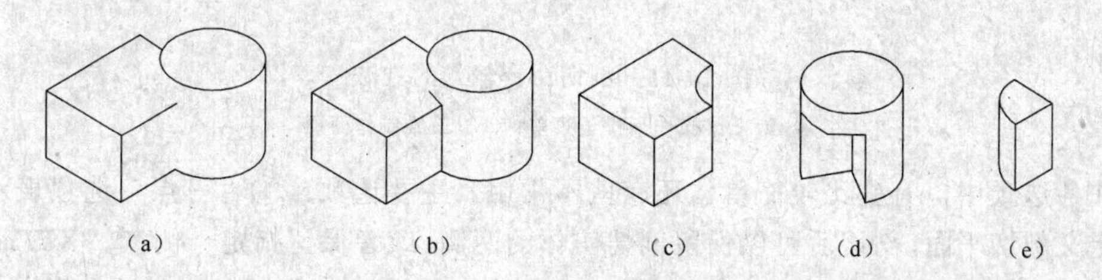

图 14-9　实体的布尔运算

（a）已知图形；（b）并集；（c）差集；（d）差集；（e）交集

（四）面域的布尔运算

布尔运算，不仅适用于三维实体，同样适用于面域，二者执行命令的方法完全相同。图 14-10 所示为面域的几种布尔运算结果，该结果与图 14-9 完全对应。

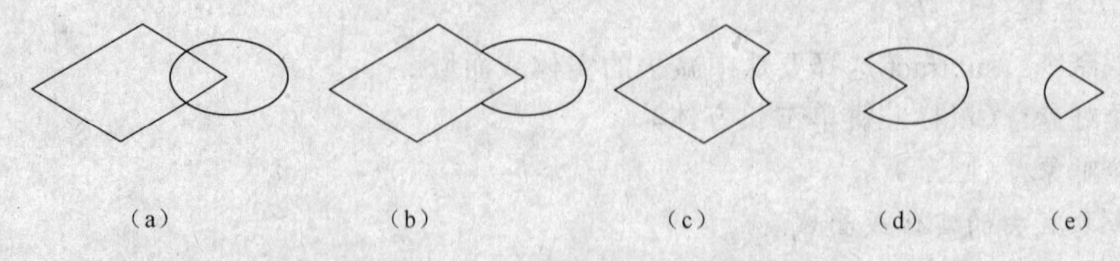

图 14-10　面域的布尔运算

（a）已知图形；（b）并集；（c）差集；（d）差集；（e）交集

七、三维实体的剖切

对基本三维实体按不同的剖切方法进行剖切后，可以方便的生成复杂实体。

剖切命令的输入方法（参见图 14-11）有三种：

- 下拉菜单：修改→三维操作→剖切
- “面板”选项板：工具→选项板→面板→剖切（位于三维制作面板，需展开面板）
- 命令行：slice

激活 slice 命令后，命令提示：

选择要剖切的对象：（选择阵列对象）

指定切面的起点或［平面对象（O）/曲面（S）/Z 轴（Z）/视图（V）/XY（XY）/YZ（YZ）/ZX（ZX）/三点（3）］<三点>:（直接回车指定剖切平面上的 3 点，或选择其他选项）

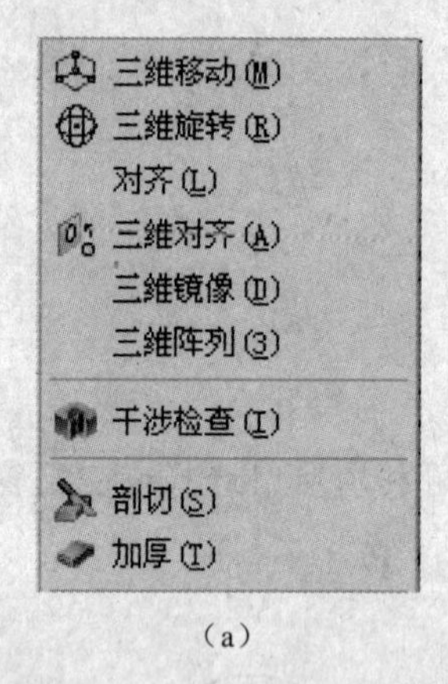

（a）

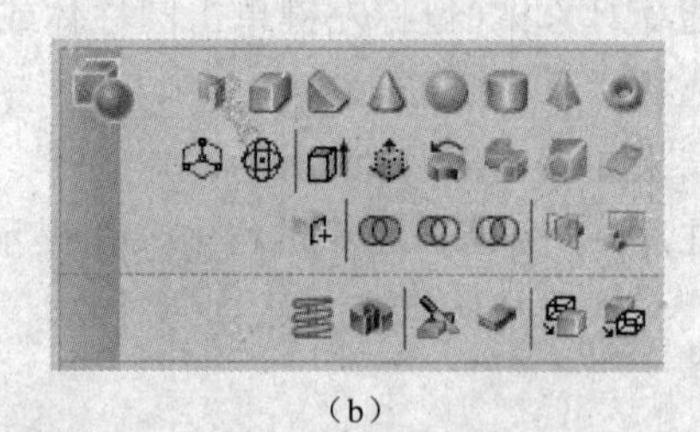

（b）

图 14-11　剖切命令输入的方法

（a）三维操作下拉子菜单；（b）三维制作面板

在各选项中，有些比较简单，还有些不常用。主要选项：①“三点”选项表示指定三点定义剖切平面，剖切后可以保留剖切实体的两侧，或者保留指定一侧；②“XY/YZ/ZX”选项表示将剖切平面与当前用户坐标系（UCS）的 XY/YZ/ZX 平面平行，并且指定一点定义剖切平面的位置。

【例 14-6】　将图 14-12（a）所示形体，分别通过 ABCD 对角平面和过 E 点且平行于 YZ 平面，将形体剖切，并保留 F 点所在一侧，生成如图 14-12（b）、（c）所示图形。

（1）通过 ABCD 对角平面剖切形体。

- 命令：slice

选择要剖切的对象：（鼠标左键单击已知形体）

选择要剖切的对象：（回车）

指定切面的起点或［平面对象（O）/曲面（S）/Z 轴（Z）/视图（V）/XY（XY）/YZ（YZ）/ZX（ZX）/三点（3）］<三点>：（回车）

指定平面上的第一个点：（鼠标左键单击 A、B、C、D 中任意一点）

指定平面上的第二个点：（鼠标左键单击其余三点中任意一点）

指定平面上的第三个点：（鼠标左键单击其余两点中任意一点）

在所需的侧面上指定点或［保留两个侧面（B）］<保留两个侧面>：（鼠标左键单击 F 点）

结果如图 14-12（b）所示。

（2）过 E 点且平行于 YZ 平面剖切形体。

- 命令：slice

选择要剖切的对象：（鼠标左键单击已知形体）

选择要剖切的对象：（回车）

指定切面的起点或［平面对象（O）/曲面（S）/Z 轴（Z）/视图（V）/XY（XY）/YZ（YZ）/ZX（ZX）/三点（3）］<三点>：yz

指定 YZ 平面上的点<0,0,0>：（鼠标左键单击 E 点）

在所需的侧面上指定点或［保留两个侧面（B）］<保留两个侧面>：（鼠标左键单击 F 点）

结果如图 14-12（c）所示。

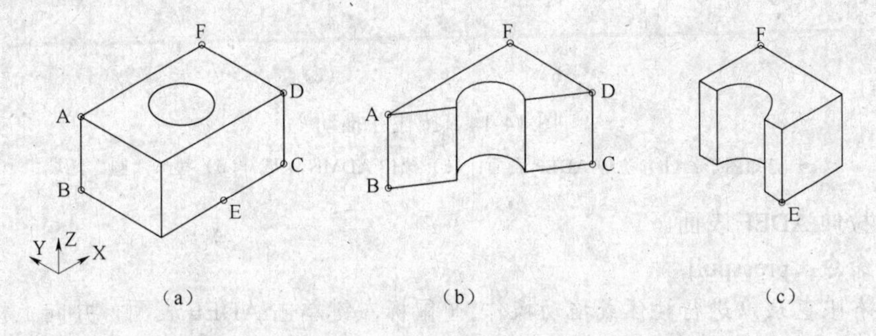

图 14-12　三维实体的剖切

（a）已知图形；（b）“三点”剖切；（c）平行于 YZ 平面剖切

八、编辑三维实体的面、边等子对象

（一）按住并拖动

按住并拖动实体上的有限区域改变实体的形状。可以按住并拖动的有限区域，主要包括闭合多线段、面域、二维实体、由与三维实体的任何面共面的几何体（包括面上的边）创建的区域等。

按住并拖动命令的输入方法（参见图 14-13），有两种：

- “面板”选项板：工具→选项板→面板→按住并拖动（位于三维制作面板）
- 命令行：presspull

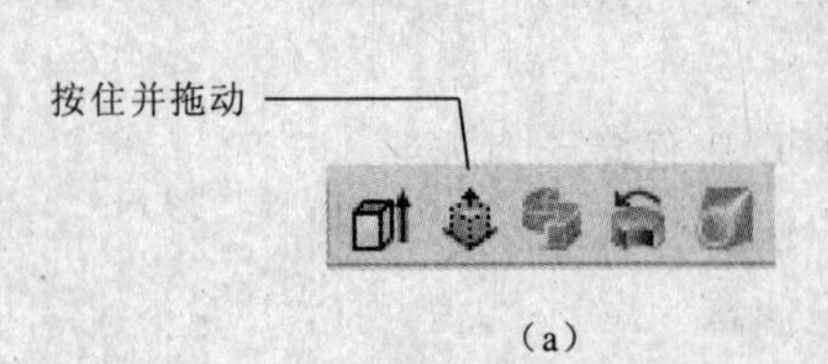

（a）

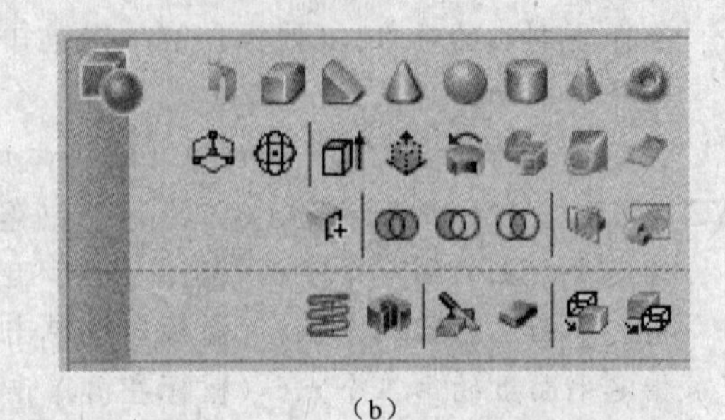

（b）

图 14-13　剖切命令输入的方法

（a）命令图标；（b）三维制作面板

【例 14-7】　以图 14-14（a）所示的 50×40×30 长方体为基础图形。①将 ADEF 表面向上拉伸 10，生成图 14-14（b）所示图形；②过 AF 和 DE 的中点做一条直线 MN，将 ADMN 区域向下拉伸 15，生成图 14-14（c）所示图形；③在 ADEF 表面做一个大小适当的圆，并将该圆区域向上拉伸 10，生成图 14-14（d）所示图形。

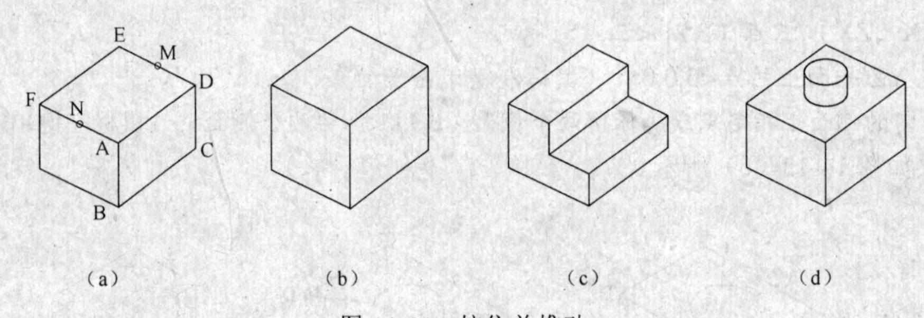

（a）　（b）　（c）　（d）

图 14-14　按住并推动

（a）已知图形；（b）拉伸 ADEF 表面；（c）拉伸 ADMN 区域；（d）拉伸“圆”区域

（1）拉伸 ADEF 表面。

- 命令：presspull

单击有限区域以进行按住或拖动操作。（鼠标左键单击 ADEF 表面，并向上移动鼠标）

已提取 1 个环。

已创建 1 个面域。

10（输入拉伸距离）

结果如图 14-14（b）所示。

（2）拉伸 ADMN 区域。首先绘制直线 MN，然后做如下操作：

- 命令：presspull

单击有限区域以进行按住或拖动操作。（鼠标左键单击 ADMN 表面，并向下移动鼠标）

已提取 1 个环。

已创建 1 个面域。

-15（输入拉伸距离）

结果如图 14-14（c）所示。

（3）拉伸“圆”区域。首先绘制圆，然后做如下操作：

- 命令：presspull

单击有限区域以进行按住或拖动操作。(鼠标左键单击“圆”区域，并向上移动鼠标)

已提取 1 个环。

已创建 1 个面域。

10（输入拉伸距离）

结果如图 14-14（d）所示。

（二）利用“Ctrl”键

当需要对三维实体的面或边进行编辑时，可在执行命令之前，按住“Ctrl”键同时选择面或边。如图 14-15（a）、（b）所示分别为选择长方体的 ABCD 表面和 BC 边的情况，图 14-15（c）、（d）所示分别为按住表面（虚线），或边的控制点并移动鼠标后的效果。

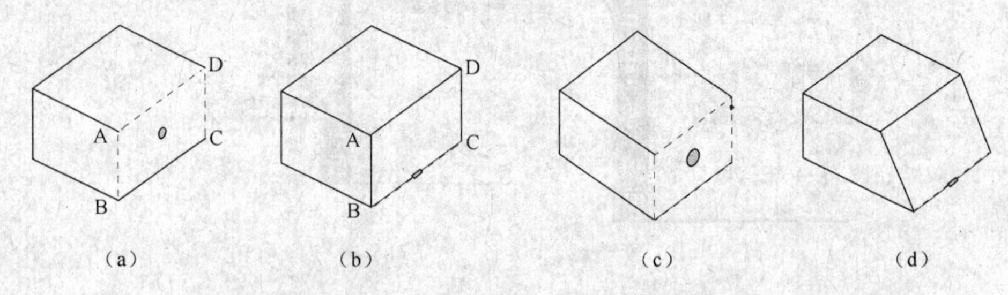

图 14-15　利用“Ctrl”键选择三维实体的面或边

（a）选择实体的面；（b）选择实体的边；（c）编辑“面”；（d）编辑“边”

第二节　三维模型的渲染简介

在前面的章节中，我们介绍了如何创建三维模型的视觉样式。当为模型创建不同的视觉样式后，虽能产生不同的视觉效果，但只能作为一种比较简单的临时性的样式。要想得到比较逼真的视觉效果，需为模型设置材质、光源、贴图等，制作出模型的渲染效果图。影响渲染效果的因素不仅很多，而且渲染效果图的制作，也是一个需要慢慢体验与感悟的过程。本节仅介绍如何为模型附加材质以及渲染过程的相关概念，其余内容可参阅有关书籍。

一、材质

材质，是影响效果图真实性的重要因素。可以通过为模型赋予木材、混凝土等不同的材质，使模型产生更加逼真的视觉效果。

最方便的调用材质的方法是利用“工具选项板”(图 14-16)。其调出方法如下：

- “面板”选项板：工具→选项板→工具选项板

鼠标右键单击“工具选项板”中的标题栏位置，弹出如图 14-16（b）所示快捷菜单。通过选择其中的不同选项，可改变“工具选项板”的显示内容或对其做必要的设置。

鼠标左键单击快捷菜单中的“材质”选项，“工具选项板”显示为如图 14-17 所示，通过选择不同的选项卡，可显示不同的材质。

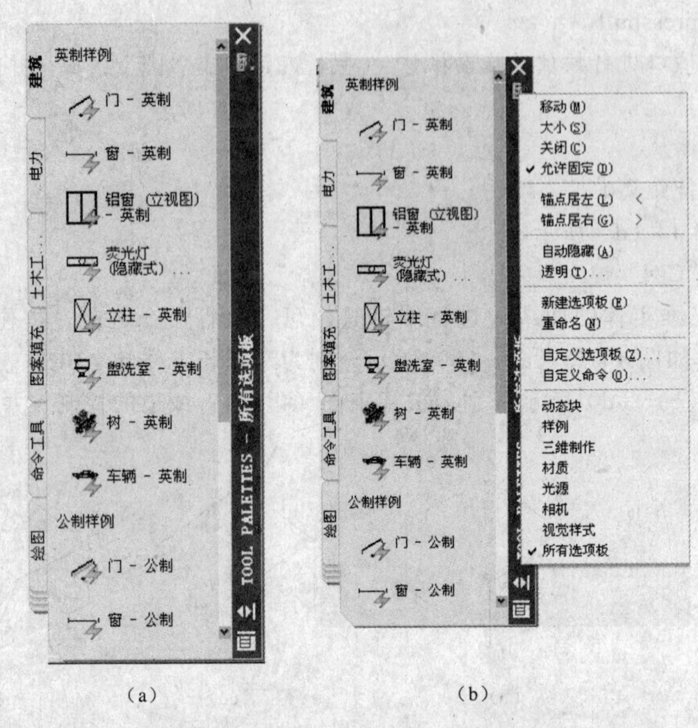

（a）　　　　　　　　（b）

图 14-16 “工具选项板”的默认显示

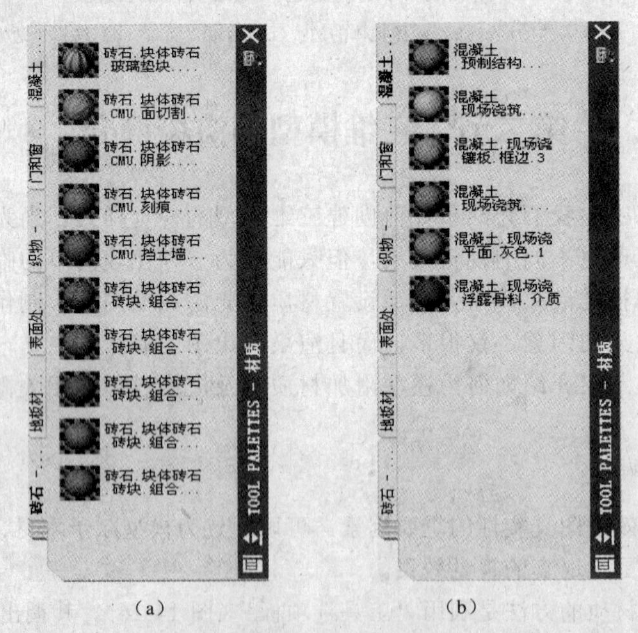

（a）　　　　　　　　（b）

图 14-17 “材质”工具选项板

（a）砖石选项卡；（b）混凝土选项卡

建立模型后，直接在材质工具选项板中选择合适的材质，然后按命令行提示便可将所选材质附加给模型。此时模型看起来没有任何变化，要使模型中显示出材质，必须对模型进行渲染。

二、渲染

渲染命令的输入方法（图 14-18）有四种：

- 下拉菜单：视图→渲染→渲染
- 工具栏：渲染→ 按钮
- “面板”选项板：工具→选项板→面板→渲染（位于渲染面板）；
- 命令行：render

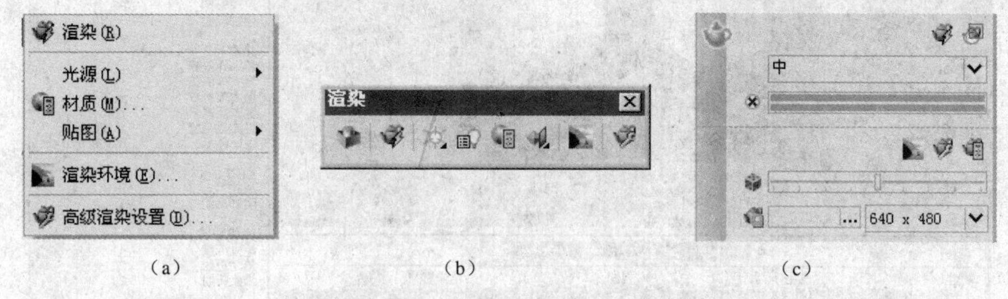

（a）　　（b）　　（c）

图 14-18　渲染命令输入的方法

（a）渲染下拉子菜单；（b）命令图标；（c）渲染面板（展开式）

如果未对模型做附加材质、渲染方式等任何设置，执行渲染命令后，将采用默认渲染方式进行渲染。图 14-19 所示为渲染之前，屏幕上长方体和球体模型的“二维线框视觉样式”，采用默认渲染方式渲染后，结果如图 14-20 所示。

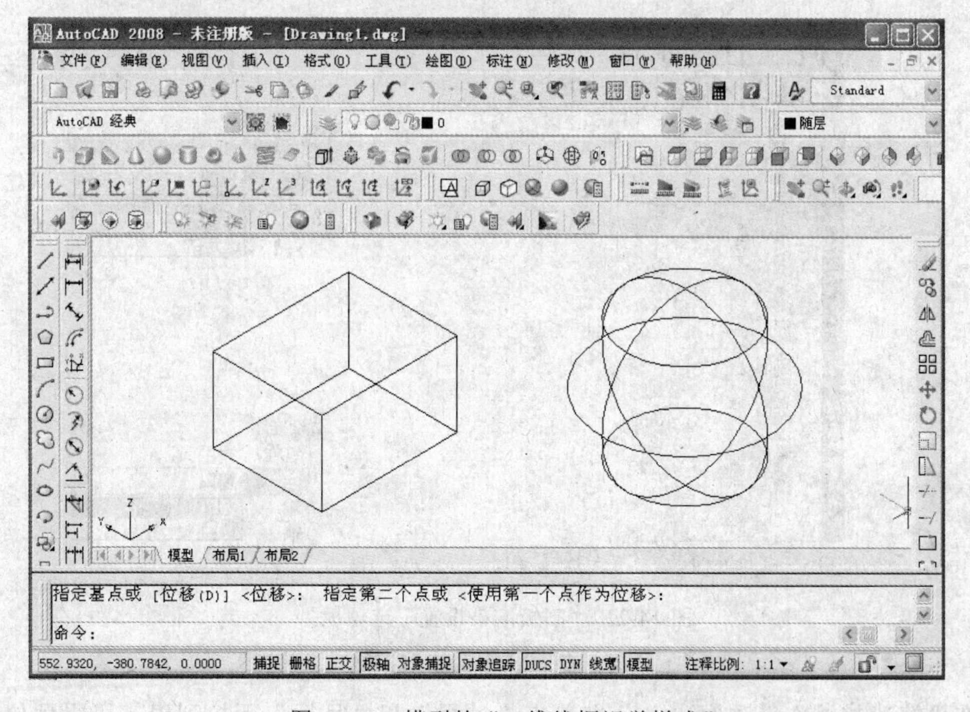

图 14-19　模型的“二维线框视觉样式”

通过对渲染做不同的设置，可得到不同的渲染效果。选择图 14-18 中的“高级渲染设置”选项，弹出如图 14-21（a）所示的“高级渲染设置”选项板。

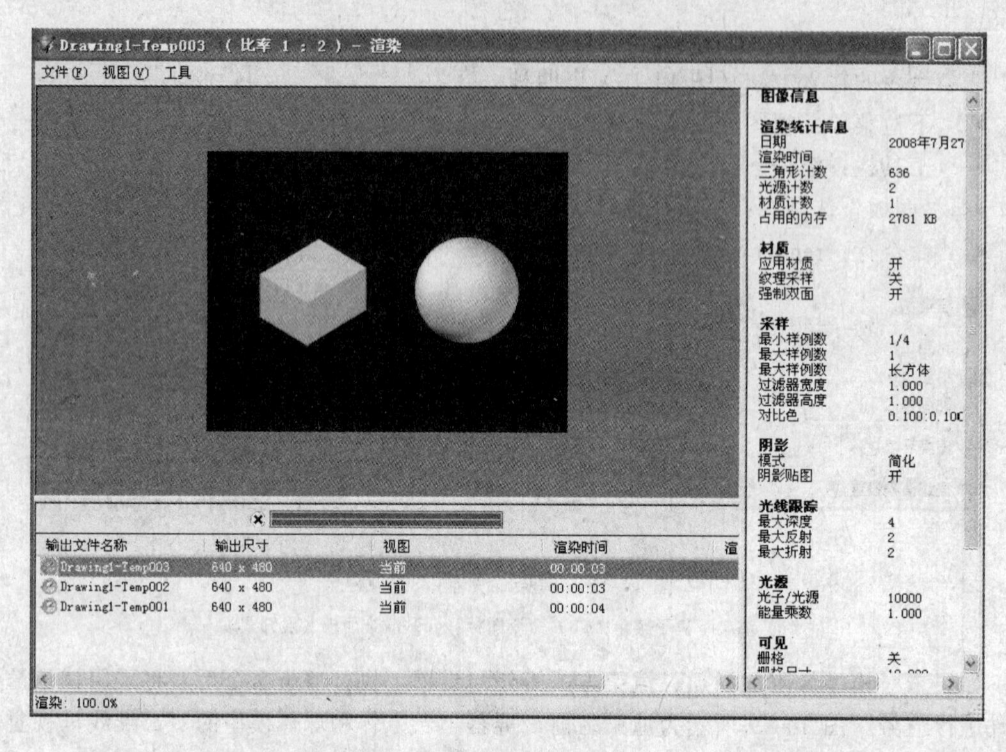

图 14-20 模型的渲染效果

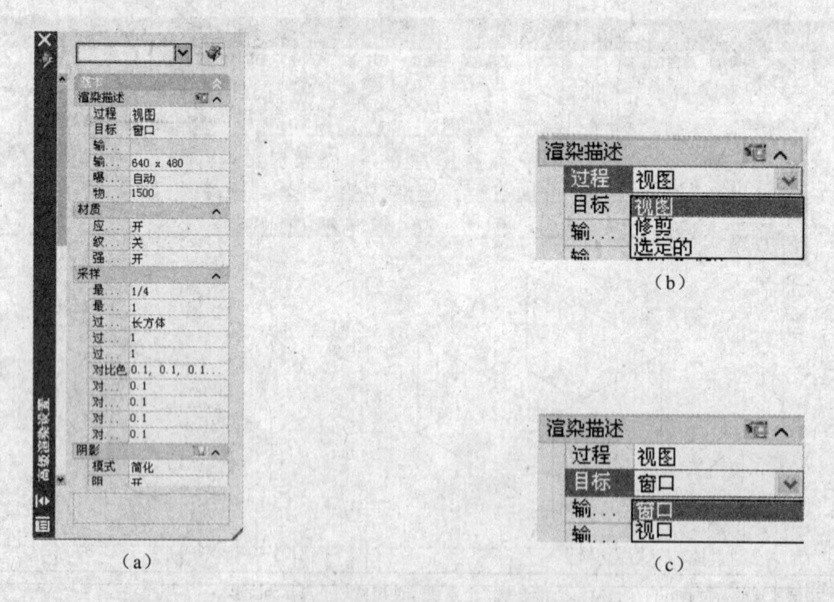

图 14-21 “高级渲染设置”选项板

（a）选项板；（b）“过程”下拉列表；（c）“目标”下拉列表

在“渲染描述”选项组中，分别单击“过程”和“目标”下拉列表，可得到如图 14-21（b）、（c）所示选项。

“视图”：指渲染过程面对整个视图。

“修剪”：指可以选定渲染范围。

“选定的”：指渲染过程针对选定的对象。

“窗口”：指渲染结果以窗口方式输出。

“视口”：指渲染结果显示在当前视口中。

其中，“视图”和“窗口”分别为“过程”和“目标”的默认设置。图 14-20 就是将图 14-19 所示的整个视图，以窗口方式输出的渲染结果。

另外，需要说明的是当选择“修剪”选项后，只能以“视口”方式输出渲染结果。

【例 14-8】　以图 14-19 为例：①试将“砖石、块体砖石、玻璃垫块、方块、堆叠”材质附加给长方体，再以“修剪”方式进行渲染，结果如图 14-22 所示；②试将“混凝土、预置结构混凝土、平滑”材质附加给球体，再以“选定的”方式渲染至“视口”，结果如图 14-23 所示。

（1）将指定材质附加给长方体。在如图 14-17 所示的“材质”工具选项板中，选择指定材质，命令行提示如下：

- 命令：rpref

选择对象：（鼠标左键单击长方体）

选择对象或 [放弃（U）]：（回车，结束命令）

将指定材质附加给长方体的操作完成，但屏幕没有任何变化，需进行渲染。

（2）渲染长方体。首先在图 14-21 所示“高级渲染设置”选项板中，将“过程”选择为“修剪”、“目标”自动设为“视口”。然后执行渲染命令（render），命令行提示如下：

- 命令：render

拾取要渲染的修剪窗口：（鼠标左键单击长方体以外的空白位置）

请输入第二个点：（移动鼠标，使拉出的窗口包围长方体）

结果如图 14-22 所示。

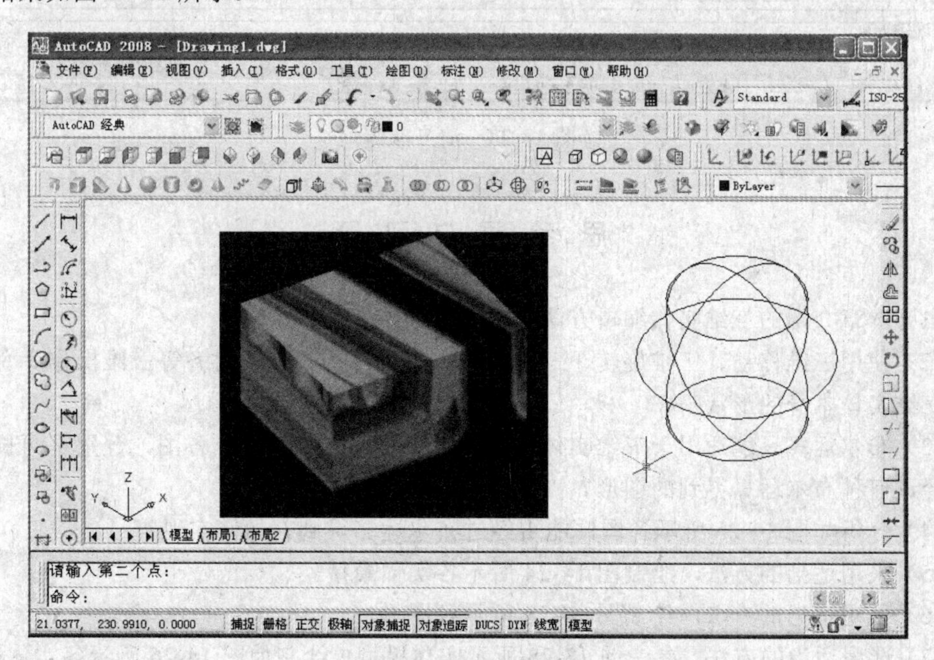

图 14-22　渲染长方体

（3）将指定材质附加给球体。操作方法同步骤（1）。

（4）渲染球体。

首先在图 14-21 所示“高级渲染设置”选项板中，将“过程”选择为“选定的”、“目标”选择为“视口”。然后执行渲染命令（render）。命令行提示如下：

- 命令：render

选择对象：（鼠标左键单击球体）

选择对象：（回车，结束命令）

结果如图 14-23 所示。

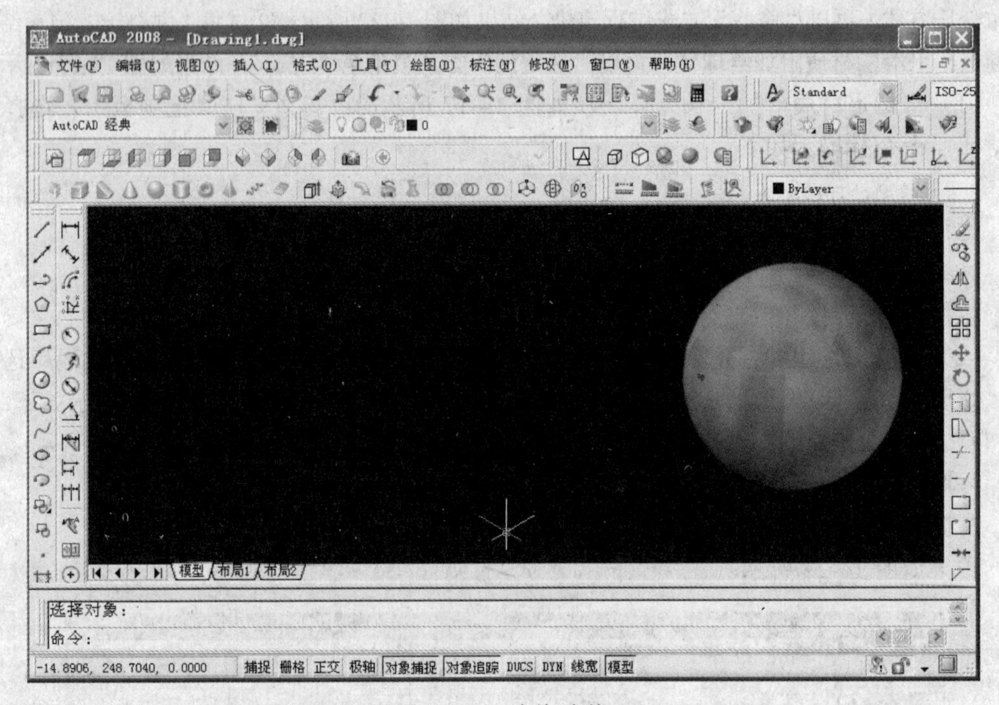

图 14-23　渲染球体

思 考 题 与 习 题

（1）本章介绍的三维实体编辑方法，主要包括哪几种？

（2）使用三维移动、三维旋转、三维镜像、三维阵列及三维对齐等三维操作命令，能改变三维实体本身的形状吗？

（3）布尔运算只能适用于三维实体模型吗？分析图 14-24 所示各图，分别是两长方体模型经过何种布尔运算得到的图形？

（4）分析如图 14-25 所示各图，能否经过布尔运算得到？如何实现？

（5）采用适当的方法，绘制图 14-24 所示各实体模型。

（6）采用适当的方法，绘制图 14-25 所示各图形。

（7）选用适当的方法，参考图 13-28 所示实体模型，绘制如图 14-26 所示各实体模型。

其中，未注明尺寸自定；石凳绕石桌环形阵列为 6 个。

（8）选用适当的材质及渲染方式，渲染如图 14-26 所示图形。

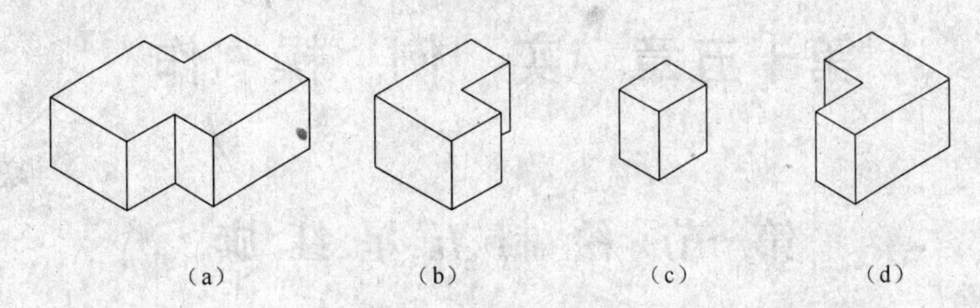

图 14-24 布尔运算结果

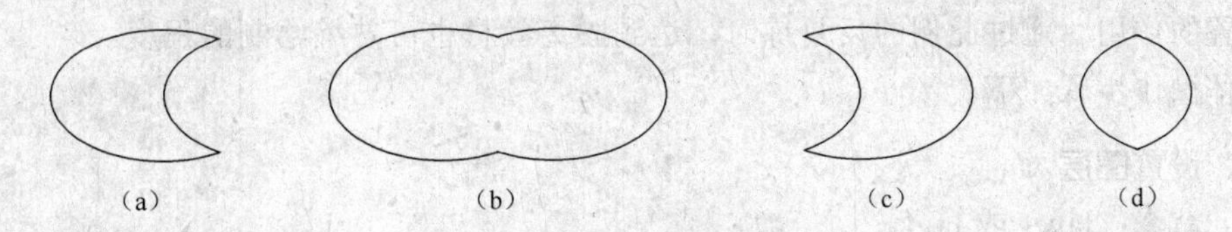

图 14-25 几种图形

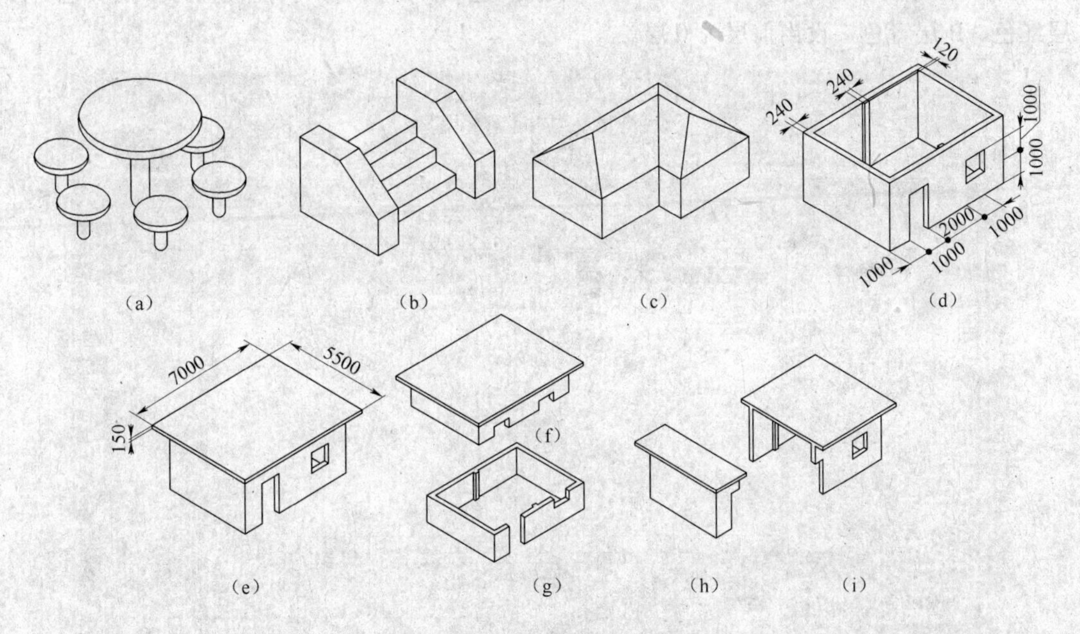

图 14-26 几种实体模型

第十五章　实　例　操　作

第一节　绘制五星红旗

目的：通过五星红旗的绘制，熟悉 AutoCAD 的绘图命令、编辑命令以及绘图过程中图层设置的作用。通过此例的反复练习，达到脱离教材也可熟练绘制的程度。

具体操作步骤如下。

一、设置图层

- 命令：layer 或 la↙

显示“图形特性管理器”（图 15-1），分别新建 A、B 图层，属性设置为 0 层黄色、A 层红色、B 层青色，设当前层为 0 层。

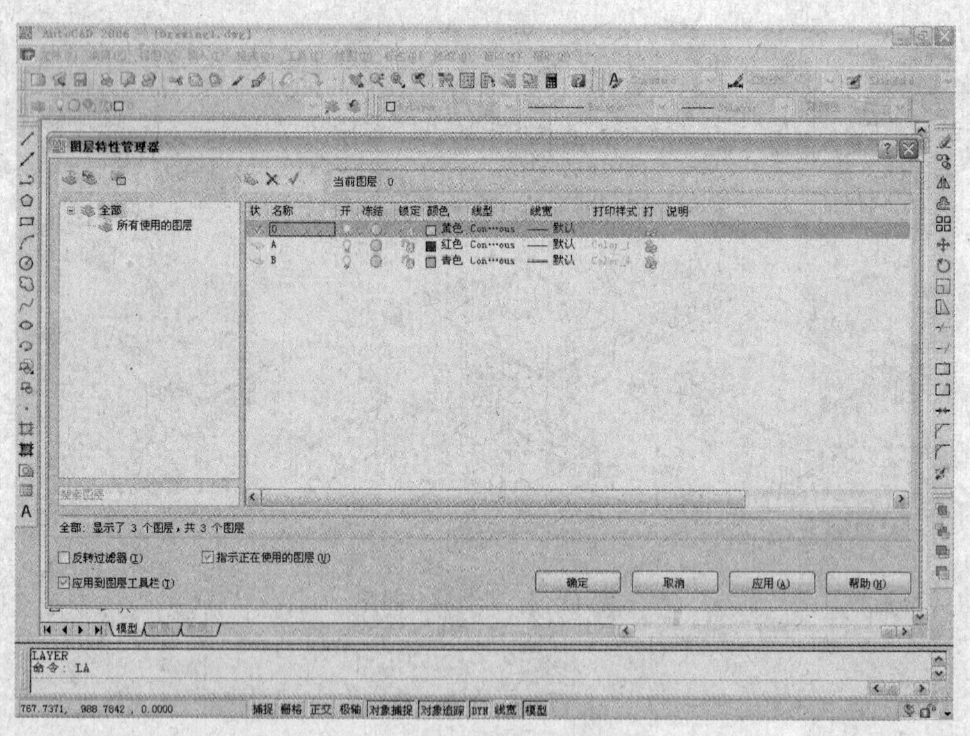

图 15-1 “图层特性管理器”对话框

二、画旗尖

- 命令：line 或 l

如图 15-2 所示依次点出菱形的 4 个点，再由实体填充命令给旗尖填充颜色。

- 命令：solid 或 so

注意：按照 Z 字形填充选择的 4 点，依次如图 15-2 所示。

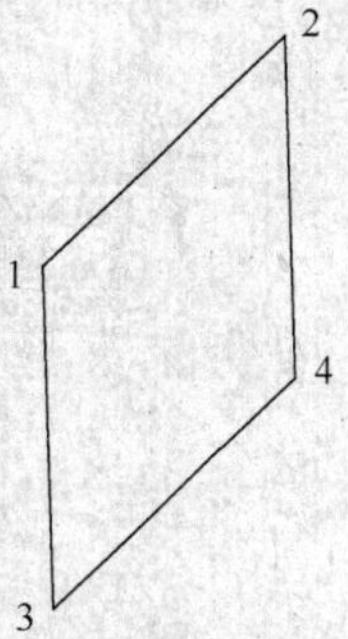

三、画旗杆

- 命令：layer 或 la↙，设 B 层为当前层
- 命令：pline 或 pl↙

指定起点：（捕捉旗尖最下面的点）

当前线宽为 0.0000

指定下一个点或 [圆弧（A）/半宽（H）/长度（L）/放弃（U）/宽度（W）]：w（调整线宽）

指定起点宽度<0.0000>：2（输入线宽值）

指定端点宽度<2.0000>：↙

图 15-2 画旗尖

指定下一个点或 [圆弧（A）/半宽（H）/长度（L）/放弃（U）/宽度（W）]：（在屏幕最下端适当位置取一点，如图 15-3 所示）

指定下一个点或 [圆弧（A）/半宽（H）/长度（L）/放弃（U）/宽度（W）]：↙

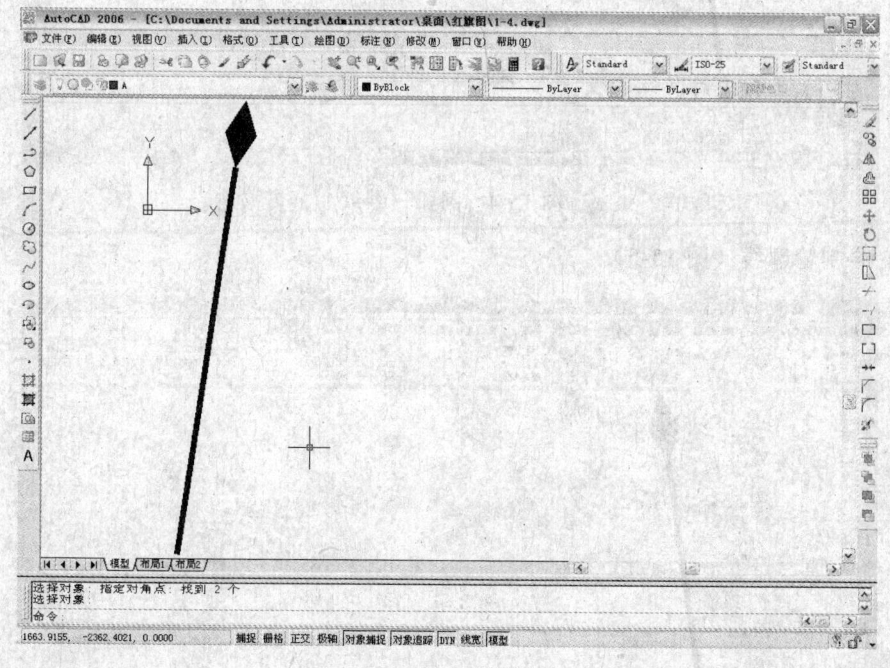

图 15-3 画旗杆

四、画旗廓

（1）用命令：la↙，设 A 层为当前层。

（2）画旗的轮廓线。

- 命令：arc↙：

指定圆弧的起点或 [圆心（C）]：（捕捉旗尖与旗杆的交点）

指定圆弧的第二个点或 [圆心（C）/端点（E）]：（指定圆弧的第二点）

指定圆弧的端点：（指定圆弧的端点）

注意：三点画弧，第二段弧用弧“继续”画，选择下拉菜单：绘图→画弧→继续（图15-4）。

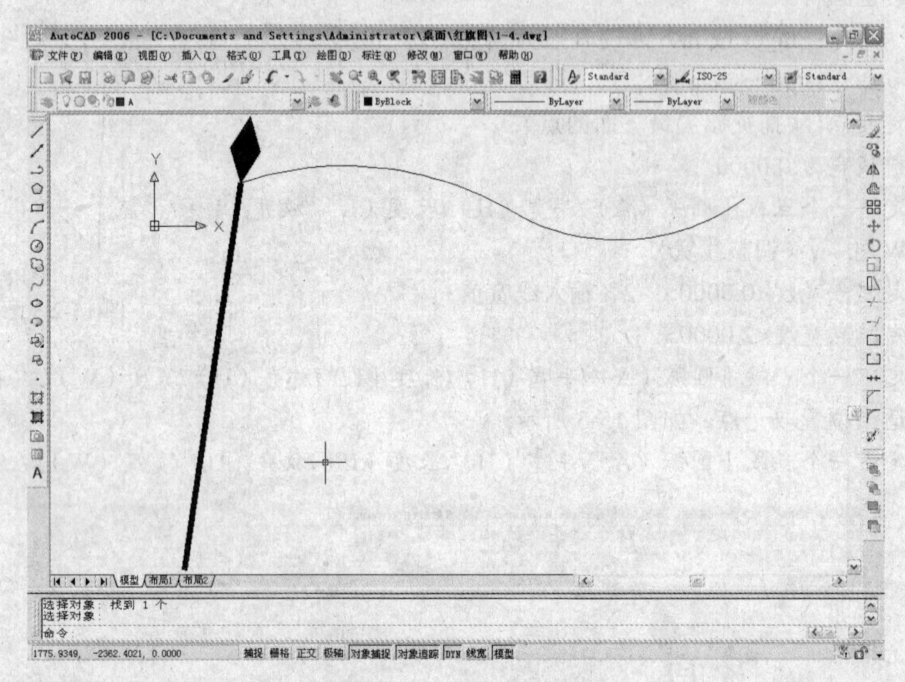

图 15-4　圆弧→继续

（3）绘制轮廓线（图 15-5）。

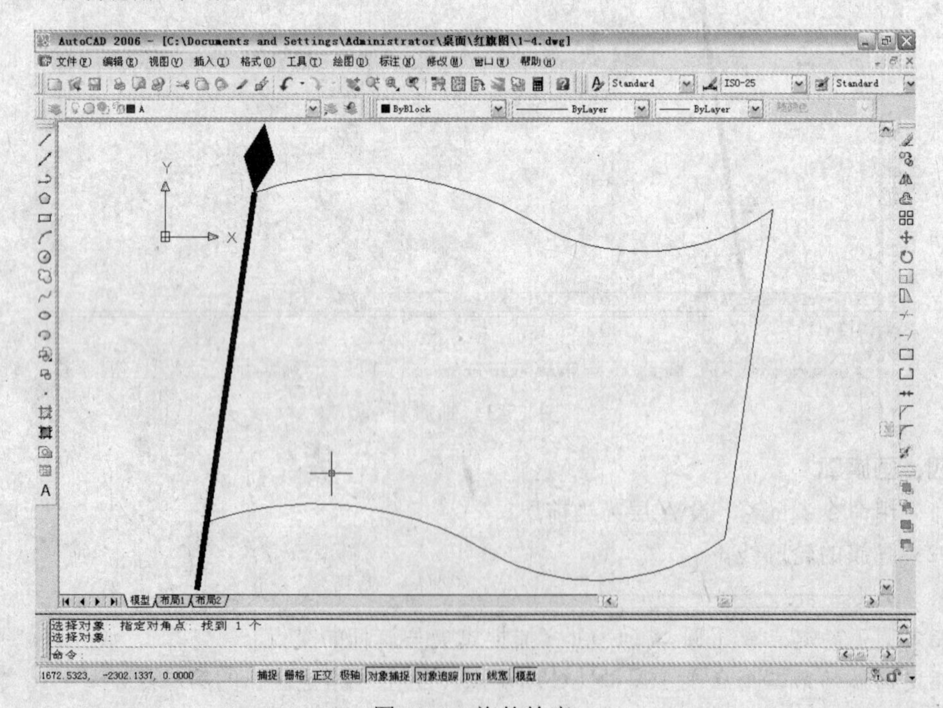

图 15-5　旗的轮廓

● 命令：copy 或 cp 或 co↙

选择对象：（上面画的第一段弧）

选择对象：（上面画的第二段弧）

注意：弧继续形成的不是一个整体，所以选两次或用窗口方式选择。

指定基点或［位移（D）］<位移>：（捕捉旗尖与旗杆的交点）

指定第二个点或<使用第一个点作为位移>：（Shift+右键，选择最近点，在旗杆上适当位置选一点）

指定第二个点或［退出（E）/放弃（U）］<退出>：（空格）

（4）进行外廓的闭合。

● 命令：line 或 l↙

指定第一点：（捕捉上轮廓线的右端点）

指定下一点或［放弃（U）］：（捕捉下轮廓线的右端点）

指定下一点或［放弃（U）］：↙

注意：整个操作过程要注意点的捕捉功能的使用。

五、画五角星

（1）用命令 point 或 po↙，设置为 3（可通过“格式”→“点样式”设置）（图 15-6）。

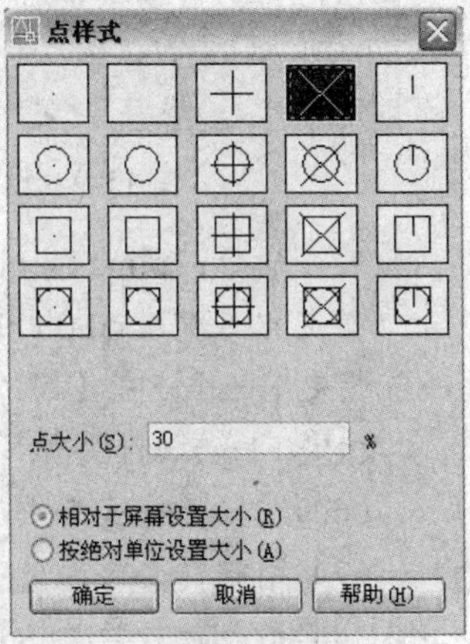

图 15-6 “点样式”对话框

（2）用命令：layer 或 la↙，设 0 层为当前层。用 circle 命令画一个圆（图 15-7）。

● 命令：circle 或 c↙

指定圆的圆心或［三点（3P）/两点（2P）/相切、相切、半径（T）］：（在旗面的适当位置选取一点）

指定圆的半径或［直径（D）］<0.0000>：50（输入半径值）

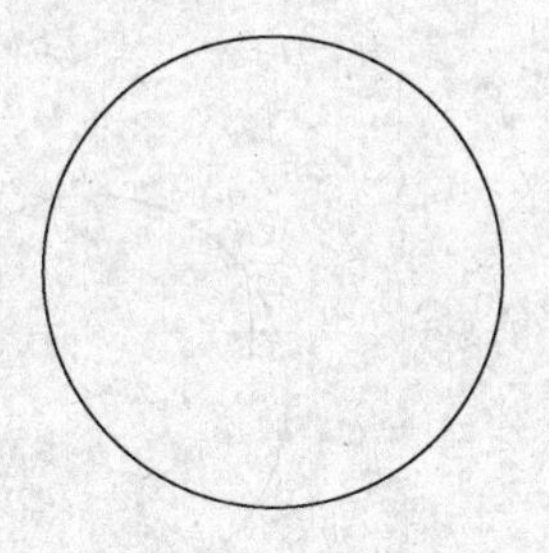

图 15-7　画圆

图 15-8　5 等分圆

（3）用 divide 命令，等分圆为 5 份（图 15-8）。

● 命令：divide 或 div↙

选择要定数等分的对象：（选择圆）

输入线段数目或［块（B）］：5（输入线段数目）↙

（4）设置对象捕捉（图 15-9）。

方法：屏幕下方，“对象捕捉”鼠标右键→“设置”。

单击“节点”前的复选框，确定节点捕捉方式。

（5）用 pline 命令画五角星（图 15-10），键入 C 闭合。

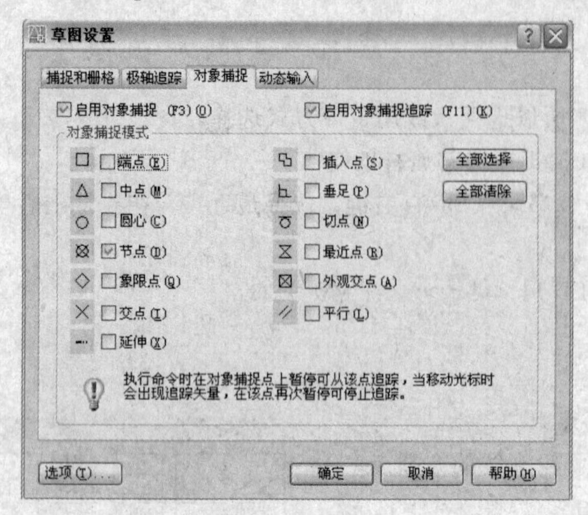

图 15-9 设置对象捕捉

图 15-10 连五角星

● 命令：pline 或 pl↙

指定端点宽度<0.0000>

指定下一个点或 [圆弧（A）/半宽（H）/长度（L）/放弃（U）/宽度（W）]:（逐一选择）

指定下一点或 [圆弧（A）/闭合（C）/半宽（H）/长度（L）/放弃（U）/宽度（W）]: C↙

（6）选择“格式”→“点的样式”设置成默认（图 15-11）。

（7）用旋转命令，使五角星一个角指向正上方（图 15-12）。

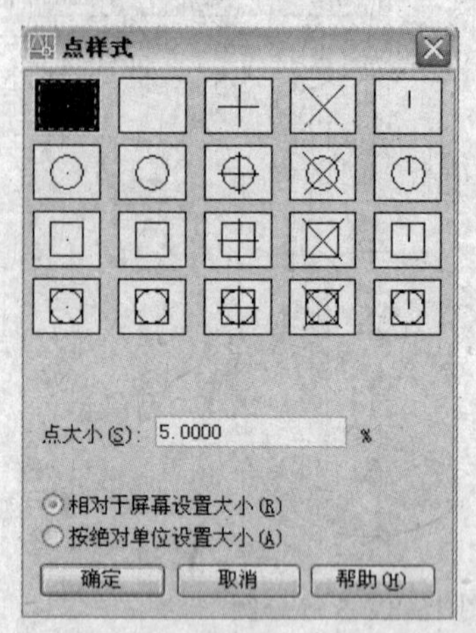

图 15-11 更改点的样式图

图 15-12 调整五角星的指向

图 15-13 剪切后

● 命令：rotate 或 ro↙

UCS 当前的正角方向：ANGDIR=逆时针 ANGBASE=0

选择对象：找到 2 个（选择圆与五角星）

选择对象：（空格）

指定基点：（选择圆心）

指定旋转角度，或 [复制（C）/参照（R）] <0>: <正交 开>

注意：要开正交，使五角星的一个角指向正上方。

（8）用 trim 命令进行剪切（图 15-13）。

- 命令：trim 或 tr↙

选择对象或<全部选择>：找到 1 个（内五角星）

选择对象：↙

选择要修剪的对象，或按住 Shift 键选择要延伸的对象，或

[栏选（F）/窗交（C）/投影（P）/边（E）/删除（R）/放弃（U）]：（五角星内的线，下同）

注意：五角星外接圆不要删掉，放缩时有利于确定基点。

（9）用 copy 命令复制一个同样的五星，用 scale 命令缩小。

- 命令：copy 或 co↙

选择对象：指定对角点：找到 2 个（选择五角星与外圆）

选择对象：↙

指定基点或 [位移（D）] <位移>：指定第二个点或<使用第一个点作为位移>：（任意位置）指定第二个点或 [退出（E）/放弃（U）] <退出>：（移出旗面）

命令：scale 或 sc↙

选择对象：指定对角点：找到 2 个

选择对象：↙

指定基点：（定圆心）

指定比例因子或 [复制（C）/参照（R）] <1.0000>：0.5（输入比例因子）

（10）用 block 命令将五角星定义成一个块。

- 命令：block 或 b（出现“块定义”窗口，见图 15-14）

输入块名：123↙

指定插入基点：（选择圆心）

选择对象：（五角星）

注意：选择对象时，只选内部的五角星（图 15-15）。

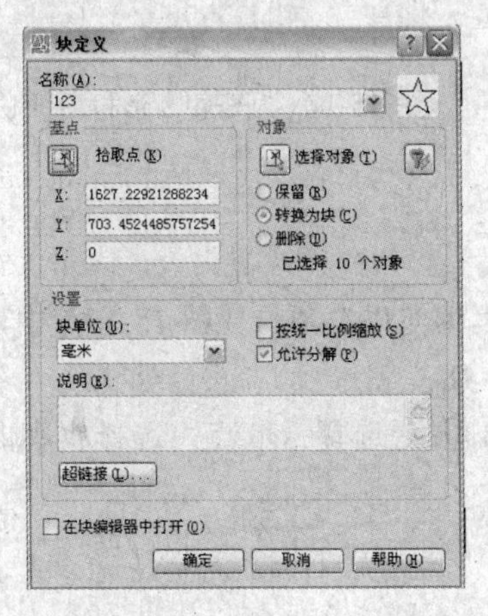

图 15-14 “块定义”对话框

图 15-15 被定义块的图形

（11）在图上划一个圆弧，用块（五角星）等分圆弧。

- 命令：arc 或 a↙

指定圆弧的起点或 [圆心（C）]:（在适当位置选取）

指定圆弧的第二个点或 [圆心（C）/端点（E）]: 〈正交 关〉

指定圆弧的端点:

- 命令：div

选择要定数等分的对象:（选择刚画的圆弧）

输入线段数目或 [块（B）]: b（插入块）

输入要插入的块名: 123（输入块名）

是否对齐块和对象? [是（Y）/否（N）] <Y>: ↙

输入线段数目: 5

（12）删除多余线段（图 15-16）。

- 命令：e

六、填充旗廓

（1）把当前图层设为 A 层，用 hatch 命令填充（图 15-17）。

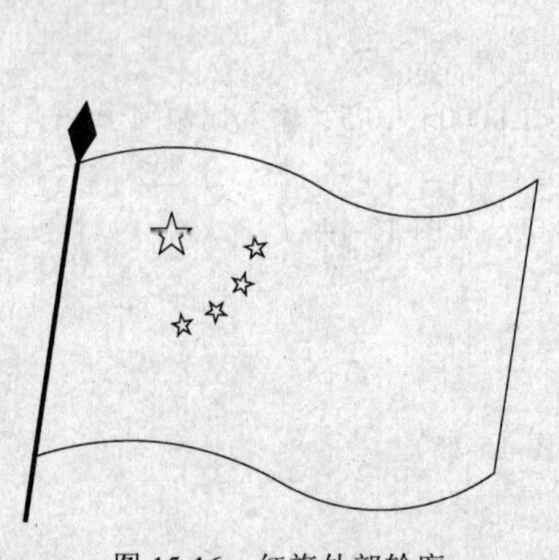

图 15-16 红旗外部轮廓

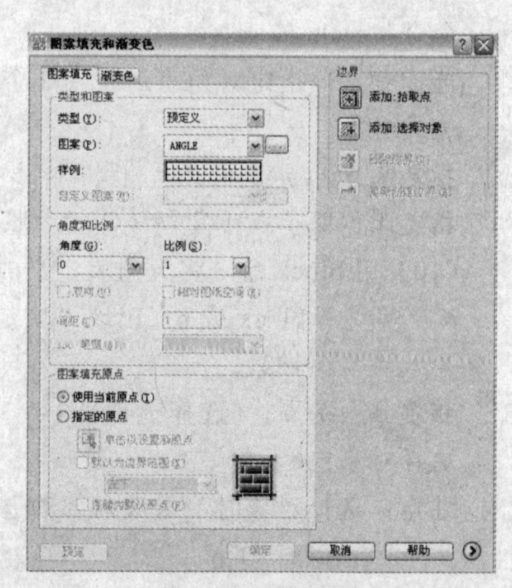

图 15-17 “图案填充和渐变色”对话框

- 命令：layer 或 la（设 A 层为当前图层）
- 命令：hatch 或 H

在显示的“图案填充和渐变色”对话框“图案填充”选项卡（图 15-17）中，选择“图案”→“确定”，出现“填充图案选项板”（图 15-18）。

拾取内部点或 [选择对象（S）/删除边界（B）]:（选择拾取点，选择旗廓内，五角星外一点）

（2）在 0 层下填充五角星（图 15-19）。

- 命令：la（设 0 层当前图层）
- 命令：h

拾取内部点或［选择对象（S）/删除边界（B）]:（分别点取五角星内的五点或通过窗口方式选择五星）

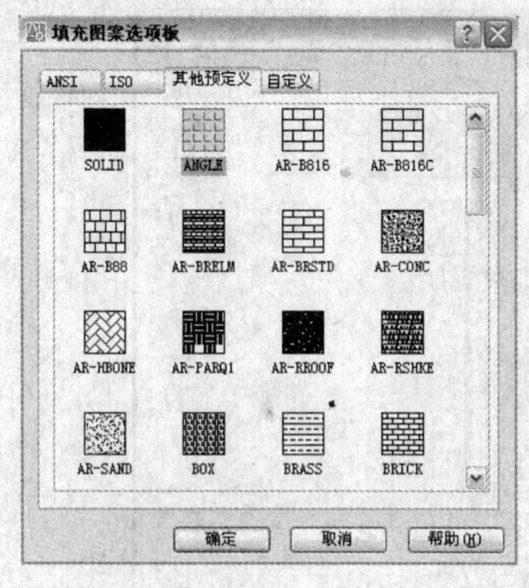

图 15-18 “填充图案”选项板

图 15-19 绘制好的红旗

注意：如发现块的大小或形状欲修改，可再定义一个同名字的块实现自动替换。

第二节 运用多线 mline 绘图

一、mline 命令的激活方式

（1）从“绘图”主菜单下拉选项中选择“多线”子菜单。

（2）在命令行直接键入：mline 或 ml。

二、调用命令

（1）命令：mline 或 ml↙。

命令提示如下：

当前设置：对正=上，比例=20.00，样式=STANDARD

指定起点或［对正（J）/比例（S）/样式（ST）]：J（选择对正）

输入对正类型［上（T）/无（Z）/下（B）]<上>：T（该选项表示从左向右绘制多线时，多线上顶端的线随光标移动，结果如图 15-20 所示）。

（2）命令：ml。命令提示如下：

当前设置：对正=上，比例=20.00，样式=STANDARD

指定起点或［对正（J）/比例（S）/样式（ST）]：J（选择对正）

输入对正类型［上（T）/无（Z）/下（B）]<上>：Z（该选项表示绘制多线时，多线的中心线随着光标移动）

（3）命令：ml。

命令提示如下：

当前设置：对正=上，比例=20.00，样式=STANDARD

指定起点或［对正（J）/比例（S）/样式（ST）]：J（选择对正）

输入对正类型 [上（T）/无（Z）/下（B）] <无>: B（该选项表示，当绘制多线时，多线上的最底端随着光标移动，结果如图 15-21 所示）。

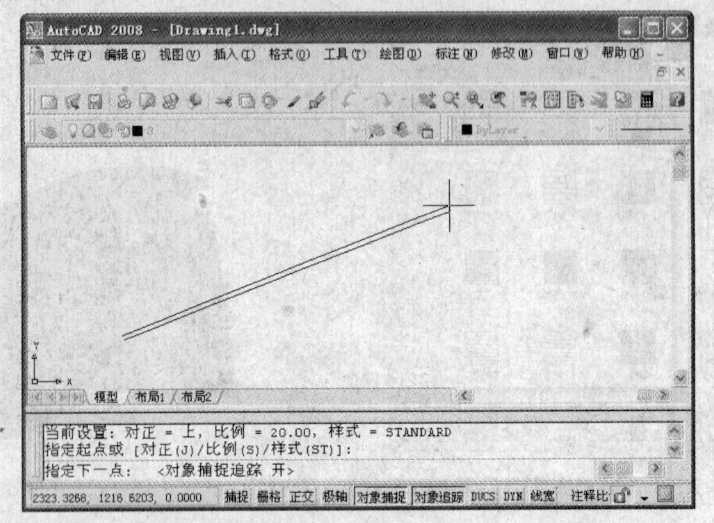

图 15-20　绘制多线

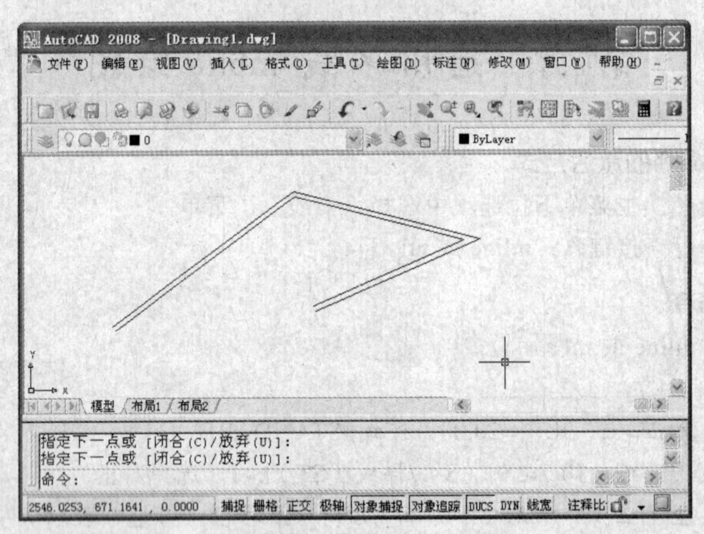

图 15-21　多线绘制结果

三、多线类型设置

为了绘制需要的多线形式，在绘制多线之前应该先设置多线的类型。

（1）下拉菜单：格式→多线样式。

（2）在命令行输入 mlstyle，打开如图 15-22 所示的“多线样式”对话框，来设置多线的样式。

（3）单击 加载(L)... 按钮，可以激活如图 15-23 所示的“加载多线样式”对话框，可以从多线的库文件中选取多线的类型。

（4）单击 修改(M)... 按钮，可以激活如图 15-24 所示的“修改多线样式”对话框，调整元素特性、多线特性，如线条数量、线间距等。

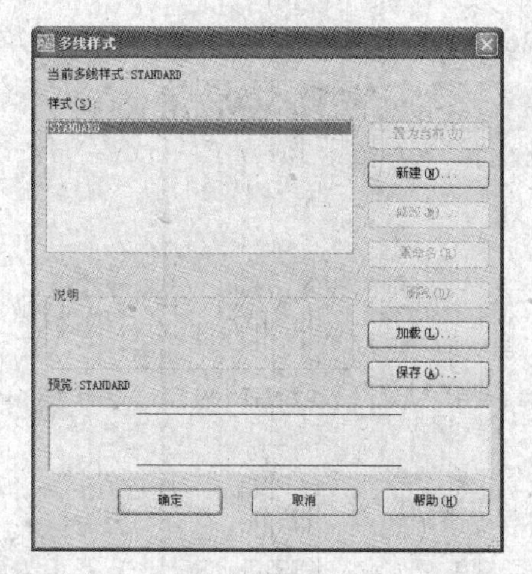

图 15-22 “多线样式”对话框

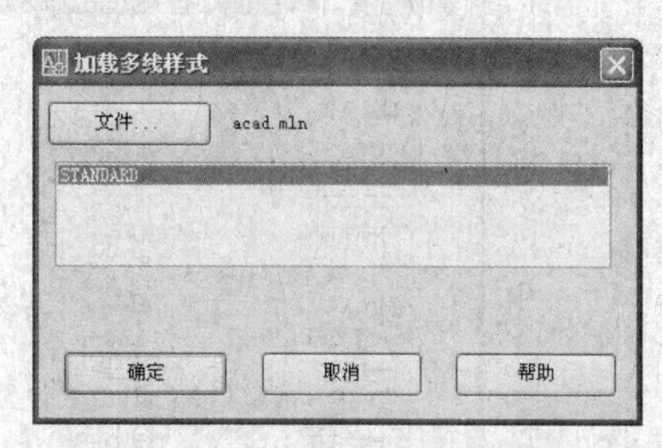

图 15-23 “加载多线样式”对话框

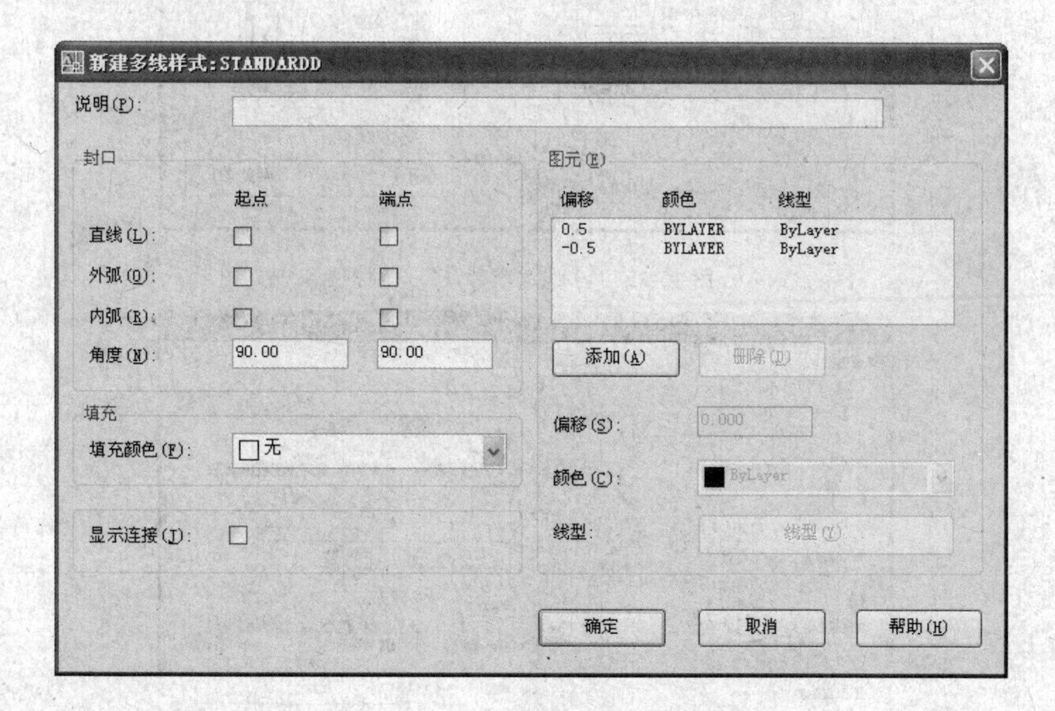

图 15-24 “修改多线样式”对话框

四、多线的修改

在绘制好的多线上，可以运用多线编辑命令来对其进行修改。

（1）下拉菜单：修改→对象→多线。

（2）在命令行输入 mledit，打开如图 15-25 所示的“多线编辑工具”对话框，对多线进行编辑。

五、多线修改绘图环境设置

（1）用命令 mlstyle，打开图 15-22“多线样式”对话框。单击 修改(M)... 打开“修改多线样式”对话框，设置多线的元素特性。如图 15-26 所示。

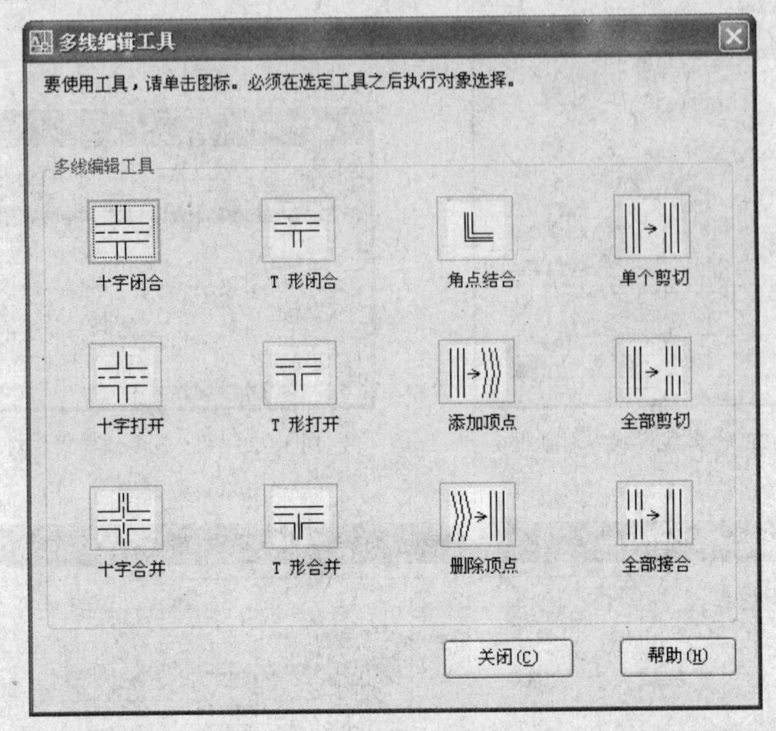

图 15-25 “多线编辑工具”对话框

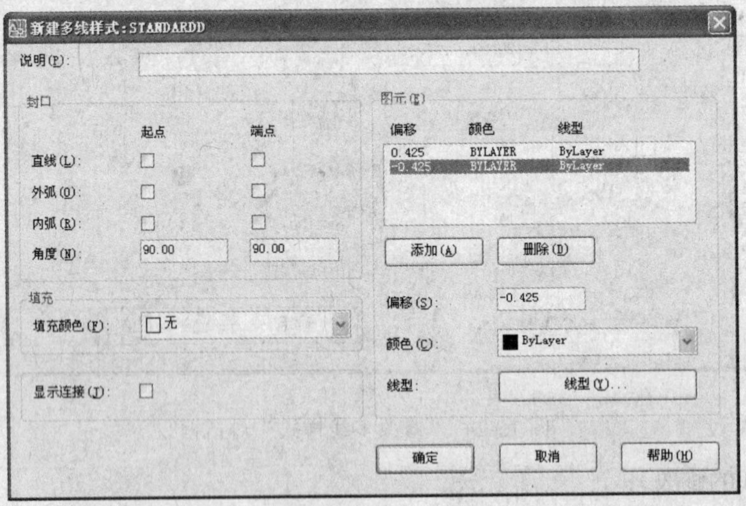

图 15-26 “修改多线样式”对话框

单击 添加(A) 按钮，出现如图 15-27 所示对话框。

单击 线型(Y)... 按钮，出现如图 15-28 所示对话框。

单击 加载(L)... 按钮，出现如图 15-29 所示加载线型对话框。

（2）用 mline 命令，开始绘制如图 15-30 所示的道路草图。其绘制的基本操作如直线的绘制。

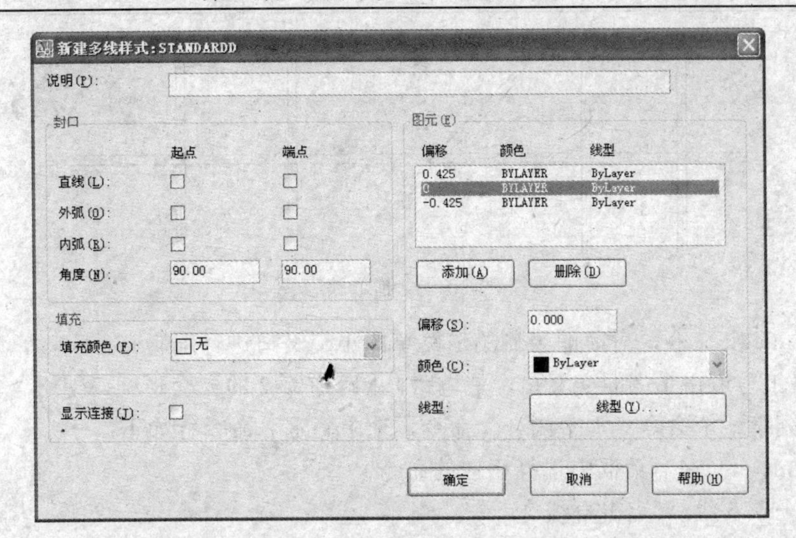

图 15-27 “修改多线样式”对话框

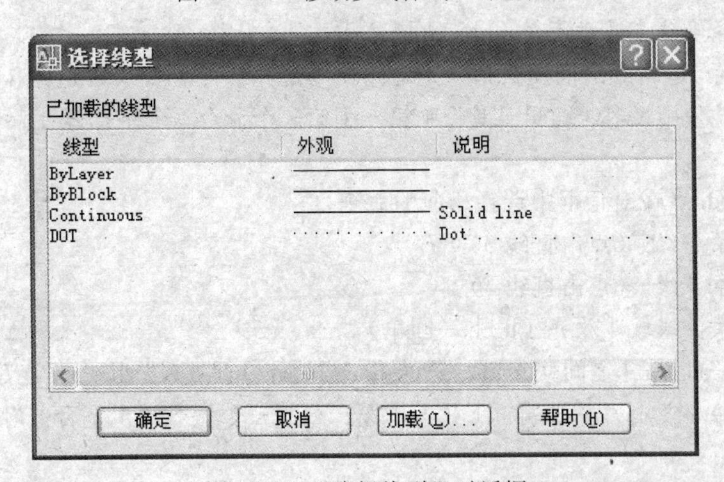

图 15-28 “选择线型”对话框

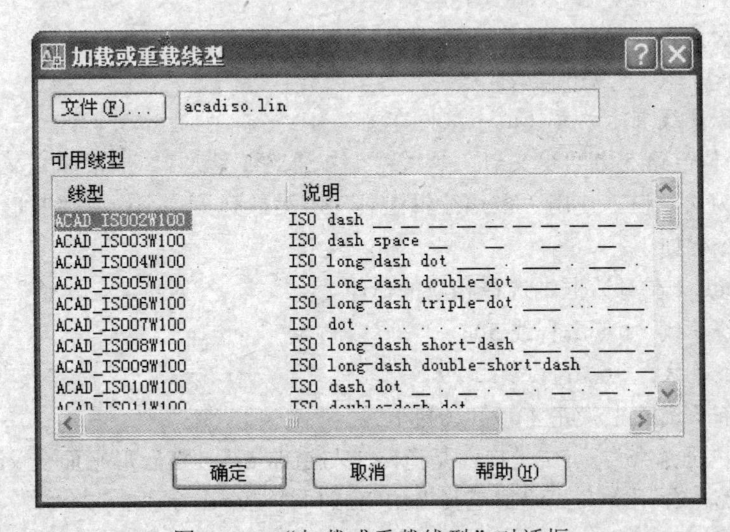

图 15-29 “加载或重载线型”对话框

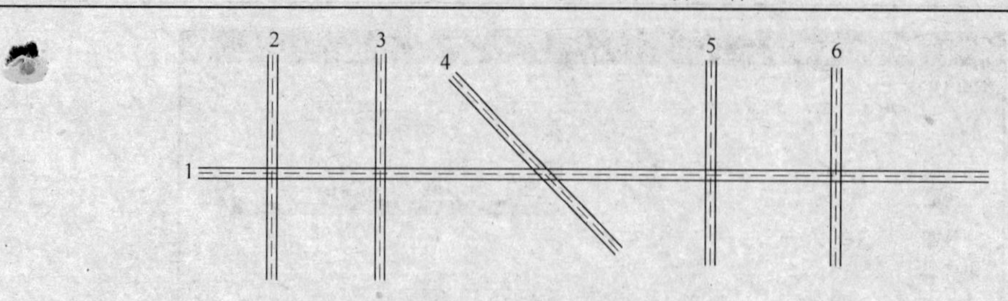

图 15-30　绘制道路草图

（3）用 mledit 命令，对前面绘制的道路草图小交叉口进行编辑。

1）道路 1 与道路 2 之间交叉口，是道路 1 上跨道路 2 的立交形式。使用“多线编辑工具”中第一列第一个命令“十字闭合”命令，选中确定。命令行如下：

命令：mledit（在对话框中选择相应的命令）

选择第一条多线:（点击直线 2）

选择第二条多线:（点击直线 1）

选择第一条多线或 [放弃（u）]:（回车）

2）道路 1 与道路 3 之间交叉口，是道路 1 与道路 3 平面交叉，道路 1 为主干道，道路 3 为次干道。使用“多线编辑工具”中第一列第二个命令“十字打开”命令，选中确定。命令行如下：

命令：mledit（在对话框中选择相应的命令）

选择第一条多线:（点击直线 3）

选择第二条多线:（点击直线 1）

选择第一条多线或 [放弃（u）]:（回车）

3）道路 1 与道路 4 之间交叉口，是道路 1 与道路 4 呈“X”形平面交叉，道路 1 与道路 4 为同级道路。使用“多线编辑工具”中第一列第三个命令“十字合并”命令，选中确定。命令行如下：

命令：mledit（在对话框中选择相应的命令）

选择第一条多线:（点击直线 4）

选择第二条多线:（点击直线 1）

选择第一条多线或 [放弃（u）]:（回车）

4）道路 1 与道路 5 之间交叉口，是道路 1 与通路 5 呈“T”形平面交叉，通路 1 为主干道，道路 5 为次干道。使用“多线编辑工具”中第二列第二个命令“T 形打开”命令，选中确定。命令行如下：

命令：mledit（在对话框中选择相应的命令）

选择第一条多线:（点击直线 5）

选择第二条多线:（点击直线 1）

选择第一条多线或 [放弃（u）]:（回车）

5）道路 1 与通路 6 之间交叉口，是道路 1 与道路 6 呈“T”形平面交叉，道路 1 与道路 6 为同级道路。使用“多线编辑工具”中第二列第三个命令“T 形合并”命令，选中确定。命令行如下：

命令：mledit（在对话框中选择相应的命令）

选择第一条多线:（点击直线 6）

选择第二条多线:（点击直线 1）

选择第一条多线或 [放弃（u)]:（回车）

最后的完成图，如图 15-31 所示。

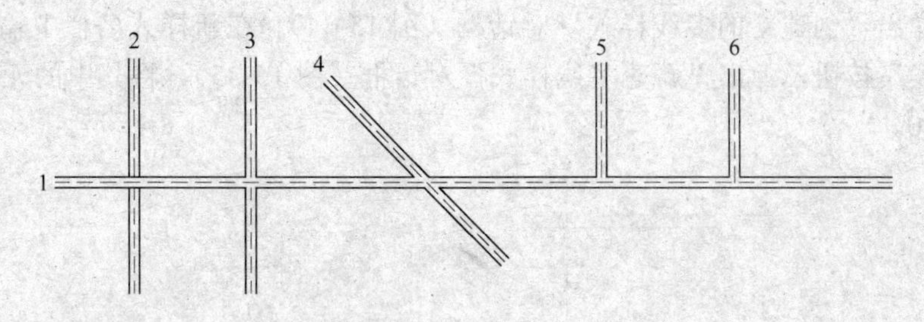

图 15-31　本例完成效果

第三节　绘制楼梯平面图

一、绘制楼梯平面图示例

楼梯平面图如图 15-32 所示。

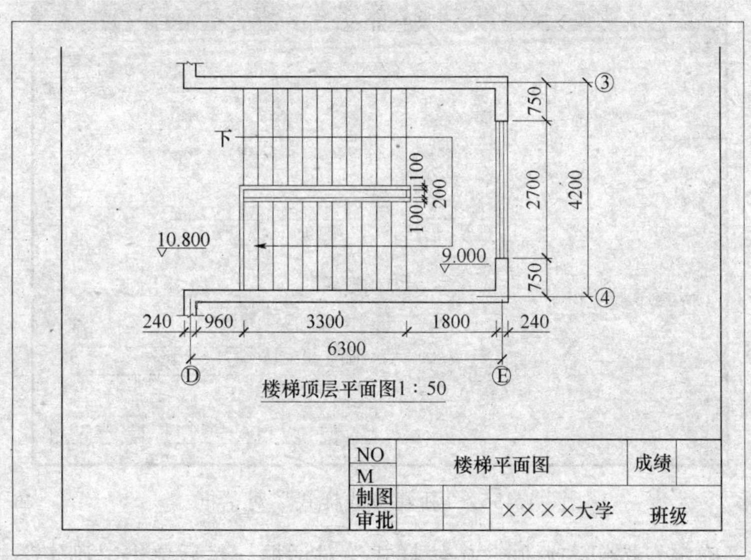

图 15-32　楼梯平面图

二、绘图步骤

（1）建立 A4 图纸幅图（297mm×210mm），使用“比例”图标将该图幅放大 50 倍，即采用 1:50 绘制楼梯平面图。

（2）设置三个图层

1）墙体线：线宽 0.3mm、线型 Continuous。

2）门窗线：线宽 0.18mm、线型 Continuous。

3）辅助线：线宽 0.18mm、线型 Continuous。

（3）打开 正交 在“辅助线”图层下选择直线命令 绘制墙轴线，点击偏移命令 将水平线向上偏移 4200mm，竖直线向右偏移 6300mm，结果如图 15-33 所示。

（4）调用下拉式菜单“格式”/“多线样式”命令。在“多线样式”对话框中，点击“新建”按钮，弹出“创建新的多线样式”对话框（图 15-34）。在新样式名栏中输入“240”，再点击“继续”按钮，弹出“新建多线样式”对话框（图 15-35），将其中的元素偏移量设为 120 和-120。

图 15-33　绘制墙体轴线

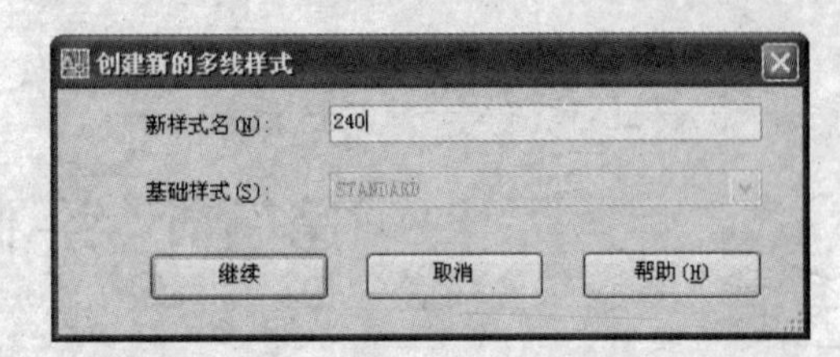

图 15-34　“创建新的多线样式”对话框

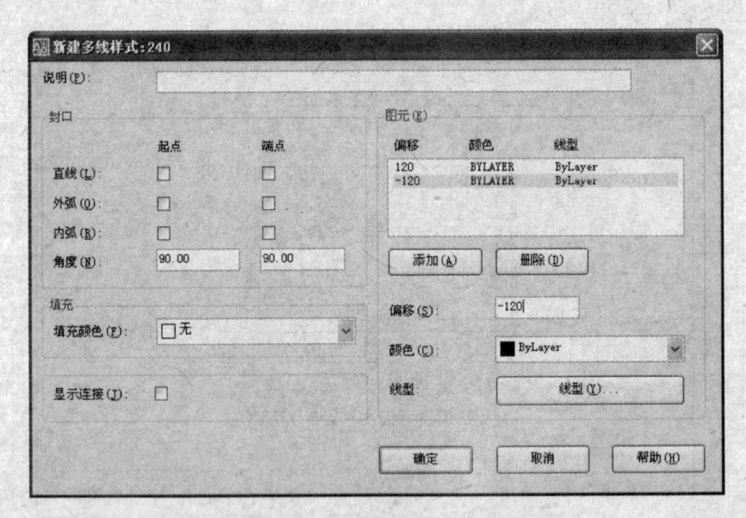

图 15-35　“新建多线样式”对话框

（5）单击“确定”按钮，返回“多线样式”对话框，然后单击“确定”完成 240 墙体多线的设置。调用下拉式菜单命令“绘制”/“多线”，在命令行输入“J”（对齐）—“Z”（无），“S”（比例）—“1”，“ST”（样式）—“240”，打开“捕捉”，根据轴线绘制多线墙体，结果如图 15-36 所示。

（6）选择“分解” 命令将多线墙体分解；点击“偏移” 命令将水平轴线向内侧偏移 750；打开“门窗”图层，选择“矩形” 和“偏移” 命令图标绘制窗户平面。绘制结果如图 15-37 所示。

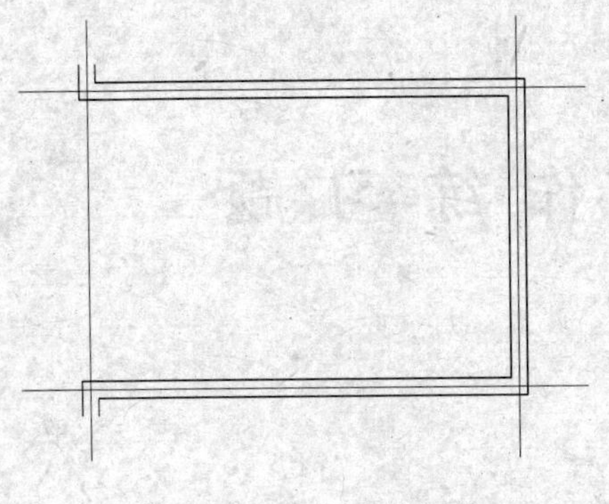

图 15-36 绘制多线墙体

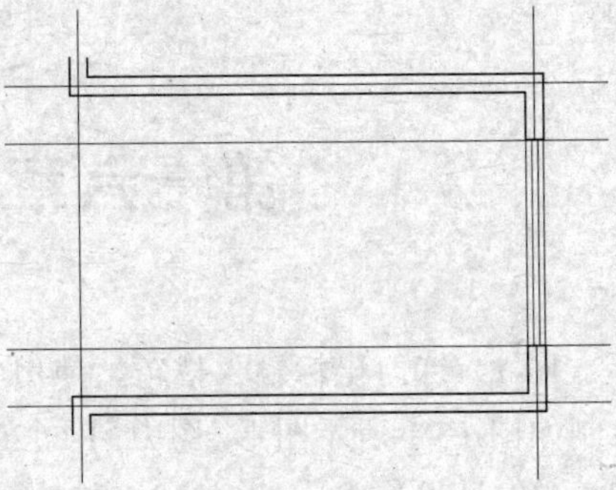

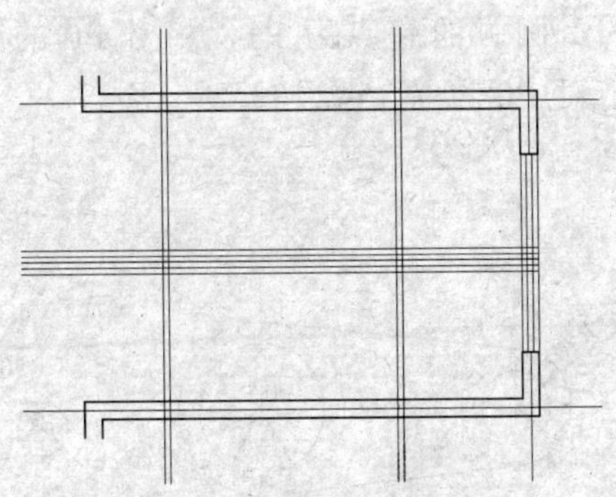

图 15-37 绘制窗户平面

（7）选择“偏移” 命令将竖直轴线向右偏移 1080、3300。打开“捕捉”在“辅助”图层下点击直线命令 绘制水平中心线。绘制梯段平面框架，如图 15-38 所示。

（8）选择“偏移” 命令图标将水平和竖直线分别向外侧偏移 80，绘制扶手平面框架，如图 15-39 所示。

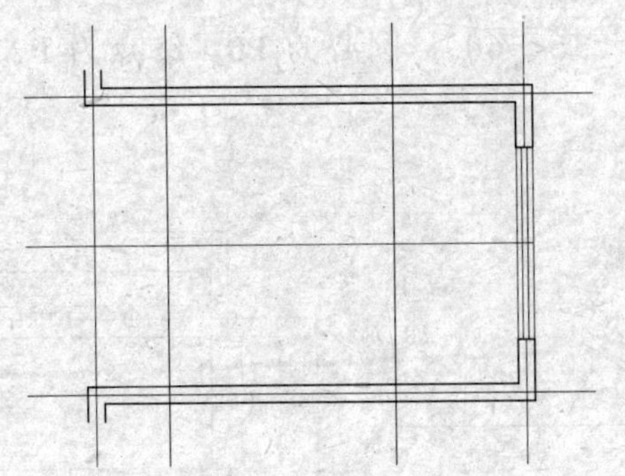

图 15-38 绘制梯段平面框架

图 15-39 绘制扶手框架

（9）选择“删除” 和“剪切” 命令图标，删除多余的线。梯段扶手绘制结果如图 15-40 所示。

（10）选择“偏移” 图标，距离 300，绘制楼梯踏步，结果如图 15-41 所示。

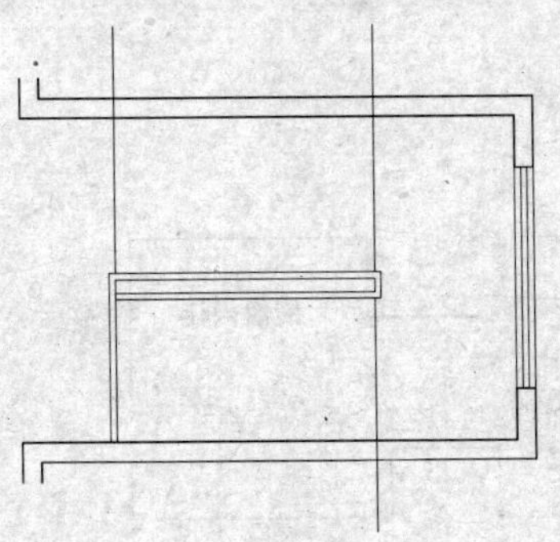

图 15-40 梯段扶手绘制结果

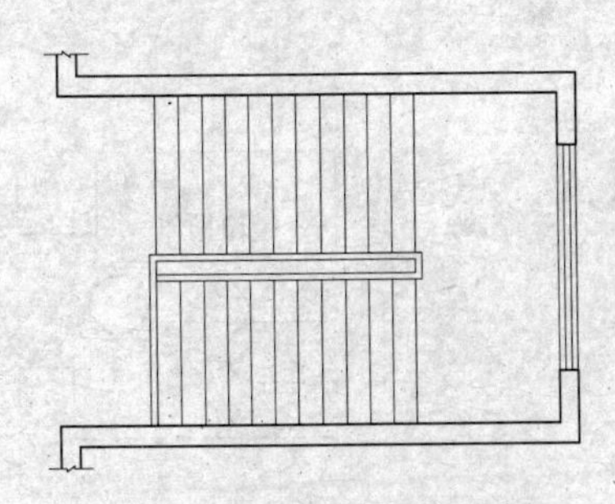

图 15-41 绘制楼梯踏步

第十六章 操 作 练 习 题

16-1 练习坐标输入技巧。使用 line 命令绘制如图 16-1 所示图形。图中：P1（200，100），P2（230，120），P3（@20，0），P4（@0，20），P5（@40<-30），P6（@0，-20），P7（@60<60），P8（@30，-60）。

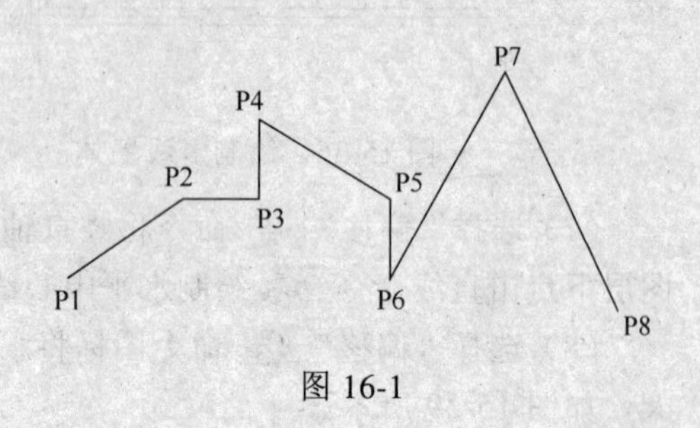

图 16-1

16-2 练习对象捕捉。绘制如图 16-2（a）、（b）、（c）所示的三个图。注意使用对象捕捉。说明：两条直线和两圆是相切的。圆弧的起点为 P1，相对 P0 的坐标是（36<-60），圆心为 P0，终点为 P2，坐标相对 P0 为（36<240）。

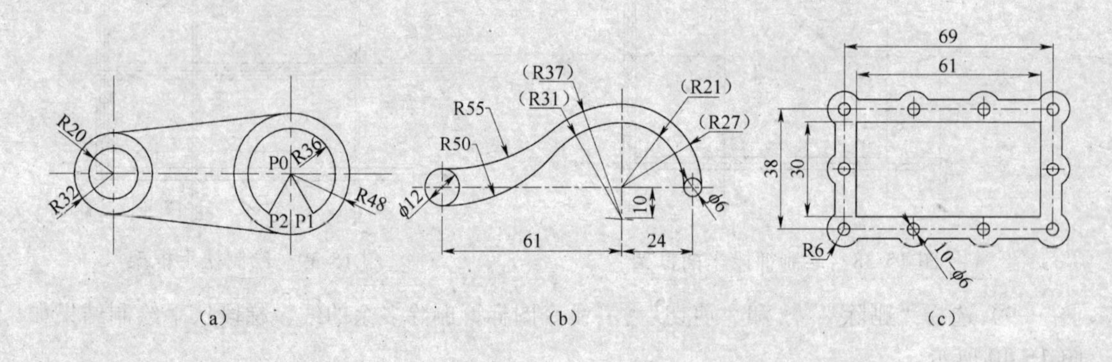

图 16-2

16-3 利用镜像方法编辑成图 16-3 的图形。

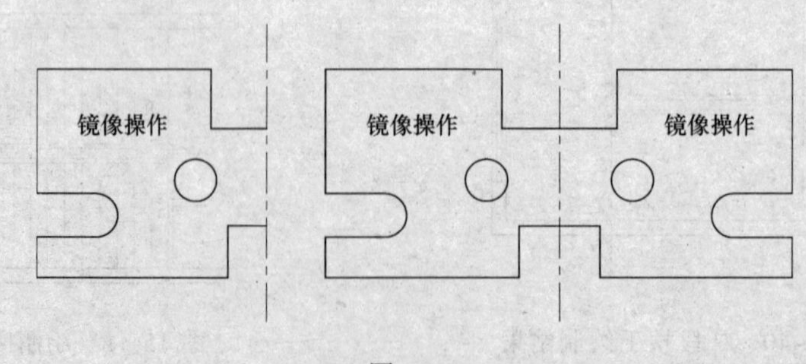

图 16-3

16-4 利用镜像、阵列方法，将图 16-4（a）编辑成图 16-4（b）的图形。

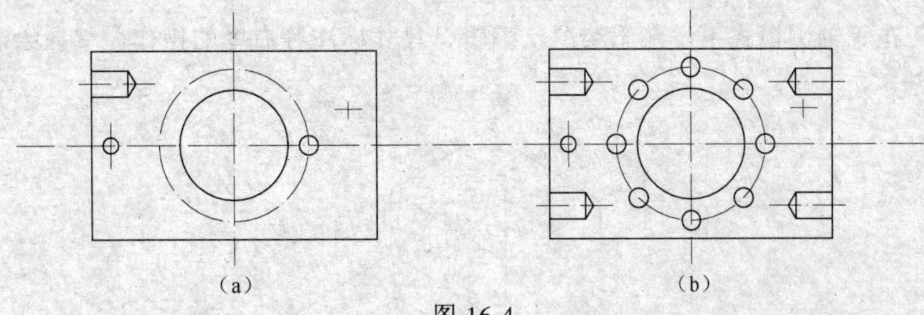

（a）　　（b）

图 16-4

16-5 利用修剪、倒角的方法，将图 16-4（b）编辑成图 16-5 所示的图形。

16-6 练习文字输入命令，利用修剪、复制等方法，编辑成图 16-6 所示的图形。

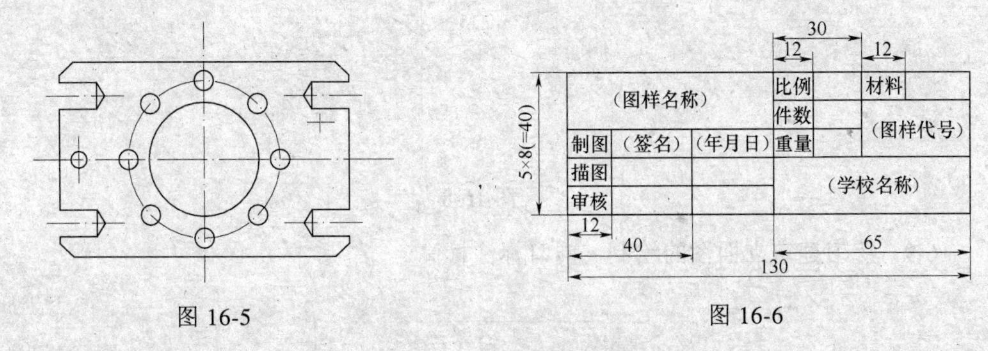

图 16-5　　图 16-6

16-7 练习坐标输入技巧、多线绘图命令。利用修建、复制、镜像、阵列、偏移等方法，编辑成图 16-7 所示的图形。

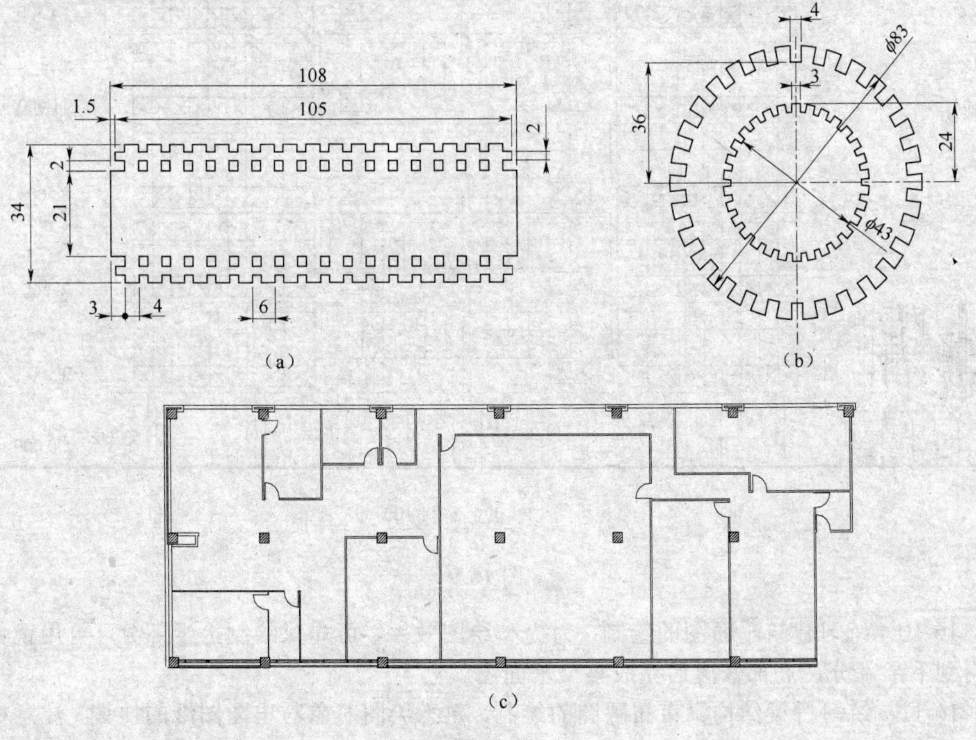

（a）　　（b）

（c）

图 16-7

16-8 在等轴测模式下，熟悉绘图、编辑、尺寸标注等命令的操作，掌握绘制轴测图的基本方法。

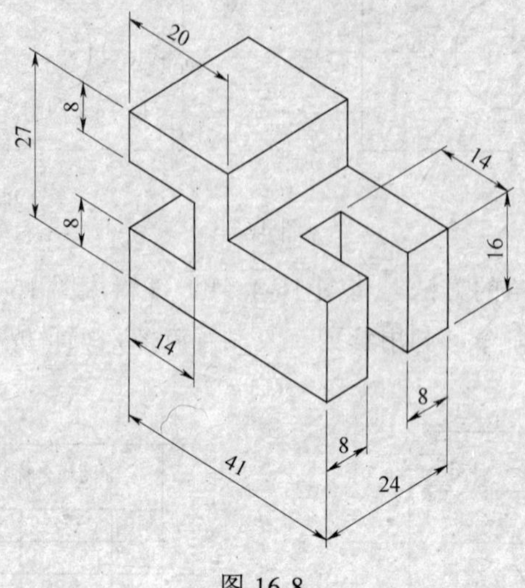

图 16-8

16-9 练习建筑立面图的绘制，同时标注标高。

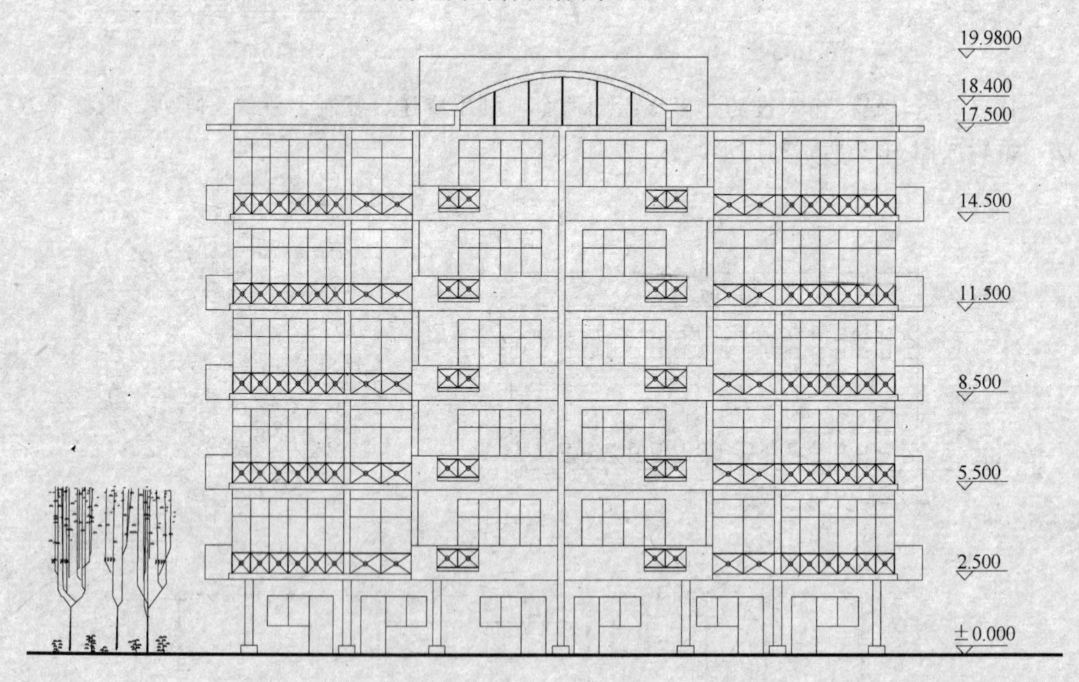

图 16-9

16-10 练习建筑平面图的绘制，为提高绘图效率，可先只绘制上半部分，再用镜像命令得到下半部分，局部修改后完成整个平面图。

16-11 练习桥梁结构钢束布置图的绘制，熟悉绘图对象与出图图纸的协调，注意标注中数值的变化。

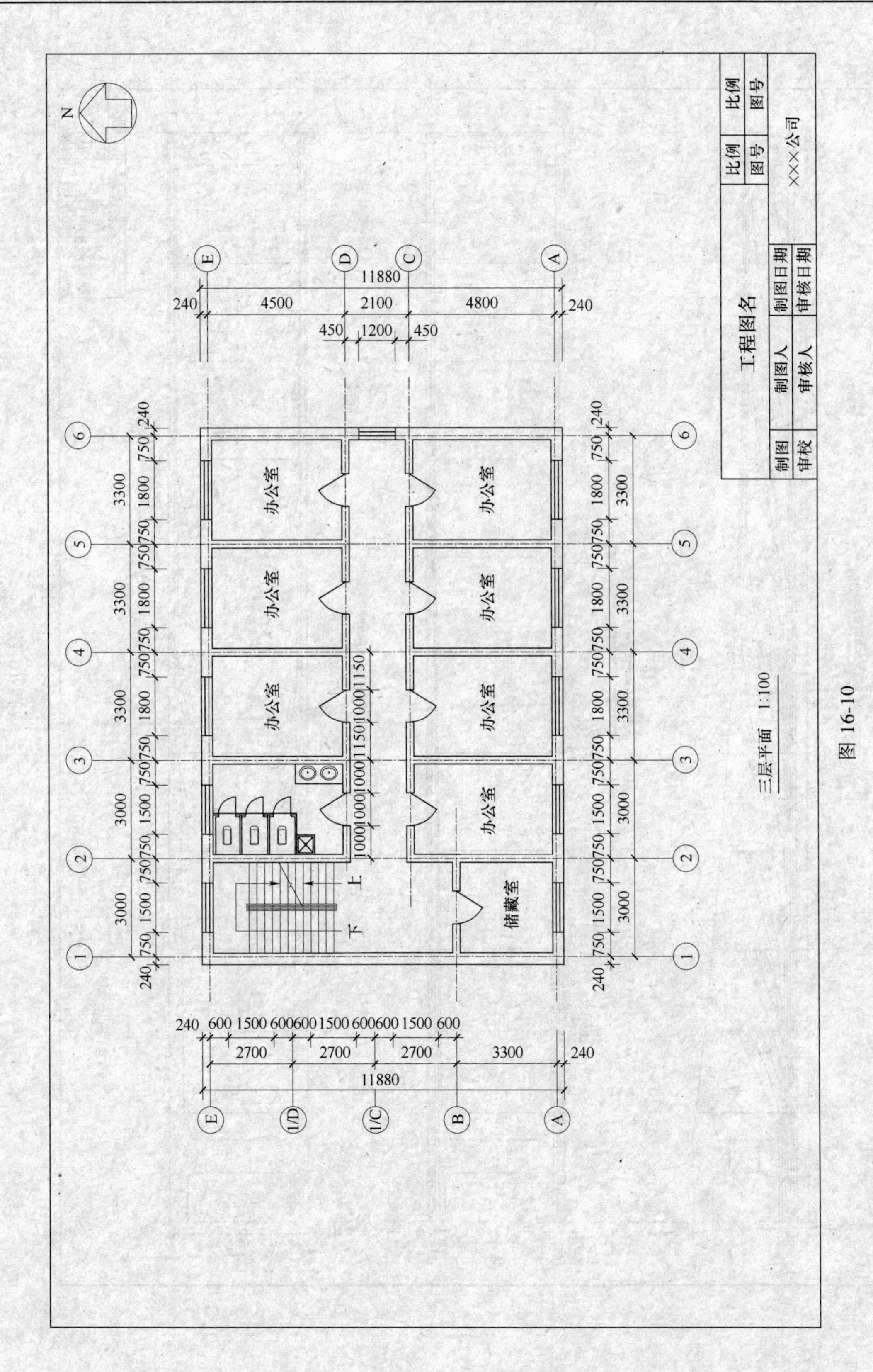
N
比例
图号
×××公司
工程图名
制图
审校
制图人
审核人
制图日期
审核日期
办公室
储藏室
上
下
三层平面　1:100
11880
240
4500
2100
4800
450
1200
3300
3000
1800
1500
750
1000
1150
600
2700

图 16-10

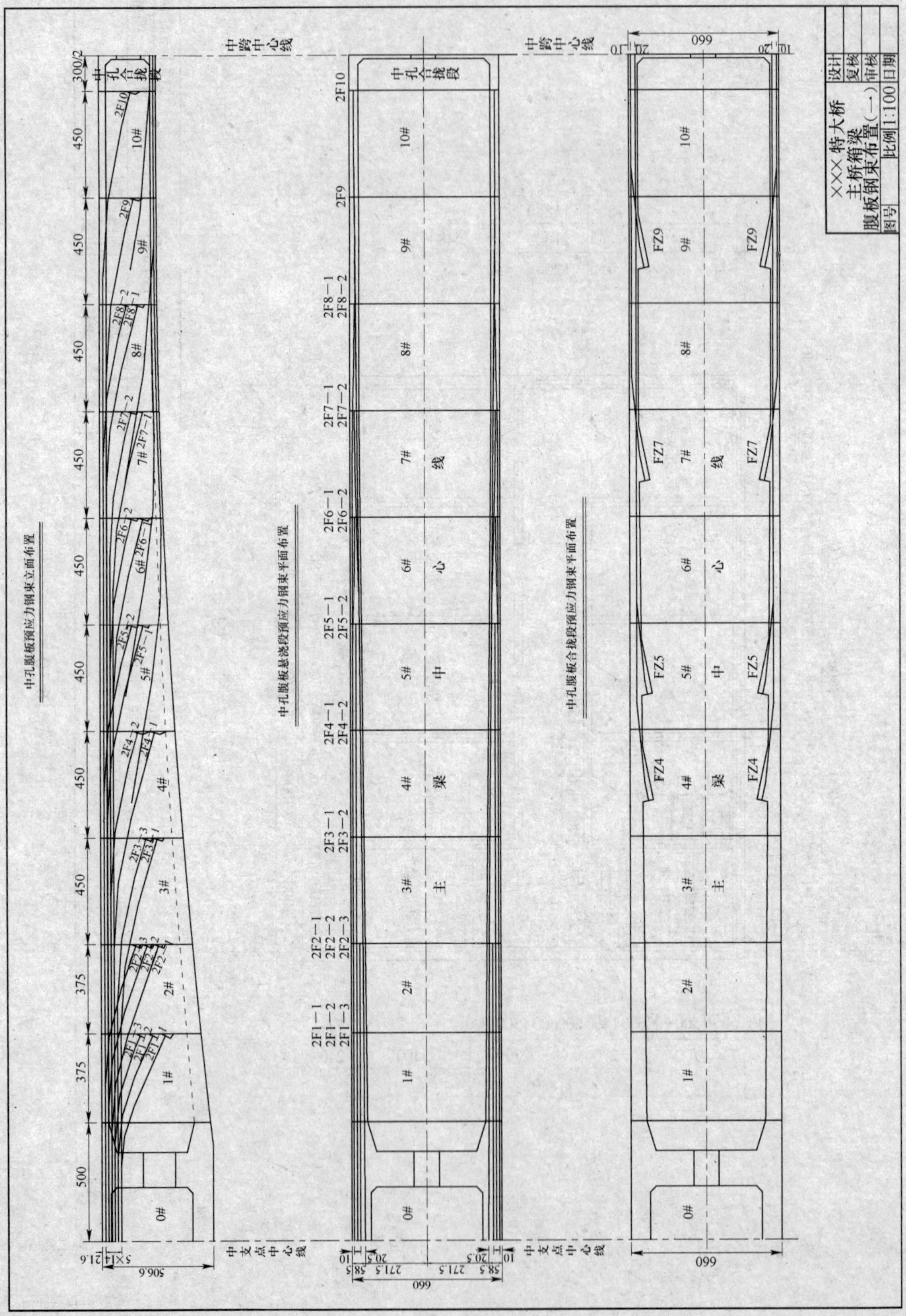

×××特大桥
主桥箱梁
腹板钢束布置(一)
设计
复核
审核
图号
比例1:100
日期
中孔腹板预应力钢束立面布置
中孔腹板悬浇段预应力钢束平面布置
中孔腹板合拢段预应力钢束平面布置
中跨中心线
中支点中心线
中孔合拢段
主梁中心线

图 16-11

附　　录

AutoCAD 常见的快捷命令

一、字母类快捷命令

（一）对象特性

ADC	ADCENTER	设计中心"Ctrl＋2"
CH, MO	PROPERTIES	修改特性"Ctrl＋1"
MA	MATCHPROP	属性匹配
ST	STYLE	文字样式
COL	COLOR	设置颜色
LA	LAYER	图层操作
LT	LINETYPE	线形
LTS	LTSCALE	线形比例
LW	LWEIGHT	线宽
UN	UNITS	图形单位
ATT	ATTDEF	属性定义
ATE	ATTEDIT	编辑属性
BO	BOUNDARY	边界创建，包括创建闭合多段线和面域
AL	ALIGN	对齐
EXIT	QUIT	退出
EXP	EXPORT	输出其他格式文件
IMP	IMPORT	输入文件
OP,PR	OPTIONS	自定义 CAD 设置
PRINT	PLOT	打印
PU	PURGE	清除垃圾
R	REDRAW	重新生成
REN	RENAME	重命名
SN	SNAP	捕捉栅格
DS	DSETTINGS	设置极轴追踪
OS	OSNAP	设置捕捉模式
PRE	PREVIEW	打印预览
TO	TOOLBAR	工具栏
V	VIEW	命名视图
AA	AREA	面积
DI	DIST	距离
LI	LIST	显示图形数据信息

（二）绘图命令

PO	POINT	点
SO	SOLID	实体填充
L	LINE	直线
XL	XLINE	射线
PL	PLINE	多段线
ML	MLINE	多线
SPL	SPLINE	样条曲线
POL	POLYGON	正多边形
REC	RECTANGLE	矩形
C	CIRCLE	圆
A	ARC	圆弧
DO	DONUT	圆环
EL	ELLIPSE	椭圆
REG	REGION	面域
MT	MTEXT	多行文本
T	MTEXT	多行文本
DT	DTEXT	单行文本
B	BLOCK	块定义
I	INSERT	插入块
W	WBLOCK	定义块文件
H	BHATCH	填充

（三）修改命令

CO, CP	COPY	复制
MI	MIRROR	镜像
AR	ARRAY	阵列
O	OFFSET	偏移
RO	ROTATE	旋转
M	MOVE	移动
E, DEL 键	ERASE	删除
DIV	DIVIDE	等分
X	EXPLODE	分解
TR	TRIM	修剪
EX	EXTEND	延伸
S	STRETCH	拉伸
LEN	LENGTHEN	直线拉长
SC	SCALE	比例缩放
BR	BREAK	打断

CHA	CHAMFER	倒角
F	FILLET	倒圆角
PE	PEDIT	多段线编辑
ED	DDEDIT	修改文本

（四）视窗缩放

P	PAN	平移
Z+空格+空格		实时缩放
Z		局部放大
Z+P		返回上一视图
Z+E		显示全图

（五）尺寸标注

DLI	DIMLINEAR	直线标注
DAL	DIMALIGNED	对齐标注
DRA	DIMRADIUS	半径标注
DDI	DIMDIAMETER	直径标注
DAN	DIMANGULAR	角度标注
DCE	DIMCENTER	中心标注
DOR	DIMORDINATE	点标注
TOL	TOLERANCE	标注形位公差
LE	QLEADER	快速引出标注
DBA	DIMBASELINE	基线标注
DCO	DIMCONTINUE	连续标注
D	DIMSTYLE	标注样式
DED	DIMEDIT	编辑标注
DOV	DIMOVERRIDE	（替换标注系统变量）

二、常用 Ctrl 快捷键

Ctrl+1	PROPERTIES	（修改特性）
Ctrl+2	ADCENTER	设计中心
Ctrl+O	OPEN	打开文件
Ctrl+N、M	NEW	新建文件
Ctrl+P	PRINT	打印文件
Ctrl+S	SAVE	保存文件
Ctrl+Z	UNDO	放弃
Ctrl+X	CUTCLIP	剪切
Ctrl+C	COPYCLIP	复制
Ctrl+V	PASTECLIP	粘贴
Ctrl+B	SNAP	栅格捕捉

Ctrl+F	OSNAP	对象捕捉
Ctrl+G	GRID	栅格
Ctrl+L	ORTHO	正交
Ctrl+W		对象追踪
Ctrl+U		极轴

三、常用功能键

F1	HELP	调出帮助
F2		文本窗口开关
F3	OSNAP	对象捕捉开关
F4		数字化仪开关
F5		在设置等轴测捕捉时，在等轴测平面上的切换
F6		坐标开关
F7	GRIP	栅格开关
F8	ORTHO	正交开关
F9		栅格捕捉开关
F10		极轴捕捉开关
F11		对象追踪开关

参 考 文 献

［1］ 尚守平，袁果．土木工程计算机绘图基础［M］．北京：人民交通出版社，2005.
［2］ 袁果，张渝生．土木工程计算机绘图［M］．北京：北京大学出版社，2006.
［3］ 姜勇．AutoCAD2006 中文版建筑绘图基础教程［M］．北京：人民邮电出版社，2006.
［4］ 唐莉，陈星浩．AutoCAD2008 中文版入门提高精通［M］．北京：机械工业出版社，2008.
［5］ 郭克希，袁果．AutoCAD2005 工程设计与绘图教程［M］．北京：高等教育出版社，2006.
［6］ 胡述印．AutoCAD2005 中文版实训教程［M］．北京：电子工业出版社，2005.
［7］ 张立明，等．AutoCAD2006 道桥制图［M］．北京：人民交通出版社，2006.
［8］ 杨月英，牟明．AutoCAD2006 绘制建筑图［M］．北京：中国建材工业出版社，2006.
［9］ 天一工作室．AutoCAD2002 实用教程［M］．北京：北京希望电子出版社，2002.

高等学校“十一五”精品规划教材

测量学
房屋建筑学
土木工程施工
土木工程地质
建筑钢结构
建筑工程制图
建筑工程制图习题集
土力学
钢结构
理论力学
计算机辅助设计—AutoCAD
土木工程材料
建筑工程施工组织与管理
流体力学
建设工程项目管理
土木工程建设监理
弹性力学
高层建筑结构设计
结构力学
材料力学

建筑设备工程
建筑结构抗震
混凝土结构设计原理
混凝土结构设计
高屋建筑结构设计
建筑力学
工程制图
工程制图习题集
机械制图
机械制图习题集
水利工程监理
水利水电工程测量
工程水文学
地下水利用
灌溉排水工程学
水利工程施工
水利水电工程概预算
工程力学（高职高专适用）
水利工程监理
水资源规划及利用